NUTRIÇÃO DE CULTIVOS AMAZÔNICOS

Ismael de Jesus Matos Viégas
Eric Victor de Oliveira Ferreira
Milton Garcia Costa

ORGANIZADORES

© Copyright 2023 Oficina de Textos

Grafia atualizada conforme o Acordo Ortográfico da Língua Portuguesa de 1990, em vigor no Brasil desde 2009.

CONSELHO EDITORIAL   Aluízio Borém; Arthur Pinto Chaves; Cylon Gonçalves da Silva; Doris C. C. K. Kowaltowski; José Galizia Tundisi; Luis Enrique Sánchez; Paulo Helene; Rosely Ferreira dos Santos; Teresa Gallotti Florenzano

CAPA, PROJETO GRÁFICO Malu Vallim
DIAGRAMAÇÃO Victor Azevedo
PREPARAÇÃO DE FIGURAS Victor Azevedo
PREPARAÇÃO DE TEXTOS Natália Pinheiro Soares
REVISÃO DE TEXTOS Anna Beatriz Fernandes
IMPRESSÃO E ACABAMENTO Meta

Dados Internacionais de Catalogação na Publicação (CIP)
(Câmara Brasileira do Livro, SP, Brasil)

Nutrição de cultivos amazônicos / organização Ismael de Jesus Matos Viégas , Eric Victor de Oliveira Ferreira , Milton Garcia Costa. -- São Paulo : Oficina de Textos, 2023.

ISBN 978-65-86235-97-5

1. Agricultura 2. Amazônia - Aspectos ambientais 3. Pesquisa agrícola 4. Plantas (Botânica) I. Viégas, Ismael de Jesus Matos. II. Ferreira, Eric Victor de Oliveira. III. Costa, Milton Garcia.

23-174378   CDD-581.4

Índices para catálogo sistemático:
1. Plantas : Botânica 581.4

Eliane de Freitas Leite - Bibliotecária - CRB 8/8415

Todos os direitos reservados à **Oficina de Textos**
Rua Cubatão, 798
CEP 04013-003 São Paulo Brasil
tel. (11) 3085-7933
www.ofitexto.com.br
e-mail: atendimento@ofitexto.com.br

SOCOCO:
A COCOICULTURA SUSTENTÁVEL

Plantamos, cultivamos e colhemos nossos próprios frutos, e entregamos produtos de altíssima qualidade e sabor para nossos consumidores.

Coqueiral da Fazenda Sococo, Moju, PA

UM POUCO DE HISTÓRIA

A **SOCOCO** foi fundada na década de 60, em Alagoas, com a missão de produzir e distribuir para o Brasil e exterior produtos derivados de coco diferenciados, com inigualável qualidade e em escala então inexistente no mercado.

Embora muito apreciados pelos brasileiros, os produtos derivados de coco eram consumidos timidamente, até pela pouca oferta existente. A produção se dava com exclusividade no Nordeste brasileiro, onde o coco era facilmente encontrado nas praias da região.

Com a criação da **SOCOCO**, essa realidade mudou. Em pouco tempo nos tornarmos líder de mercado.

A demanda de matéria-prima era crescente e exigia garantia de abastecimento. Havia chegado a hora de partir para mais um grande desafio: plantar e cultivar nosso próprio coqueiral. Após muitas pesquisas, identificamos que o Estado do Pará oferecia as condições adequadas para o cultivo do coco, com solo e clima perfeitos. E, assim, em 1979, iniciamos nosso projeto agrícola nas terras paraenses.

INVESTIMENTO NA CONSERVAÇÃO E PRESERVAÇÃO DO MEIO-AMBIENTE

O nosso projeto agrícola é o maior da América Latina e produz 180 milhões de cocos anualmente, em 1,5 milhão de coqueiros cultivados a partir de sistemas de produção que atendem às quatro dimensões da sustentabilidade: Conservação Ambiental; Alta Produtividade; Custos Competitivos (viabilidade econômica) e Contribuição Social Permanente.

No cultivo de nosso coqueiral são empregadas técnicas que maximizam a produtividade com baixos níveis de impacto ambiental. Utilizamos integralmente os frutos (albúmen líquido no envase de águas; amêndoa para produtos de mercearia; casca do coco-seco para substratos agrícolas, casca do coco-verde para produção de composto orgânico e o endocarpo para produção de energia), sem geração de resíduos para o meio-ambiente; e mantemos intactos mais de 10 mil hectares de floresta nativa onde é preservada a biodiversidade amazônica.

As técnicas de cultivo visando o manejo sustentável são resultados de exitosas parcerias com instituições de pesquisa e universidades. A **SOCOCO** mantém convênios com as Unidades da Embrapa localizadas em Aracaju (Embrapa Tabuleiros Costeiros) e em Belém (Embrapa Amazônia Oriental) e com a Universidade Federal Rural da Amazônia (UFRA) com o objetivo de desenvolver ações de pesquisa em PD&I que que dão suporte e respaldam as técnicas de manejo e conservação utilizadas em rotina.

GERAÇÃO DE EMPREGO E RENDA E DIVERSIFICAÇÃO DE PRODUTOS

Não cansamos de crescer, acreditar, pesquisar e inovar. Hoje somos uma grande família, com mais de 4.500 colaboradores dedicados a plantar, cultivar e colher nossos próprios frutos e a entregar aos consumidores a mais diversificada e saborosa linha de produtos derivados de coco, de altíssima qualidade, com bebidas (Água de Coco, Água de Coco Saborizada); Leite de coco (tradicional, light e reduzido teor calórico); Óleo de Coco; ralados (Coco Ralado, Flococo, Sweet Coco, Sweet Coco Queimado), sobremesas (Cocada Cremosa branca e queimada) e linha industrial.

A **SOCOCO** cuida de todas as etapas da cadeia produtiva, empregando em cada uma delas toda a expertise adquirida ao longo dos anos, fruto de muito trabalho, dedicação, acrescida, é claro, de um ingrediente para lá de especial: **muita paixão. Somos apaixonados pelo que fazemos, somos apaixonados por coco!**

SOBRE OS AUTORES

Alasse Oliveira da Silva
Escola Superior de Agricultura Luiz de Queiroz (Esalq), Universidade de São Paulo (USP), Piracicaba, SP. E-mail: alasse.oliveira77@gmail.com.

Aline Oliveira da Silva
Faculdade de Ciências Agronômicas, Universidade Estadual Paulista "Júlio Mesquita Filho" (Unesp), Botucatu, SP. E-mail: aline.o.silva@unesp.br.

Camila Nunes Sagais
Universidade Federal Rural da Amazônia (UFRA), *campus* Capanema, Capanema, PA. E-mail: sagais.camila@gmail.com.

Dágila Melo Rodrigues
Departamento de Engenharia Agrícola, Universidade Federal de Santa Maria (UFSM), Santa Maria, RS. E-mail: dagila.rodrigues2012@gmail.com.

Deila da Silva Magalhães
Instituto Nacional de Pesquisas Espaciais (Inpe), São José dos Campos, SP. E-mail: deiladasilva2015@gmail.com.

Eduardo Cézar Medeiros Saldanha
U.S. Borax/Rio Tinto, Recife, PE. E-mail: saldanhaecm@gmail.com.

Eric Victor de Oliveira Ferreira
Universidade Federal Rural da Amazônia (UFRA), *campus* Capitão Poço, Capitão Poço, PA. E-mail: ericsolos@yahoo.com.br.

Fábio de Lima Gurgel
Empresa Brasileira de Pesquisa Agropecuária (Embrapa) Amazônia Oriental, Belém, PA. E-mail: fabio.gurgel@embrapa.br.

Gilson Sergio Bastos de Matos
Instituto de Ciências Agrárias (ICA), Universidade Federal Rural da Amazônia (UFRA), Belém, PA. E-mail: gilsonsbm@yahoo.com.br.

Ismael de Jesus Matos Viégas
Universidade Federal Rural da Amazônia (UFRA), *campus* Capanema, Capanema, PA. E-mail: matosviegas@hotmail.com.

Ítalo Marlone Gomes Sampaio
Secretaria de Estado de Desenvolvimento Agropecuário e da Pesca (SEDAP), Belém, PA. E-mail: italofito@gmail.com

Luciana da Silva Borges
Universidade Federal Rural da Amazônia (UFRA), *campus* Paragominas, Paragominas, PA. E-mail: luciana.borges@ufra.edu.br.

Luma Castro de Souza
Universidade Federal do Maranhão (UFMA), *campus* Chapadinha, Chapadinha, MA. E-mail: lumasouza30@hotmail.com

Mário Lopes da Silva Júnior
Instituto de Ciências Agrárias (ICA), Universidade Federal Rural da Amazônia (UFRA), Belém, PA. E-mail: mario.silva@ufra.edu.br.

Milton Garcia Costa
Faculdade de Ciências Agrárias e Veterinárias (FCAV), Universidade Estadual Paulista "Júlio Mesquita Filho" (Unesp), Jaboticabal, SP. E-mail: milton.costa@unesp.br.

Paulo Manuel Pontes Lins
Sococo S/A Indústrias Alimentícias (UFRA), Santa Isabel do Pará, PA. E-mail: pmplins@uol.com.br.

Ricardo Falesi de Moraes Palha Bittencourt
Empresa de Assistência Técnica e Extensão Rural (EMATER) do Pará, Canaã dos Carajás, PA. Email: ricardofalesibitten@gmail.com.

Washington Duarte Silva da Silva
Universidade Federal do Paraná (UFPR), *campus* Jardim Botânico, Curitiba, PR. E-mail: washington.duarte00@gmail.com

Willian Yuki Watanabe de Lima Mera
Universidade Federal Rural da Amazônia (UFRA), *campus* Capanema, Capanema, PA. E-mail: willian.watanabe.mera@gmail.com.

PREFÁCIO

Uma das primeiras observações de como as plantas se alimentavam foi do filósofo grego Aristóteles (322 a.C.), o qual afirmou que as plantas eram animais invertidos, que mantinham a boca no chão para se alimentar. Séculos depois, inúmeros estudos foram realizados e várias descobertas sobre os vegetais foram feitas, como o melhor desenvolvimento das plantas em águas contendo sólidos dissolvidos, a absorção dos nutrientes, a seletividade, os elementos químicos essenciais, a lei do mínimo, o balanço de nutrientes, o efeito dos fertilizantes e corretivos, as evidências da fixação de nitrogênio, micronutrientes, transporte, redistribuição, funções, soluções nutritivas, entre outras.

No Brasil, em 1953, a disciplina Nutrição de Plantas passou a fazer parte do currículo do curso de Agronomia na Escola Superior de Agricultura Luiz de Queiroz (Esalq-USP). Em 1972, foi defendida a primeira tese na área, intitulada "Contribuição ao estudo das relações entre o zinco e o fósforo das plantas", na mesma instituição de ensino. Na Amazônia Oriental, em 1984, iniciou-se o mestrado em Agropecuária Tropical e Recursos Hídricos, o qual foi reestruturado em 1994 para o programa de pós-graduação em Agronomia, com duas áreas: Solos e Nutrição de Plantas e Biologia Vegetal Tropical. A primeira dissertação específica na área de Nutrição de Plantas foi defendida em 1996, intitulada "Carências de macro e micronutrientes em plantas de malva (*Urena lobata* L.) variedade BR 01".

Na Amazônia, as primeiras análises foliares foram realizadas em 1973, no Instituto de Pesquisa Agropecuária do Norte (Ipean), hoje Empresa Brasileira de Pesquisa Agropecuária (Embrapa), no Estado do Pará, com o objetivo de avaliar o estado nutricional da seringueira em condições de viveiro. No presente século, as pesquisas com nutrição de plantas evoluíram na Amazônia brasileira, graças ao trabalho de pesquisadores e professores de diversas instituições de ensino e pesquisa. Foram realizadas e continuam sendo desenvolvidas pesquisas para avaliar exigências nutricionais e fornecer recomendações precisas de adubação, principalmente das culturas de açaizeiro, cacaueiro, coqueiro, dendezeiro, feijão-caupi, jambu, laranjeira, muricizeiro e pimenteira-de-cheiro.

Inclusive, para algumas delas, como coqueiro e dendezeiro, as recomendações de adubação se fundamentam na interpretação dos resultados dos teores foliares e exportação dos nutrientes. Decorridos 50 anos da primeira pesquisa sobre teores foliares em seringueira na Amazônia, não resta dúvida de que ainda há muito para pesquisar nos cultivos estabelecidos nessa região.

Nutrição de cultivos amazônicos é um marco na história da pesquisa agrícola, fornecendo informações valiosas sobre o cultivo de nove culturas importantes nessa região. A obra aborda diversos tópicos, desde aspectos botânicos até a extração e exportação de nutrientes, diagnose visual e foliar, e métodos de amostragem e interpretação. Também são apresentados sistemas integrados de diagnose e recomendação, como o DRIS, e reflexões sobre o assunto.

O livro destina-se a discentes, docentes, pesquisadores, extensionistas, técnicos e empresários agrícolas, que agora terão ao seu dispor informações relevantes sobre a nutrição de plantas cultivadas na Amazônia brasileira, imprescindíveis para o manejo mais adequado para adubação. Espera-se que a publicação deste livro tenha um impacto positivo no setor agrícola da região, fornecendo informações valiosas para produtores rurais e técnicos da área. O livro representa um grande passo em direção a um cultivo mais eficiente e sustentável na Amazônia brasileira.

Agradecemos a todos os autores que dedicaram tempo e esforço para excelência deste livro, e também à empresa Sococo pelo financiamento, permitindo a difusão do conhecimento técnico e científico para toda a sociedade.

Ismael de Jesus Matos Viégas
Eric Victor de Oliveira Ferreira
Milton Garcia Costa
Organizadores

APRESENTAÇÃO

A região amazônica possui uma vasta área territorial, um exemplo de biodiversidade para o mundo, com sol e chuva durante o ano todo e um grande potencial para conciliar a produção de alimentos em bases sustentáveis e o meio ambiente. Para um ótimo desenvolvimento e produção dos cultivos amazônicos, é primordial respeitar as exigências nutricionais específicas para cada espécie. Ao se deparar com solos de baixa fertilidade, deve-se identificar com precisão os nutrientes deficientes para que seja realizada a fertilização com precisão suficiente para atender à demanda nutricional de cada espécie cultivada, de forma que se atinja a ótima produtividade dos cultivos.

Temos notado uma grande dificuldade para obter informações sobre a nutrição mineral de cultivos amazônicos; esse conhecimento está pulverizado em artigos científicos, capítulos de livros, revistas técnicas, anais de eventos, trabalhos de graduação, dissertações e teses. Nesse cenário, foi oportuno reunir tais informações em uma só obra inédita, *Nutrição de cultivos amazônicos*.

Ao receber o honroso convite dos professores Ismael Viégas, Eric Ferreira e Milton Costa para fazer a apresentação desta obra, verifiquei uma preciosidade com valor imensurável para a região amazônica do ponto de vista técnico, social, ambiental e econômico. Observa-se que os capítulos mantêm uma estrutura básica, importante e completa. Iniciam-se com a importância socioeconômica e a relação da nutrição com a produtividade dos cultivos. Depois, há um resumo da parte botânica/sistemática da planta e do acúmulo e exportação de nutrientes. Na sequência, detalhe-se a diagnose visual, com a descrição dos sintomas visuais de deficiências nutricionais, ilustrados com imagens coloridas. Passa-se então à diagnose foliar, indicando os critérios de amostragem de folhas e o preparo das amostras, chegando aos métodos de interpretação dos resultados e, por fim, as reflexões dos autores.

Além de ser uma obra de fácil leitura e muito esclarecedora, com abordagem aprofundada na nutrição de cada planta, constata-se uma grande amplitude de espécies, reunindo os principais cultivos amazônicos: açaizeiro, cacaueiro, coqueiro, dendezeiro, feijão-caupi, jambu, laranjeira, muricizeiro e pimenta-de-cheiro. *Nutrição de cultivos amazônicos* é fonte primária para adquirir o conhecimento necessário ao manejo da nutrição desses cultivos, ajudando técnicos, pesquisadores, produtores e estudantes a maximizar o crescimento e a produtividade das culturas e minimizar problemas de doenças e pragas comuns em plantas com desordens nutricionais. Portanto, a acertada abrangência dos temas explorados cobrirá importante lacuna das informações técnico-científicas para o desenvolvimento agrícola sustentável da região amazônica. Aproveito para conferir o merecido destaque aos professores Ismael, Eric e Milton e à editora Oficina de Textos nessa empreitada que, indubitavelmente, já se encontra coroada com êxito.

Renato de Mello Prado
Universidade Estadual Paulista
Campus *Jaboticabal*

SUMÁRIO

1 NUTRIÇÃO DO AÇAIZEIRO **13**
    1.1   Classificação e morfologia da cultura 14
    1.2   Extração e exportação de nutrientes 15
    1.3   Diagnose visual 17
    1.4   Diagnose foliar 21
    1.5   Métodos de interpretação dos resultados 25
    1.6   Sistema integrado de diagnose e recomendação (DRIS) 27
    1.7   Reflexões 28
           Referências bibliográficas 30

2 NUTRIÇÃO DO CACAUEIRO **33**
    2.1   Classificação e morfologia da cultura 34
    2.2   Extração e exportação de nutrientes 35
    2.3   Diagnose visual 39
    2.4   Diagnose foliar 41
    2.5   Métodos de interpretação dos resultados 42
    2.6   Sistema integrado de diagnose e recomendação (DRIS) 43
    2.7   Reflexões 46
           Referências bibliográficas 47

3 NUTRIÇÃO DO COQUEIRO **51**
    3.1   Classificação e morfologia da cultura 53
    3.2   Extração e exportação de nutrientes 56
    3.3   Diagnose visual 57
    3.4   Diagnose foliar 59
    3.5   Métodos de interpretação dos resultados 62
    3.6   Sistema integrado de diagnose e recomendação (DRIS) 64
    3.7   Reflexões 68
           Referências bibliográficas 68

4 NUTRIÇÃO DO DENDEZEIRO **72**
    4.1   Classificação e morfologia da cultura 73
    4.2   Extração e exportação de nutrientes 74
    4.3   Diagnose visual 76
    4.4   Diagnose foliar 86
    4.5   Métodos de interpretação dos resultados 89
    4.6   Sistema integrado de diagnose e recomendação (DRIS) 91
    4.7   Reflexões 96
           Referências bibliográficas 97

5 NUTRIÇÃO DO FEIJOEIRO-CAUPI **100**
    5.1 Classificação e morfologia da cultura...102
    5.2 Extração e exportação de nutrientes 103
    5.3 Diagnose visual 106
    5.4 Diagnose foliar 108
    5.5 Métodos de interpretação dos resultados 111
    5.6 Sistema integrado de diagnose e recomendação (DRIS) 112
    5.7 Reflexões... 112
         Referências bibliográficas 113

6 NUTRIÇÃO DO JAMBU..**117**
    6.1 Classificação e morfologia da cultura... 118
    6.2 Extração e exportação de nutrientes 119
    6.3 Diagnose visual 123
    6.4 Diagnose foliar 129
    6.5 Reflexões... 131
         Referências bibliográficas 132

7 NUTRIÇÃO DA LARANJEIRA..**134**
    7.1 Classificação e morfologia da cultura...136
    7.2 Extração e exportação de nutrientes 137
    7.3 Diagnose visual 140
    7.4 Diagnose foliar 143
    7.5 Métodos de interpretação dos resultados 145
    7.6 Sistema integrado de diagnose e recomendação (DRIS) 148
    7.7 Reflexões...150
         Referências bibliográficas 150

8 NUTRIÇÃO DO MURICIZEIRO **155**
    8.1 Classificação e morfologia da cultura...156
    8.2 Extração de nutrientes 156
    8.3 Diagnose visual 157
    8.4 Diagnose foliar 159
    8.5 Reflexões... 161
         Referências bibliográficas 161

9 NUTRIÇÃO DA PIMENTEIRA-DE-CHEIRO...**163**
    9.1 Classificação e morfologia da cultura...164
    9.2 Extração e exportação de nutrientes 164
    9.3 Diagnose visual 167
    9.4 Diagnose foliar 172
    9.5 Métodos de interpretação dos resultados 173
    9.6 Reflexões...174
         Referências bibliográficas 175

1
Nutrição do açaizeiro

Ismael de Jesus Matos Viégas
Gilson Sergio Bastos de Matos
Eric Victor de Oliveira Ferreira

O açaizeiro (*Euterpe oleracea* Mart.) é a principal palmeira cultivada na Amazônia, e seus frutos são muito apreciados pela população local (Araújo *et al.*, 2016). A cadeia produtiva do açaí envolve diversos segmentos do setor agrícola, desde extrativistas, produtores e intermediários até indústrias de beneficiamento e batedores artesanais, sendo de crucial importância para a formação de renda de um expressivo número de famílias de pequenos produtores (Tavares *et al.*, 2020). Além da polpa e dos palmitos comestíveis, há também o caroço, o estipe e os cachos como subprodutos que podem ser aproveitados dessa palmeira. O produto ainda é empregado no preparo de bebidas, doces, geleias e do "açaí na tigela", fora o potencial de uso ornamental da planta em paisagismo (Vianna, 2020).

No Brasil, a Região Norte é destaque no cultivo do açaizeiro: o censo agrícola de 2017 apontou que, dos 47.855 estabelecimentos no País com mais de 50 plantas dessa palmeira, 74% se localizam no Pará, 18% no Amazonas e 4% no Amapá (Tavares *et al.*, 2020). Em 2019, o Pará apresentou, para o açaizeiro, área colhida de 188.015 ha, produção de 1.320.150 t, rendimento médio de 7,02 t ha^{-1} e valor de produção de R$ 2.880.215 (Sedap, 2021). Tais indicadores enfatizam a importância socioeconômica da cultura, principalmente para a população da região.

Em se tratando de condições de cultivo, o açaizeiro se desenvolve bem em diferentes tipos de solos, sendo encontrado em terras firmes e em áreas inundáveis (Viégas *et al.*, 2004a). Na região amazônica, essa espécie é normalmente cultivada em Latossolo Amarelo distrófico, um tipo de classe de solo de baixa fertilidade natural e elevada acidez. Portanto, são essenciais a correção da acidez do solo e a elevação da disponibilidade de nutrientes, o que demanda o manejo nutricional da cultura para atingir o máximo potencial produtivo (Lindolfo *et al.*, 2020), suprindo os nutrientes que mais limitam o seu desenvolvimento (Viégas *et al.*, 2009). Diversos estudos constatam respostas do açaizeiro ao suprimento nutricional; aumentos em crescimento ou produção dessa palmeira são verificados com a aplicação de nitrogênio (Bezerra *et al.*, 2018; Viégas *et al.*, 2008), fósforo (Araújo *et al.*, 2016; Silva, 2009; Veloso; Silva; Sales, 2015), potássio (Bezerra *et al.*, 2020) e cálcio e magnésio (Araújo *et al.*, 2019; Silva *et al.*, 2020; Viégas *et al.*, 2009), além de boro (Lindolfo *et al.*, 2020; Veloso *et al.*, 2009; Viégas *et al.*, 2004b).

Nesse contexto, há recomendação de adubação mineral e práticas corretivas do solo para o cultivo do açaizeiro no Estado do Pará, além da indicação do monitoramento constante da deficiência de micronutrientes por meio da diagnose foliar (Viégas; Cravo; Botelho, 2020). Felizmente, pesquisa recente indicou a folha mais adequada para a diagnose nutricional do açaizeiro nessa região (Viégas *et al.*, 2022), preenchendo uma importante lacuna, uma vez que tal informação ainda não existia na literatura especializada (Fernandes; Souza; Santos, 2018; Malavolta; Vitti; Oliveira, 1997; Prado, 2020; Veloso *et al.*, 2020). Em cultivo de açaizeiro fertirrigado no nordeste paraense, tem sido verificada alta frequência de deficiência de Ca, B e Mn (Ribeiro *et al.*, 2020), apontando para a necessidade de suprimento desses nutrientes. A deficiência de B diminui o crescimento em altura e diâmetro das mudas de açaizeiro (Viégas *et al.*, 2008), o que afeta a produtividade vegetal (Cantarutti *et al.*, 2007).

Tais constatações indicam a necessidade de um correto monitoramento nutricional da cultura, objetivando ganhos em produtividade sem comprometer o ambiente. Dessa forma, o presente capítulo apresenta informações relevantes sobre a cultura do açaizeiro buscando auxiliar no adequado manejo nutricional dessa cultura na região amazônica.

1.1 Classificação e morfologia da cultura

O açaizeiro é uma angiosperma pertencente à família Arecaceae Schultz Sch. e ao gênero *Euterpe* Mart. (Vianna, 2020). Essa família inclui cerca de 200 gêneros e 2.600 espécies (Jones, 1995); além do açaizeiro, há o coqueiro (*Cocos nucifera*), o dendezeiro (*Elaeis guineensis*) e a pupunheira (*Bactris gasipaes*) como exemplos de espécies cultivadas. Dentro do gênero *Euterpe*, as espécies nativas do Brasil de maior importância agroindustrial são *E. precatoria*, *E. edulis* e *E. oleracea* (Oliveira; Carvalho; Nascimento, 2000). Tanto a *E. precatoria*, que tem dominância no Amazonas e é conhecida como "açaí do mato", quanto a *E. edulis*, com hábitat na Mata Atlântica, não perfilham. Por outro lado, a *E. oleracea,* dominante no Pará e Amapá, é responsável pela maior parte da produção e tem capacidade de perfilhamento (Tavares *et al.*, 2020). Palmeira nativa da Amazônia brasileira, a *E. oleracea,* também chamada de "açaizeiro de touceira", é considerada a espécie nativa mais produtiva da região (Araújo *et al.*, 2016; Bezerra *et al.*, 2018). Para essa espécie, o lançamento das variedades BRS Pará (2004) e BRS Pai d'Égua (2019) representou avanços no plantio, permitindo o aumento da produtividade e da produção na entressafra (Tavares et al., 2020). Como exemplo de E. *oleracea*, cita-se ainda a variedade BRS Ver-o-Peso.

Em relação à botânica do açaizeiro, Vianna (2020) apresenta uma descrição: é uma planta cespitosa, com caules eretos ou inclinados, folhas pinadas, planas e arqueadas, inflorescências infrafoliares com pedúnculo, bráctea peduncular, raque e ráquilas. Pode alcançar 20 m de altura e possui até 25 estipes por touceira, os quais atingem 18 cm de diâmetro em plantas adultas e são cilíndricos, lisos, cinza e com presença de líquens. As folhas (8 a 14 por estipe) são compostas, pinadas de arranjo espiralado, com 40 a 80 pares de folíolos, os quais são pendentes (plantas adultas) ou ligeiramente horizontais (plantas jovens) e de comprimento entre 20 cm e 50 cm e largura de 2 a 3 cm (Oliveira; Carvalho; Nascimento, 2000).

As flores são unissexuadas na mesma inflorescência, dispostas em tríades e estaminadas ou pistiladas, com sépalas e pétalas triangulares a ovadas. Os frutos são globosos ou elipsoides (1 cm a 2 cm de diâmetro), com epicarpo liso de cor negro-púrpura, mesocarpo, endocarpo duto e endosperma ruminado (Vianna, 2020). Na Amazônia, o açaizeiro floresce e frutifica durante o ano todo, porém o pico de frutificação ocorre entre setembro e dezembro. O sistema radicular é do tipo fasciculado, emergindo do estipe acima do solo, possui lenticelas e aerênquimas e, em plantas com mais de dez anos, pode se prolongar superficialmente em até 6 m de extensão (Oliveira; Carvalho; Nascimento, 2000).

1.2 Extração e exportação de nutrientes

Uma pesquisa sobre extração e exportação de nutrientes em açaizeiro com várias idades no Estado do Pará foi desenvolvida por Cordeiro (2011). A Fig. 1.1 contém valores da extração e exportação de macronutrientes em plantas de açaizeiro consorciadas com a essência florestal paricá em área de produtor no município de Tomé-Açu, em Latossolo Amarelo de textura média. Os valores de extração (em kg ha^{-1}) corresponderam a três plantas por touceira, com idade de sete anos, em espaçamento 5 m × 5 m (400 plantas ha^{-1}).

O macronutriente mais extraído pelo açaizeiro foi o N (336,4 kg ha^{-1}), seguido pelo K (221,6 kg ha^{-1}), ambos no estipe (Fig. 1.1). A ordem decrescente da extração de macronutrientes nas flechas foi N > K > P = S > Ca > Mg; no meristema, K > Ca > N > Mg > P > S; nos folíolos e estipe, N > K > Ca > S > P > Mg; e nos pecíolos e raques K > N > Ca > P > S > Mg. Observa-se a participação do Ca como segundo macronutriente mais acumulado no meristema e terceiro nos folíolos, no estipe e nos pecíolos e raques, merecendo atenção especial na nutrição do açaizeiro.

A extração total de macronutrientes nas condições descritas foi de 525,1 kg ha^{-1} de N; 371,6 kg ha^{-1} de K; 211,4 kg ha^{-1} de Ca; 71 kg ha^{-1} de P; 58,5 kg ha^{-1} de Mg; e 51,7 kg ha^{-1} de S.

Fig. 1.1 Extração e exportação de macronutrientes em plantas de açaizeiro com sete anos de idade
Fonte: adaptado de Cordeiro (2011).

Conforme a Fig. 1.2, o micronutriente mais extraído pelo açaizeiro foi o Mn (6.761,3 g ha^{-1}) no estipe, seguido pelo Zn (1.933 g ha^{-1}) também no estipe, órgão armazenador de nutrientes. A ordem decrescente da extração de micronutrientes em plantas de açaizeiro no estipe e meristema foi Mn > Zn > Fe > B > Cu; nos folíolos, Mn > Fe > Zn > B > Cu; nas flechas, Mn > Fe > Zn > Cu > B; e nos pecíolos e raques Mn > Zn > Fe > B = Zn. Ressalta-se a exigência do açaizeiro em Zn, que foi o segundo micronutriente mais acumulado no estipe e meristema e o terceiro nos folíolos e flecha. Isso merece destaque pelo fato de o Latossolo Amarelo de textura média, onde está sendo implantada a maioria dos açaizais de terra firme, possuir baixa disponibilidade natural de Zn (Singh, 1984).

O órgão engaço (cacho vazio) do açaizeiro foi responsável pela maior exportação de K (21,2 kg ha^{-1}), enquanto nos frutos foi o N (48 kg ha^{-1}) (Fig. 1.1). Essa maior exportação de K pelos cachos vazios confirma a importância do retorno desse órgão à plantação na forma de adubo orgânico. A ordem decrescente da exportação de macronutrientes no engaço foi K > N > Ca > Mg > S > P; nos frutos, N > K > Ca > P = S > Mg. A quantidade total exportada de macronutrientes nos

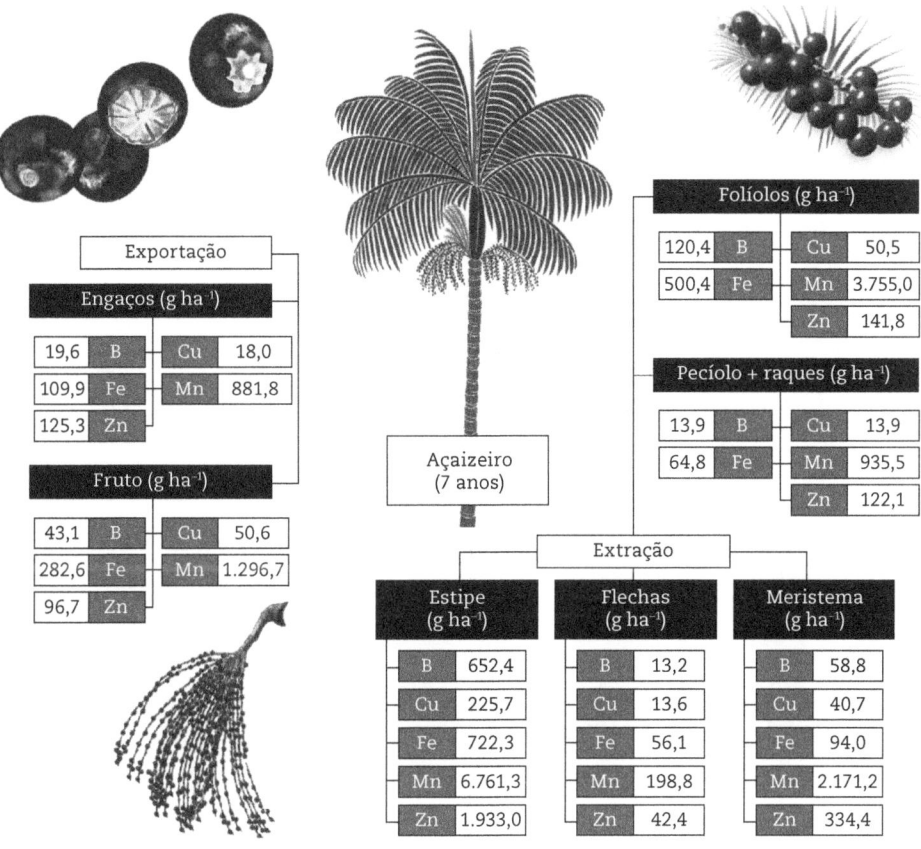

Fig. 1.2 Extração e exportação de micronutrientes em plantas de açaizeiro com sete anos de idade
Fonte: adaptado de Cordeiro (2011).

dois órgãos foi de 63,2 kg ha^{-1} de N; 41,3 kg ha^{-1} de K; 19,2 kg ha^{-1} de Ca; 10,4 kg ha^{-1} de Mg; 7,4 kg ha^{-1} de P; e 8,1 kg ha^{-1} de S.

O micronutriente Mn foi o mais exportado pelo açaizeiro por meio dos frutos (1.296,7 g ha^{-1}) e dos engaços (881,8 g ha^{-1}). A sequência decrescente da exportação de micronutrientes nos engaços do açaizeiro foi Mn > Zn > Fe > B > Cu; nos frutos, Mn > Fe > Zn > Cu > B.

1.3 Diagnose visual

A diagnose visual fundamenta-se no fato de que as plantas com carência ou excesso de determinado nutriente normalmente apresentam características distintas em relação às plantas bem-nutridas da espécie. Para que essa diagnose se torne mais eficiente, é indispensável que sejam descritos os sintomas visuais de deficiência de cada nutriente para a cultura específica. A análise química foliar de nutrientes em plantas cultivadas em condições de campo nem sempre pode ser realizada em tempo hábil; dessa forma, o conhecimento dos sintomas visuais de deficiências manifestados pelas culturas pode fornecer informações importantes para a avaliação do seu estado nutricional e, com isso, corrigir uma possível limitação nutricional.

1.3.1 Macronutrientes

Com base na pesquisa desenvolvida por Viégas et al. (2008), a seguir são apontados os principais sintomas visuais de deficiência de macronutrientes observados no açaizeiro.

Nitrogênio

As plantas de açaizeiro com deficiência de N exibem inicialmente clorose nas folhas mais velhas e redução acentuada na altura, no número e no tamanho das folhas (Fig. 1.3A). No estudo de Viégas et al. (2008), plantas de açaizeiro com sintomas de deficiência de N apresentaram teor foliar de 11,6 g kg^{-1} de N.

Fósforo

Os sintomas visuais de deficiência de P em açaizeiro se caracterizam por redução acentuada na altura da planta, no número e no tamanho das folhas (Fig. 1.3B). As folhas também podem apresentar coloração verde-escura. A pesquisa de Viégas et al. (2008) indicou teor foliar de 0,63 g kg^{-1} de P em plantas jovens de açaizeiro com deficiência desse nutriente.

Potássio

A deficiência de K no açaizeiro inicialmente proporciona clorose ao longo das bordas das folhas mais velhas e, com a intensidade da deficiência, ocorre necrose dos ápices (Fig. 1.3C). A falta de K também pode se manifestar em pequenos pontos amarelos alaranjados, que podem se unir e formar manchas amareladas (Fig. 1.3D). Não confundir esses pontos amarelados com os causados pelo fungo Cercospora: em caso de deficiência de K, os pontos amarelados não se apresentam pretos no centro. O teor foliar de K em plantas deficientes de açaizeiro foi de 2,2 g kg^{-1} (Viégas et al., 2008).

Cálcio

Os sintomas visuais de deficiência de Ca em açaizeiro são a redução acentuada no crescimento e a deformação dos folíolos novos, que se apresentam enrolados para a face inferior, à semelhança de um papel amassado, chegando em alguns casos a provocar abertura da lâmina foliar (Fig. 1.3E). Plantas jovens de açaizeiro cultivadas em Latossolo Amarelo de textura média, sem o adequado suprimento nutricional, sofrem redução brusca no crescimento com a deficiência desse nutriente (Viégas et al., 2009). O teor foliar de Ca obtido em plantas jovens que manifestaram tais sintomas foi de 4,7 g kg^{-1} (Viégas et al., 2008).

Fig. 1.3 Sintomas visuais de deficiências de (A) nitrogênio, (B) fósforo, (C,D) potássio, (E) cálcio, (F) magnésio, (G) enxofre, (H) boro, (I) ferro, (J) manganês e (K) zinco. Em (L), aplicação de somente NPK em plantas de açaizeiro, comparada à adição de todos os macro e micronutrientes
Fonte: Ismael Viégas.

Magnésio

Em plantas de açaizeiro da variedade BRS Pará, cultivadas em condições de campo em um Latossolo Amarelo de textura média, os sintomas de deficiência de Mg se manifestaram como clorose entre as nervuras e necrose das folhas mais velhas, sendo que a nervura central (raques) permaneceu verde por mais tempo (Fig. 1.3F). O teor foliar de Mg em plantas de açaizeiro com sintomas visuais de sua deficiência foi de 2,0 g kg^{-1} (Viégas *et al.*, 2008).

Enxofre

A deficiência de S em açaizeiro é semelhante à deficiência de N, com a diferença de que os sintomas surgem inicialmente nas folhas mais novas (Fig. 1.3G). Viégas et al. (2008) encontraram teor foliar de S de 0,4 g kg^{-1} em plantas deficientes.

1.3.2 Micronutrientes

A descrição dos sintomas visuais de deficiência de micronutrientes em plantas jovens de açaizeiro foi realizada com base nos trabalhos desenvolvidos por Naiff et al. (2002) e Frazão et al. (2009).

Boro

O açaizeiro com sintomas visuais de deficiência de B possui folhas verdes amareladas, estreitas, alongadas e mais espessas, redução no crescimento com riscos brancos no limbo das folhas mais novas que, com a intensificação da deficiência, se juntam e formam faixas (Fig. 1.3H). Frazão et al. (2009) constataram, em Latossolo Amarelo de textura média, planta jovem de açaizeiro com deficiência de B causada por excesso da adubação potássica; as folhas se mostraram com folíolos reduzidos em tamanho, deformados e dispostos muito próximos (Fig. 1.3H).

Cloro

A deficiência visual de Cl em plantas jovens de açaizeiro se manifesta como clorose e diminuição no tamanho das folhas. Com o aumento da deficiência, há bronzeamento das folhas seguido de necrose acentuada dos tecidos.

Ferro

A deficiência de Fe se manifesta como amarelecimento entre as nervuras dos folíolos das folhas mais novas, permanecendo as nervuras verdes por mais tempo, com reticulado fino (Fig. 1.3I). Com a maior intensidade da deficiência, as folhas podem ficar esbranquiçadas.

Manganês

Os sintomas de deficiência de Mn se iniciam nas folhas novas da planta e se caracterizam por clorose entre as nervuras secundárias, as quais formam uma rede grossa (Fig. 1.3J).

Zinco

O sintoma de deficiência de Zn ocorre inicialmente nas folhas mais novas, com redução acentuada no seu tamanho, clorose nos folíolos entre as nervuras, distorções, ondulações nas margens dos folíolos, que ficam mais alongados, e redução nos espaços entre eles ao longo da raque (Fig. 1.3K).

É interessante mencionar que outra pesquisa desenvolvida por Viégas *et al.* (2009), avaliando a fertilidade do Latossolo Amarelo de textura média, indicou que a aplicação de somente N, P e K não promove desenvolvimento satisfatório das plantas jovens quando comparada à aplicação de todos os nutrientes (Fig. 1.3L).

1.3.3 Interação entre os nutrientes

O açaizeiro no Estado do Pará está sendo cultivado principalmente em Latossolo Amarelo. Do ponto de vista químico, esse tipo de solo se caracteriza por baixos teores de nutrientes, podendo citar N, P e K entre os macronutrientes, e B e Zn como micronutrientes. Com base nesse cenário, podem ocorrer dúvidas em relação aos sintomas visuais característicos das deficiências quando dois ou mais nutrientes presentes no solo não atendem à demanda da planta: quais são os sintomas e qual a predominância entre eles?

Em vista desse problema, pesquisas foram desenvolvidas promovendo a omissão dupla no suprimento dos nutrientes N, P, K, B e Zn em plantas jovens de açaizeiro com substrato inerte. Observou-se que, em omissão dupla de N e P, N e K, N e B e N e Zn, o sintoma predominante é o da deficiência de N, com amarelecimento acentuado dos folíolos, explicado principalmente pela participação do nutriente na clorofila (Fig. 1.4).

Fig. 1.4 Plantas jovens de açaizeiro com omissão dupla no suprimento de nutrientes em comparação ao tratamento completo
Fonte: Ismael Viégas.

1.4 Diagnose foliar

Na avaliação do estado nutricional das plantas, há vários métodos de diagnose, alguns mais adequados e outros menos, dependendo de cada situação. Entre eles, além da diagnose visual, podem ser citados a diagnose foliar, o teste de tecidos, os testes bioquímicos e o sistema integrado de diagnose e recomendação (DRIS). A capacidade das plantas de absorver e empregar os nutrientes reflete-se nos teores desses elementos e em seu equilíbrio nutricional, informações imprescindíveis adquiridas por meio da análise química dos seus tecidos. A análise do vegetal indica seu estado nutricional e fornece os sintomas característicos de determinada deficiência ou de toxidez, sendo a avaliação nutricional, nesse caso, somente possível pela análise química.

A folha é o órgão de preferência para avaliar o estado nutricional de uma planta, pois é o principal componente cujas mudanças nutricionais refletem no metabolismo da planta. A validade da diagnose foliar baseia-se nas premissas de que existem relações entre a dose do adubo e a produção, entre a dose do adubo e o teor foliar e entre o teor foliar e a produção.

Com base no índice de distribuição dos nutrientes, a folha ideal para representar o estado nutricional do açaizeiro foi recentemente pesquisada por Viégas *et al.* (2022); houve recomendação da folha de número 5, no maior estipe da touceira (planta-mãe ou a mais vigorosa), como a mais indicada para amostragem na diagnose nutricional da cultura na região (Fig. 1.5).

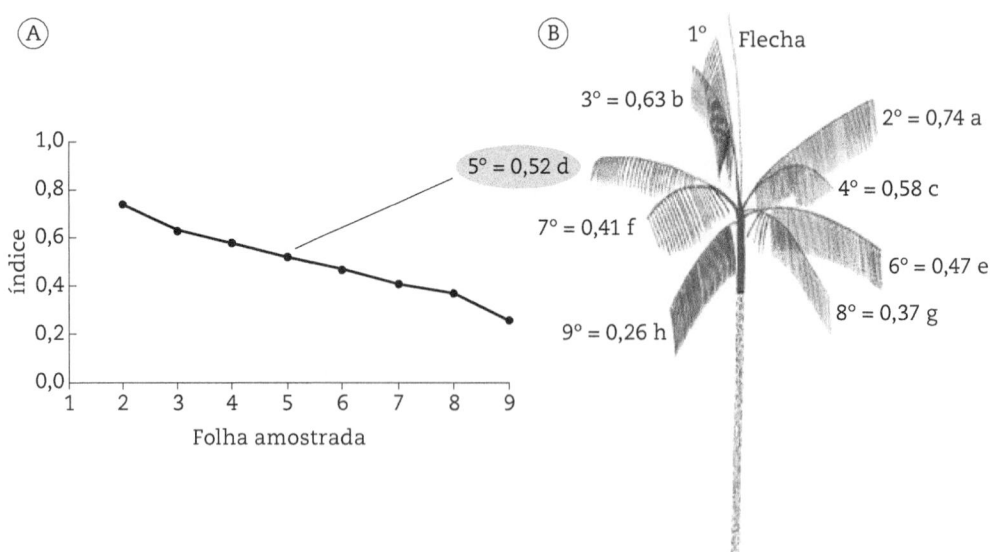

Fig. 1.5 (A) Índice de distribuição dos nutrientes nas folhas de posição filotáxica 2 a 9 de plantas de açaizeiro e (B) distribuição dos valores dos índices para cada folha disposta esquematicamente no açaizeiro. Médias seguidas de letras distintas diferem estatisticamente pelo teste SNK ($p < 0,05$)
Fonte: Viégas *et al.* (2022).

Considerando a amostragem foliar do açaizeiro, os procedimentos norteadores são ilustrados na Fig. 1.6 e detalhados a seguir:

- Para escolha das plantas a serem amostradas, levar em conta nas parcelas as touceiras que representam o estado médio da plantação, referente ao crescimento, aos aspectos sanitários e nutricionais. Selecionar no mínimo 15 e no máximo 30 touceiras representativas para amostragem. De forma prática, podem ser fixadas na parcela duas linhas amostrais contíguas no sentido norte-sul, devidamente espaçadas, para representar o talhão.
- A amostragem é realizada coletando-se os folíolos das touceiras alternadas nas linhas, uma sim e outra não. As touceiras a serem coletadas devem ser competitivas, ou seja, a planta amostrada deve ter vizinhas na mesma linha.
- Em cada touceira, é selecionada a planta-mãe ou a mais vigorosa. Desse estipe, na parte central da folha (número 5), são coletados de quatro a seis folíolos íntegros e saudáveis (dois ou três de cada lado) para a composição da amostra simples.
- A coleta é finalizada quando todas as plantas escolhidas são amostradas. Em seguida, os folíolos devem ser reunidos num feixe, presos por uma liga de borracha e acondicionados em sacos de papel devidamente etiquetados (nome da empresa e do proprietário, número da parcela, número de plantas amostradas, folha amostrada e data da coleta).
- Após a coleta, os folíolos podem ser limpos com água potável ou preferencialmente destilada. Em seguida, são removidas suas extremidades superior, inferior e a nervura principal, restando a parte central com cerca de 20 cm (Fig. 1.6). Usualmente, dos dois lados de cada folíolo, um é usado para compor a amostra enviada ao laboratório e o outro compõe a amostra de reserva (contraprova) do agricultor ou empresa.
- Posteriormente, os folíolos devem ser armazenados em sacos de papel reforçados para que possam suportar o transporte até o laboratório.
- No laboratório, são novamente higienizados e colocados para secar em estufa de circulação forçada de ar, com temperatura entre 55 °C e 65 °C.

Alguns pontos importantes devem ser observados na retirada das amostras dos folíolos, visando uma diagnose foliar o mais adequada possível:
- Deve-se realizar a coleta das amostras foliares sempre na mesma época do ano, de modo que os resultados possam ser comparados anualmente, permitindo detectar possíveis ocorrências de variações no estado nutricional das palmeiras.
- Nos casos de monitoramentos comerciais na Amazônia, as coletas foliares são realizadas na época menos chuvosa do ano. Nesse sentido, é importante não realizar a atividade em momentos muito próximos à última adubação efetuada, além de evitar a amostragem nos meses mais quentes.

Fig. 1.6 Procedimentos de amostragem foliar na cultura do açaizeiro: (A) seleção da planta-mãe na touceira; (B) retirada da folha número 5; (C) seleção dos folíolos centrais; (D) retirada dos folíolos; (E) feixe dos folíolos; (F) parte central dos folíolos; (G) limpeza dos folíolos; (H) remoção da nervura central; (I) embalagem
Fonte: Gilson Matos.

- Em monitoramentos nutricionais mais refinados, as amostragens podem ocorrer em mais de uma época no ano, com o intuito de compreender a flutuação dos teores dos nutrientes foliares ao longo dos meses. Esse procedimento também auxilia na calibração mais exata da adubação convencional e, sobretudo, da fertirrigada.
- A amostragem deve ser realizada sempre pela manhã (7h às 11h), visando evitar possíveis variações nos teores dos nutrientes nas folhas causadas pela radiação solar.
- Caso ocorram chuvas acima de 20 mm, esperar pelo menos 36 horas para realizar a amostragem dos folíolos.

- Não misturar amostras foliares de plantas com idades e material genético diferentes, além de não amostrar plantas atacadas por pragas ou doenças.
- Os teores foliares dos nutrientes podem variar de uma planta para outra, mesmo em um solo aparentemente homogêneo. Portanto, uma amostra deve ser coletada por folíolos retirados de um determinado número de palmeiras, para atenuar essas variações. Desse modo, sugere-se uma amostra composta para cada 25 ha (no máximo) em áreas homogêneas.
- A área amostrada deve ser identificada para manter um bom controle do estado nutricional das palmeiras da plantação e, assim, poder comparar os resultados dos anos anteriores. O mais indicado é sempre coletar os folíolos das mesmas plantas e providenciar a colocação de um marco nas extremidades das linhas e nas plantas amostradas, para facilitar a coleta nos anos posteriores, permitindo, assim, maior segurança e refletindo num programa de adubação mais eficiente e econômico.
- Por ocasião da amostragem, caso sejam constatados sintomas visuais de deficiências de nutrientes nas plantas selecionadas, descrevê-los anotando o número da planta onde foram avistados. Nesses casos, deve-se formar uma amostra "especial", coletando separadamente os folíolos das plantas com sintomas.

1.5 Métodos de interpretação dos resultados

A diagnose foliar inclui várias etapas e, após a correta realização da amostragem, a identificação e o preparo da amostra, esta deve ser enviada para a determinação dos teores dos nutrientes nas análises de laboratório. Posteriormente, a partir dos resultados obtidos é feita a sua interpretação adequada de acordo com a cultura de interesse. Tal interpretação é realizada comparando-se os teores da amostra da lavoura em questão com os padrões aceitos como norma, conhecidos como níveis críticos (NC) ou faixas de suficiência (FS). O teor do nutriente no tecido vegetal associado a 90% da produtividade máxima é denominado nível crítico (NC) (Cantarutti et al., 2007). Abaixo desse nível a produção diminui, e acima dele a adubação não é mais econômica. De forma mais flexível, adota-se uma amplitude de valores nutricionais associados ao nível produtivo igual ou superior a 90% da produtividade máxima, gerando as faixas de suficiência (Kurihara; Maeda; Alvarez, 2005).

O estabelecimento do NC para o açaizeiro perfaz um trabalho oneroso, pois necessita de informações relativas a várias colheitas mensais (6 a 8 meses) acompanhadas de análises foliares anuais. Por isso, são poucos os trabalhos que norteiam a respeito do diagnóstico nutricional do açaizeiro (Ribeiro et al., 2020).

De qualquer forma, existem informações gerais de teores foliares obtidos em monitoramentos e experimentos que são importantes para o entendimento do manejo nutricional do açaizeiro, reunidas na Tab. 1.1. Ressalta-se que há relevante variação nesses teores em função da idade das plantas, cultivar, condições edafoclimáticas, manejo e adubação, época de amostragem e posição da folha amostrada (Araújo et al., 2016; Araújo et al., 2019; Brasil; Nascimento; Sobrinho, 2009; Brasil; Poça; Sobrinho, 2008; Cordeiro, 2011; Lindolfo et al., 2020; Ribeiro et al., 2020; Viégas et al., 2009). Para plantas jovens (até dois anos de idade), os teores foliares variam de 13,1 a 24,1 g kg^{-1} de N; 0,7 a 1,3 g kg^{-1} de P; 3,5 a 14,5 g kg^{-1} de K; 1,9 a 6,8 g kg^{-1} de Ca; 0,5 a 2,3 g kg^{-1} de Mg; 1,4 a 7,4 g kg^{-1} de S; 17,0 a 54,5 mg kg^{-1} de B; 7,0 a 8,3 mg kg^{-1} de Cu; 99,9 a 332 mg kg^{-1} de Mn; e 29,0 a 133 mg kg^{-1} de Zn. Em plantas de açaizeiro em produção, a variação nos teores foliares é de 18,8 a 27,3 g kg^{-1} de N; 1,2 a 2,3 g kg^{-1} de P; 7,1 a 12,0 g kg^{-1} de K; 4,4 a 9,8 g kg^{-1} de Ca; 0,1 a 2,2 g kg^{-1} de Mg; 1,3 a 3,7 g kg^{-1} de S; 14,9 a 72,0 mg kg^{-1} de B; 8,0 a 12,0 mg kg^{-1} de Cu; 118 a 647 mg kg^{-1} de Fe; 44,6 a 557 mg kg^{-1} de Mn; e 24,9 a 42,0 mg kg^{-1} de Zn.

Assim, esses são valores gerais norteadores de teores nutricionais para o açaizeiro provenientes de monitoramentos em campo. Por outro lado, a determinação de valores mais rigorosos, como níveis críticos, de forma experimental é complexa para essa palmeira. Como alternativa, a definição de resultados de níveis críticos pelo método da distribuição normal reduzida (DNR) é interessante, pois pode ser baseada em banco de dados obtidos em condições de campo

Tab. 1.1 Teores foliares de nutrientes em plantas de diferentes idades de açaizeiros (*Euterpe oleracea* Mart.) em áreas nativas e cultivadas no Estado do Pará

N	P	K	Ca	Mg	S	B	Cu	Fe	Mn	Zn	Referência
g kg^{-1}						mg kg^{-1}					
25,6	1,6	6,8	4,8	0,1	2,7	22,2	8,0	118	281	24,9	Viégas et al. (2022): plantas com 4 anos e 8 meses, amostrada a folha número 5 em novembro de 2005, em Belém
18,8	1,4	8,8	7,8	1,0	1,3	14,9	–	153	44,6	30,6	Lindolfo et al. (2020): plantas com 9,5 anos crescidas no tratamento que obteve a maior produtividade (5,52 t ha^{-1} ano^{-1}), amostrada a folha número 6 em novembro de 2017, em Tomé-Açu
19,0	1,7	9,0	6,0	2,0	3,1	51,0	6,0	364	285	24,5	Adaptado de dados utilizados por Ribeiro et al. (2020) em plantas fertirrigadas com 7 anos e produção acima de 7,0 t ha^{-1} ano^{-1}, amostradas as folhas número 4 e 5 em outubro de 2015, em Tomé-Açu
27,3	1,9	7,1	8,9	1,5	–	–	–	–	–	–	Brasil, Poça e Sobrinho (2008): plantas adultas melhoradas (cultivar BRS Pará), amostradas as folhas recém-abertas, em Breves e São Sebastião da Boa Vista

Tab. 1.1 (continuação)

N	P	K	Ca	Mg	S	B	Cu	Fe	Mn	Zn	Referência
g kg⁻¹						mg kg⁻¹					
21,9	1,2	7,4	4,4	0,9	-	-	-	-	-	-	Brasil, Nascimento e Sobrinho (2009): plantas adultas de populações nativas em áreas de várzea, amostradas as folhas recém-abertas, em Breves e São Sebastião da Boa Vista
13,1	1,0	4,6	1,9	0,5	1,9	17,0	7,0	319	180	29,0	Cordeiro (2011): plantas com 2 anos recebendo adubação NPK, amostrados os folíolos, em Tomé-Açu
15,7	0,7	3,5	6,4	2,2	1,4	31,3	-	-	-	-	Viégas *et al.* (2009): plantas com 10 meses de idade cultivadas em casa de vegetação no tratamento completo de adubação, em Belém
24,1	1,3	14,5	2,6	2,2	7,4	54,5	7,2	-	99,9	93,2	Araújo *et al.* (2016): plantas (cultivar BRS Ver-o-Peso) com 8 meses de idade cultivadas em casa de vegetação no tratamento completo de adubação, em Belém
17,1	1,0	10,2	6,8	2,3	2,7	32,5	8,3	-	332	133	Araújo *et al.* (2019): plantas (cultivar BRS Pai d'Égua) com 8 meses de idade cultivadas em casa de vegetação no tratamento completo de adubação, em Belém

comerciais (Souza et al., 2020). Esse método considera o cálculo da distribuição normal dos teores de nutrientes que correspondem a 90% da produtividade esperada (Matos; Fernandes; Wadt, 2016). Com as informações de teores nutricionais e produtividade de 105 amostras em áreas de açaizeiros regularmente adubados no Pará, provenientes de Tomé-Açu e Belém, foi proposta uma primeira aproximação de NC na cultura, conforme a Tab. 1.2.

Tab. 1.2 Níveis críticos (NC) de teores de nutrientes na folha número 5 obtidos pelo método da distribuição normal reduzida (DNR) em açaizeiros adultos cultivados no Pará

	N	P	K	Ca	Mg	S	B	Cu	Fe	Mn	Zn
	g kg⁻¹						mg kg⁻¹				
NC	19	1,4	8,0	5,0	1,0	3,0	35,0	5,0	220,0	170,0	23,0
n*	60	48	81	74	52	54	80	84	76	96	100

n = número de amostras consideradas no cálculo após a remoção de valores discrepantes e anormais.

1.6 Sistema integrado de diagnose e recomendação (DRIS)

Outra ferramenta de diagnóstico que pode ser utilizada conjuntamente ou em alternativa aos níveis críticos e as faixas de suficiência é o sistema integrado de diagnose e recomendação (DRIS). Esse método também pode levar em consideração dados nutricionais dentro de áreas de cultivo comercial (Dezordi et al., 2016). Além disso, o DRIS tem menor dependência de fatores ambientais não controlados, por considerar as relações e o balanço dos nutrientes (Cunha et al., 2016).

O DRIS tem sido aplicado em cultivos brasileiros altamente tecnificados, como o eucalipto (Morais et al., 2019) e a cana-de-açúcar (Silva et al., 2020), além de palmeiras muito cultivadas no norte do País, como o coqueiro (Saldanha et al., 2017) e o dendezeiro (Matos et al., 2017).

Para cálculo do DRIS, em um banco de dados se faz necessária a separação de uma subpopulação de referência com valores de produtividade considerados adequados para determinação das normas nutricionais bivariadas – por exemplo, N, P e K geram as relações N/P, N/K, P/N, P/K, K/N e K/P. Por conseguinte, mediante funções matemáticas estabelecidas, as relações das normas são comparadas com as relações das amostras que serão diagnosticadas, gerando índices de fácil interpretação.

Em açaizeiros produtivos, a primeira aproximação de normas foi proposta por Ribeiro et al. (2020) com amostras de cultivo fertirrigado (Tab. 1.3), tendo como base a folha número 5. Com essas normas, foi aplicado o DRIS no diagnóstico de 80 amostras foliares provenientes de cultivo de açaizeiro. Os resultados mostraram que a ordem de frequência de deficiência nas amostras foi Mn > Ca > B > Cu > Mg > Fe > K > P > S > Zn > N. Nesse trabalho, também foram evidenciadas muitas amostras com excesso de P nas folhas, reflexo de uma disponibilidade de P muito elevada no solo (adubação de luxo).

Os índices DRIS também permitem o cálculo alternativo de faixas de suficiência (ou ótimas) de nutrientes foliares para as plantas. A definição desses valores é baseada no balanço nutricional, ou seja, obtida de um conjunto de dados de plantas consideradas nutricionalmente equilibradas (Matos; Fernandes; Wadt, 2016). Para o açaizeiro, uma primeira aproximação de faixas nutricionais DRIS foi calculada tomando como referência amostras de cultivo fertirrigado (Tab. 1.4).

A obtenção de faixas derivadas do DRIS é prática e não necessita de estudos mais custosos (Dias et al., 2017), além de poder ser regionalizada, sendo oportuna para cultivos amazônicos. Por outro lado, de forma geral essas faixas apresentam intervalos mais curtos do que aquelas geradas convencionalmente por experimentos de doses de nutrientes.

1.7 Reflexões

O açaizeiro é uma palmeira de grande relevância socioeconômica na região amazônica. A espécie responde positivamente ao suprimento nutricional, notadamente nos solos de baixa fertilidade química da região. Para tanto, deve haver um adequado monitoramento da nutrição da cultura por meio de uma correta amostragem foliar, análise dos teores de nutrientes e interpretação dos resultados obtidos pelos diferentes métodos de diagnose.

Tab. 1.3 Normas para cálculo de DRIS obtidas em amostras (folhas número 4 e 5) de açaizeiros com produtividade acima de 7,0 t ha⁻¹ ano⁻¹ de frutos frescos no município de Tomé-Açu, nordeste do Pará

Relações	Média	CV%	Relações	Média	CV%	Relações	Média	CV%
N/P	11,3161	20,7674	Mg/S	0,3836	43,2278	Cu/Zn	0,2162	60,0657
N/K	2,2602	14,0701	S/P	1,9018	31,0855	Fe/P	224,8985	34,9745
N/Ca	3,3578	29,1764	S/K	0,3775	24,5423	Fe/Mg	354,672	35,9802
N/Mg	18,4121	35,3591	S/Mn	0,015	77,6422	Fe/S	122,6305	33,8758
N/S	6,2757	26,4382	S/Zn	0,1301	24,0106	Fe/Zn	15,4228	30,8422
N/B	0,3789	25,1101	B/P	31,9138	36,4418	Fe/Mn	1,7262	73,4743
N/Fe	0,0542	26,8602	B/Ca	9,0339	26,5326	Mn/N	14,6921	45,2574
N/Zn	0,7839	17,1851	B/Mg	49,9022	36,538	Mn/P	169,9751	54,9668
K/P	5,0503	20,5486	B/S	17,0122	22,26	Mn/K	33,8828	50,5665
K/Ca	1,5279	36,1424	B/Fe	0,1495	29,6404	Mn/Ca	51,371	58,1006
K/Mg	8,2129	33,1072	B/Zn	2,1881	28,0957	Mn/Mg	288,4012	69,0287
K/B	0,1712	29,1427	Cu/N	0,2741	54,5839	Mn/B	5,7703	60,7637
K/Fe	0,0242	27,4633	Cu/P	2,994	49,1309	Mn/Cu	82,5287	89,6327
K/Zn	0,3529	21,7328	Cu/K	0,6046	49,9848	Mn/Zn	11,2795	44,4255
Ca/P	3,7407	43,4439	Cu/Ca	0,9329	71,8857	Zn/P	14,9617	29,7743
Ca/S	1,9886	30,3951	Cu/Mg	4,771	58,933	Zn/Ca	4,3783	31,2109
Ca/Fe	0,0174	37,1502	Cu/S	1,7307	63,2015	Zn/Mg	24,3669	42,9618
Mg/P	0,7125	51,2953	Cu/B	0,1062	66,3847			
Mg/Ca	0,1928	26,1364	Cu/Fe	0,0151	64,3248			

CV = coeficiente de variação.
Fonte: adaptado de Ribeiro *et al.* (2020).

Tab. 1.4 Faixas nutricionais ótimas para açaizeiro fertirrigado (folha número 5) calculadas em 2022 mediante o diagnóstico DRIS no nordeste do Pará

Macronutriente	g kg⁻¹	Micronutriente	mg kg⁻¹
N	17-21	B	37-57
P	1,4-1,8	Cu	5,0-7,0
K	7,6-10,6	Fe	250-450
Ca	4,8-6,6	Mn	180-400
Mg	0,8-1,8	Zn	19-28
S	2,7-3,3		

A nutrição do açaizeiro aponta para programas de adubação bem-estruturados e com proporção de fertilização nitrogenada e potássica maior que a fosfatada. A espécie também tem uma recorrente deficiência de boro no campo em solos com baixo suprimento desse nutriente, semelhante a outras palmeiras comerciais, e peculiarmente tem apresentado um maior nível de Mn nos tecidos vegetais.

Não obstante, os estudos sobre a nutrição do açaizeiro são, em sua maioria, recentes e ainda existem muitas lacunas a serem preenchidas. Os complicadores para esse cenário englobam as diferentes fases de desenvolvimento da palmeira, a altura dos estipes adultos e, sobretudo, a necessidade de longo período para avaliação da produção. Nesse sentido, experimentos e unidades demonstrativas com manejo racional da adubação, aliados à facilitação do acesso às análises de solo e foliares, devem ser difundidos na região amazônica.

Em relação aos padrões nutricionais foliares, para qualquer cultivo, os dados de populações de plantas que geram os valores de referência podem ser atualizados constantemente conforme os monitoramentos nutricionais anuais. Tal procedimento pode ser facilitado pelo diagnóstico DRIS, principalmente quando houver maior diversidade de informações coletadas (diferentes solos, locais, idades, materiais genéticos e manejo da fertilidade).

Referências bibliográficas

ARAÚJO, F. R.; VIÉGAS, I. J. M.; CUNHA, R. L. M.; VASCONCELOS, W. L. F. Nutrient omission effect on growth and nutritional status of assai palm seedlings. *Pesquisa Agropecuária Tropical*, n. 46, v. 4, p. 374-382, 2016.

ARAÚJO, F. R.; VIÉGAS, I. J. M.; SILVA, D. A. S.; GALVÃO, J. R.; RODRIGUES, D. M.; SILVA JÚNIOR, M. L.; SANTOS, F. S.; YAKUWA, T. K. M.; PARAENSE, A. D. L.; CAMPOS, P. S. S. Nutrient omission effects on growth and nutritional status of seedlings of Assai Palm (*Euterpe oleracea* Mart.) var. Pai d'égua in clayey oxisol. *Journal of Agricultural Science*, v. 11, n. 6, p. 510-518, 2019.

BEZERRA, J. L. S.; ANDRADE NETO, R. C.; LUNZ, A. M. P.; ARAÚJO, C. S.; ALMEIDA, U. O. Fontes e doses de nitrogênio na produção de mudas de açaizeiro (*Euterpe oleracea* Mart). *Enciclopédia Biosfera*, v. 15, n. 27, p. 541-552, 2018.

BEZERRA, J. L. S.; ANDRADE NETO, R. C.; LUNZ, A. M. P.; ARAÚJO, J. M.; ARAÚJO, C. S. Produção de mudas de açaizeiro (*Euterpe oleracea*) em resposta a diferentes fontes e doses de potássio. *Enciclopédia Biosfera*, v. 17, n. 33, p. 348-360, 2020.

BRASIL, E. C.; NASCIMENTO, E. V. S.; SOBRINHO, R. J. A. Macronutrientes em diferentes partes de indivíduos de açaizeiro (*Euterpe oleracea* Mart.) provenientes de populações nativas de municípios do estado do Pará. In: CONGRESSO BRASILEIRO DE CIÊNCIA DO SOLO, 32., 2009, Fortaleza. Anais... O solo e a produção de bioenergia: perspectivas e desafios. Fortaleza: SBCS, 2009.

BRASIL, E. C.; POÇA, R. R.; SOBRINHO, R. J. A. Concentração de nutrientes em diferentes partes de indivíduos de açaizeiro (*Euterpe oleracea* Mart.) provenientes de uma população melhorada. In: FERTBIO, 28., 2008, Londrina. Anais... Desafios para o uso do solo com eficiência e qualidade ambiental. Londrina: SBCS, 2008.

CANTARUTTI, R. B.; BARROS, N. F.; MARTINEZ, H. E. P.; NOVAIS, R. F. Avaliação da fertilidade do solo e recomendação de fertilizantes. In: NOVAIS, R. F.; ALVAREZ, V. H.; BARROS, N. F.; FONTES, R. L. F.; CANTARUTTI, R. B.; LIMA, J. C. (ed.). *Fertilidade do solo*. Viçosa: SBCS, p. 770-845, 2007.

CORDEIRO, R. A. M. *Crescimento e nutrição mineral do açaizeiro (Euterpe oleracea Mart.), em função da idade em sistemas agroflorestais no município de Tomé Açu, Pará*. 137 p. Tese (Doutorado em Agronomia) – Universidade Federal Rural da Amazônia/Embrapa Amazônia Oriental, Belém-PA, 2011.

CUNHA, M. L. P.; AQUINO, L. A.; NOVAIS, R. F.; CLEMENTE, J. M.; AND, P. M. de A.; OLIVEIRA, T. F. Diagnosis of the Nutritional Status of Garlic Crops. *Revista Brasileira de Ciência do Solo*, v. 40, 2016.

DEZORDI, L. R.; AQUINO, L. A. de; AQUINO, R. F. B. de A.; CLEMENTE, J. M.; ASSUNÇÃO, N. S. Diagnostic Methods to Assess the Nutritional Status of the Carrot Crop. *Revista Brasileira de Ciência do Solo*, v. 40, 2016.

DIAS, J. R. M.; WADT, P. G. S.; PARTELLI, F. L.; ESPINDULA; M. C.; PEREZ, D. V.; SOUZA, F. R.; BERGAMIN, A. C.; DELARMELINDA, E. A. Normal nutrient ranges and nutritional monitoring of 'Pêra' Orange trees based on the CND method in different fruiting stages. *Pesquisa Agropecuária Brasileira*, v. 52, p. 776-785, 2017.

FERNANDES, M. S.; SOUZA, S. R.; SANTOS, L. A. *Nutrição mineral de plantas*. 2 ed. Viçosa: SBCS, 670 p., 2018.

FRAZÃO, D. A. C.; VIÉGAS, I. de J. M.; OIVEIRA, R. F.; VELOSO, C. A. C. Avaliação do crescimento de açaizeiro em função das doses de potássio e boro. In: XX CONGRESSO BRASILEIRO DE FRUTICULTURA, Annual Meeting of the Interamerican Society for Tropical Horticulture, 2009, Vitória, ES.

JONES, D. L. *Palms*: throughout the world. Washington: Smithsonian Institution, 410 p., 1995.

KURIHARA, C. H.; MAEDA, S.; ALVAREZ, V. H. *Interpretação de resultados de análise foliar*. Colombo; Dourados, Mato Grosso do Sul: Embrapa Agropecuária Oeste; Embrapa Florestas, 42 p., 2005. (Documentos, 74).

LINDOLFO, M. M.; MATOS, G. S. B.; PEREIRA, W. V. S.; FERNANDES, A. R. Productivity and nutrition of fertigated açaí palms according to boron fertilization. *Revista Brasileira de Fruticultura*, v. 42, p. 2, e-601, 2020.

MALAVOLTA, E.; VITTI, G. C.; OLIVEIRA, S. A. de. *Avaliação do estado nutricional das plantas*: princípios e aplicações. Piracicaba: Associação Brasileira para a Pesquisa da Potassa e do Fosfato, 319 p., 1997.

MATOS, G. S. B.; FERNANDES, A. R.; WADT, P. G. S. Níveis críticos e faixas de suficiência de nutrientes derivados de métodos de avaliação do estado nutricional da palma-de-óleo. *Pesquisa Agropecuária Brasileira*, v. 51, n. 9, p. 1557-1567, 2016.

MATOS, G. S. B.; FERNANDES, A. R.; WADT, P. G. S.; PINA, A. J. de A.; FRANZINI, V. I.; RAMOS, H. M. N. The Use of DRIS for Nutritional Diagnosis in Oil Palm in the State of Pará. *Revista Brasileira de Ciência do Solo*, v. 41, 2017.

MORAIS, T. C. B.; PRADO, R. de M.; TRASPADINI, E. I. F.; WADT, P. G. S.; DE PAULA, R. C.; ROCHA, A. M. S. Efficiency of the CL, DRIS and CND methods in assessing the nutritional status of Eucalyptus spp. rooted cuttings. *Forests*, v. 10, n. 9, p. 1-18, 2019.

NAIFF, A. P. M.; VIÉGAS, I. de J. M.; GONÇALVES, A. A. da S.; LIMA, S. S. de. Caracterização de sintomas de deficiências de micronutrientes em plantas de açaizeiros (Euterpe oleracea Mart.). In: SEMINÁRIO DE INICIAÇÃO CIENTÍFICA DA FCAP, 12.; SEMINÁRIO DE INICIAÇÃO CIENTÍFICA DA EMBRAPA AMAZÔNIA ORIENTAL, 6., 2002, Belém, PA. *A contribuição do profissional de Ciências Agrárias no uso e conservação da biodiversidade*: anais. Belém, PA: FCAP Embrapa Amazônia Oriental, 2002.

OLIVEIRA, M. S. P.; CARVALHO, J. E. U.; NASCIMENTO, W. M. O. *Açaí* (Euterpe oleracea Mart.). Jaboticabal: Funep, 52 p., 2000. (Frutas nativas, 7).

PRADO, R. M. *Nutrição de plantas*. 2 ed. Jaboticabal: Editora Unesp, 416 p., 2020.

RIBEIRO, F. O.; FERNANDES, A. R.; GALVÃO, J. R.; DE MATOS, G. S. B.; LINDOLFO, M. M.; DOS SANTOS, C. R. C. et al. DRIS and geostatistics indices for nutritional diagnosis and enhanced yield of fertirrigated acai palm. *Journal of Plant Nutrition*, v. 43, n. 12, p. 1875-1886, 2020.

SALDANHA, E. C. M.; SILVA JÚNIOR, M. L. da; LINS, P. M. P.; FARIAS, S. C. C.; WADT, P. G. S. Nutritional diagnosis in hybrid coconut cultivated in northeastern brazil through diagnosis and recommendation integrated system (DRIS). *Revista Brasileira de Fruticultura*, v. 39, n. 1, 2017.

SEDAP – SECRETARIA DE ESTADO DE DESENVOLVIMENTO DA AGROPECUÁRIA E DA PESCA. Açaí. Sedap, 2021. Disponível em: https://www.sedap.pa.gov.br/boletim-cvis. Acesso em: 20 abr. 2021.

SILVA, A. O.; SILVA, A. O.; LIMA, S. K. S.; VIÉGAS, I. J. M.; SILVA, D. A. S. Produção de matéria seca em mudas de açaizeiro (Euterpe Oleracea Mart.) cultivar BRS Pai d'égua, cultivados em Latossolo Amarelo textura média, em função da calagem. In: V CONGRESSO INTERNACIONAL DAS CIÊNCIAS AGRÁRIAS- COINTER, edição virtual, 2020.

SILVA, D. A. S. Resposta do açaizeiro cultivar BRS – Pará à aplicação de calcário e de fósforo em Latossolo Amarelo distrófico. 104 f. Dissertação (Mestrado em Agronomia) – Universidade Federal Rural da Amazônia, Belém, 2009.

SINGH, R.; MOLLER, M. R. F. Disponibilidade de micronutrientes em classes dominantes de solo do trópico úmido brasileiro: I. Zinco. Boletim de Pesquisa Embrapa/CPATU, n. 55, Belém, 1984.

SOUZA, H. A. et al. Critical levels and sufficiency ranges for leaf nutrient diagnosis by two methods in soybean grown in the Northeast of Brazil. Revista Brasileira de Ciência do Solo, v. 44, 2020. Disponível em: https://doi.org/10.36783/18069657rbcs20190125. Acesso em: jul. 2020.

TAVARES, G. S.; HOMMA, A. K. O.; MENEZES, A. J. E. A.; PALHETA, M. P. Análise da produção e comercialização de açaí no estado do Pará, Brasil. International Journal of Development Research, v. 10, n. 4, p. 35215-35221, 2020.

VELOSO, C. A. C.; BOTELHO, S. M.; VIÉGAS, I. J. M.; RODRIGUES, J. E. L. F. Amostragem e diagnose foliar. In: BRASIL, E. C.; CRAVO, M. S.; VIÉGAS, I. J. M. (ed.). Recomendações de calagem e adubação para o estado do Pará. Brasília: Embrapa, p. 65-72, 2020.

VELOSO, C. A. C.; SILVA, A. R.; SALES, A. Manejo da adubação NPK na formação do açaizeiro em Latossolo Amarelo do nordeste paraense. Enciclopédia Biosfera, v. 11, n. 22, p. 2175-2182, 2015.

VELOSO, C. A. C.; VIÉGAS, I. J. M.; FRAZÃO, D. A. C.; CARVALHO, E. J. M.; SILVA, A. R.; SANTOS, C. D. M. Resposta do açaizeiro à aplicação de doses de boro, em relação a doses de potássio em Latossolo Amarelo do nordeste paraense. In: CONGRESSO BRASILEIRO DE CIÊNCIA DO SOLO, 32., 2009, Fortaleza. Anais... O solo e a produção de bioenergia: perspectivas e desafios. Fortaleza: SBCS, 2009.

VIANNA, S. A. Euterpe. Flora do Brasil, Jardim Botânico do Rio de Janeiro, 2020. Disponível em: https://floradobrasil2020.jbrj.gov.br/FB15711. Acesso em: 23 abr. 2021.

VIÉGAS, I. J. M.; CRAVO, M. S.; BOTELHO, S. M. Açaizeiro. In: BRASIL, E. C.; CRAVO, M. S.; VIÉGAS, I. J. M. (ed.). Recomendações de calagem e adubação para o estado do Pará. Brasília: Embrapa, p. 323-326, 2020.

VIÉGAS, I. J. M.; FRAZÃO, D. A. C.; THOMAZ, M. A. A.; CONCEIÇÃO, H. E. O.; PINHEIRO, E. Limitações nutricionais para o cultivo de açaizeiro em Latossolo Amarelo textura média, estado do Pará. Revista Brasileira de Fruticultura, v. 26, n. 2, p. 382-384, 2004a.

VIÉGAS, I. J. M.; GONÇALVES, A. A. S.; FRAZÃO, D. A. C.; CONCEIÇÃO, H. E. O. Efeito das omissões de macronutrientes e boro na sintomatologia e crescimento em plantas de açaizeiro (Euterpe oleracea Mart.). Revista de Ciências Agrárias, v. 50, p. 129-141, 2008.

VIÉGAS, I. J. M.; MEIRELES, R. O.; FRAZÃO, D. A. C.; CONCEIÇÃO, H. E. O. Avaliação da fertilidade de um Latossolo Amarelo textura média para o cultivo do açaizeiro no estado do Pará. Revista de Ciências Agrárias, v. 52, p. 23-36, 2009.

VIÉGAS, I. J. M.; MULLER, A. A.; COSTA, M. A.; FERREIRA, E. V. O.; PINHEIRO, D. P.; CAMPO, P. S. S. Determination of the standard leaf for nutritional diagnosis of assai palm plants. Revista Brasileira de Fruticultura, v. 44, n. 3, e-078, 2022.

VIÉGAS, I. J. M.; THOMAZ, M. A. A.; NAIFF, A. P. M.; CONCEIÇÃO, H. E. O.; LOPES, E. C. S. Efeito de doses de boro no crescimento de açaizeiro (Euterpe oleracea Mart.). In: XXVI REUNIÃO BRASILEIRA DE FERTILIDADE DO SOLO E NUTRIÇÃO DE PLANTAS, 2004b, Lages, Santa Catarina.

Nutrição do cacaueiro

*Luma Castro de Souza, Milton Garcia Costa, Aline Oliveira da Silva,
Washington Duarte Silva da Silva, Eric Victor de Oliveira Ferreira*

O cacaueiro (*Theobroma cacao* L.), originário da região amazônica, foi difundido por várias partes do mundo, com alta valorização por ser o fruto que dá origem ao chocolate, a partir do processamento das suas amêndoas (sementes secas) (Lima; Rocha, 2020; Souza et al., 2018). Além de sua relevância econômica, o sistema de produção do cacaueiro influencia na conservação ambiental e preservação da biodiversidade dos biomas da Mata Atlântica e Amazônia. Outra vantagem dessa planta é poder ser cultivada em consórcio com outras culturas florestais e frutíferas ou em sistemas agroflorestais (SAFs), contribuindo para o aumento da renda do produtor, gerando empregos e fixando o homem no campo (Souza; Dias; Aguilar, 2016).

Os Estados brasileiros com maior produção de cacau nos últimos anos são Pará, Bahia, Espírito Santo e Rondônia. Na região amazônica, em 2022 o Estado paraense destacou-se como responsável por 51,45% de toda a produção cacaueira do Brasil, equivalente a 149.405 t de amêndoas e com estimativa de 967 kg ha^{-1} de produtividade, enquanto a produtividade média nacional foi de 483 kg ha^{-1} (IBGE, 2023). Ademais, Venturieri et al. (2022) destacam que a ampliação dos plantios de cacaueiro no Pará favoreceu a proteção do solo e a diminuição das emissões de gases causadores do efeito estufa, além de gerar empregos e renda. O levantamento realizado por esses autores apontou que aproximadamente 99,54% dos plantios de cacaueiro no Pará estão localizados fora das áreas de preservação, de terras pertencentes aos indígenas ou de assentamento quilombola. Mendes e Reis (2006) indicaram que nessa região os pequenos agricultores são os principais produtores cacaueiros.

No Pará, a produção de cacau encontra-se predominantemente estabelecida em solos de média a alta fertilidade, tornando assim a cacauicultura paraense uma das mais competitivas do mundo (Mendes; Reis, 2006). A fonte natural de nutrientes para o cacaueiro é o solo, entretanto, os adubos orgânicos e minerais, a fixação biológica do N e a ciclagem de nutrientes complementam o suprimento nutricional (Barretto *et al.*, 2013). A resposta do cacaueiro à aplicação de fertilizantes é observada desde 1920, mas foi somente em 1953 que pesquisas sobre adubação na cultura ganharam maior relevância (Silva, 2007).

Estudos indicam que o P é um dos principais nutrientes em solos intemperizados que limitam a expansão da cultura cacaueira (Silva, 2007). Aumentos de até 44% em produtividade do cacaueiro foram observados em resposta à aplicação do P em plantios no Pará, além do incremento no rendimento de amêndoas secas (Morais, 1998). Ainda no Pará, mudas de cacaueiro responderam em crescimento e produção de matéria seca ao suprimento de NPK (Matos, 1991). Avaliando plantas jovens de cacaueiro nas condições paraenses, Lima e Alves (2022) verificaram respostas em crescimento à adubação mineral NPK e à aplicação de biofertilizante.

Dessa forma, recomenda-se o suprimento nutricional para o cultivo do cacaueiro na região objetivando o aumento de sua produtividade (Nakayama; Cravo; Augusto, 2020), mas com cautela. A adubação inadequada (ou ausência de adubação) tem sido uma das principais causas da baixa produtividade dos cacaueiros brasileiros, além das adubações desequilibradas, com negligência na aplicação de calcário, enxofre e micronutrientes, as quais limitam o potencial produtivo das plantas (Souza *et al.*, 2006). Nesse cenário, torna-se essencial um manejo correto da nutrição dos cultivos cacaueiros na região amazônica e, para tal, deve-se conhecer a estrutura da cultura, a quantidade de nutrientes acumulados e exportados, e sua diagnose visual e foliar, aspectos abordados no presente capítulo.

2.1 Classificação e morfologia da cultura

O *Theobroma cacao* L. é nativo da floresta tropical úmida do continente sul-americano e conhecido popularmente como cacaueiro, cacau ou árvore-da-vida, sendo pertencente à família Malvaceae (Colli-Silva; Pirani, 2021). Seu nome popular é proveniente dos povos astecas e maias, os quais se referiam à planta como *cacahuati*. Em 1737, Lineu denominou o gênero *Theobroma*, que remete a alimento dos deuses, em referência à origem divina da planta atribuída pelos povos mesoamericanos (Silva Neto; Lima, 2017). Esse gênero é composto por 22 espécies, mas somente o cupuaçuzeiro (*T. grandiflorum* (Willd. ex Spreng.) K. Schum.) e o cacaueiro são explorados comercialmente (Lima; Rocha, 2020).

Os mais relevantes grupos de cacaueiros cultivados nos últimos anos pelos principais países produtores são das variedades Forastero, Criollo e Trinitario (Alexandre *et al.*, 2015). A matéria-prima para os melhores chocolates é produzida a partir das sementes do grupo Criollo, pois são menos amargas e mais aromáticas do que as das outras variedades (Álvarez; Pérez; Lares, 2007);

porém, esse grupo apresenta alto grau de suscetibilidade a doenças, o que limita a expansão do seu cultivo (Marita et al., 2001). Por outro lado, o grupo Forastero possui boa resistência a doenças e precocidade, sendo o de menor custo de cultivo e o responsável pela maior produção e utilização na indústria mundial (Rusconi; Conti, 2010). Já o grupo Trinitario é originário do cruzamento natural entre os grupos Forastero e Criollo (Almeida; Valle, 2007).

O cacaueiro é uma planta umbrófila (desenvolve-se na sombra) de porte arbóreo; na ausência de poda, chega a atingir cerca de 20 m, mas em condições de cultivo a sua altura varia de 3 m a 8 m. O caule é ereto com casca verde durante os dois primeiros anos, tornando-se cinza-escuro na planta adulta (Guarim Neto, 1985). Apresenta também emissão de ramos laterais com uma altura variável de 1,0 m a 1,5 m e, a partir desses ramos, surgem outros de crescimento vertical. No início do seu desenvolvimento, a casca do caule do cacaueiro é lisa, porém, com o passar da idade, torna-se áspera e robusta, em decorrência da floração caulinar (Muller; Gama-Rodrigues, 2012).

A frutificação da espécie se inicia por volta do segundo ano de plantio (Souza et al., 2018). No tronco ou em ramos lenhosos do cacaueiro, surgem as chamadas "almofadas" florais, que são pequenas flores hermafroditas avermelhadas, desenvolvidas em uma gema na axila de uma folha velha no caule, fenômeno conhecido como caulifloria. A planta produz muitas flores, aproximadamente 1.000 por ano, e delas se originam as bagas ou frutos, com coloração esverdeada quando maduros e amarela ou roxa quando incipientes (Guarim Neto, 1985). Os frutos contêm em média 30 sementes, que são envolvidas por uma polpa mucilaginosa (Silva Neto et al., 2001). Na região amazônica, para obter 1 kg de amêndoas secas de cacau, são necessários cerca de 15 a 30 frutos (Silva Neto et al., 2001).

O cacaueiro tem sistema radicular pivotante, apresentando uma raiz principal que, a depender do solo, pode alcançar de 1 m a 2 m de profundidade. A partir dessa raiz, nascem ramificações laterais, maiores nas proximidades da superfície do solo. Essas raízes fasciculadas são responsáveis pela absorção dos nutrientes pelas plantas, enquanto a pivotante tem função principal de fixação da árvore (Décourt, 1979).

2.2 Extração e exportação de nutrientes

É fundamental que se tenha, durante as diversas fases de desenvolvimento da planta, informações sobre a absorção e a extração de nutrientes, para que se possa definir as épocas em que os nutrientes são mais demandados. Com isso, será possível direcionar as práticas para realizar correções das deficiências que possam surgir durante o desenvolvimento da cultura.

Os cacaueiros, como toda planta, necessitam de nutrientes e água para se desenvolver. É importante entender como os nutrientes são acumulados e também exportados pela planta (Santos, 2018); a quantificação de nutrientes nas partes da planta, como na casca, semente e folhas, associados às suas disponibilidades no solo, permite compreender a distribuição dos nutrientes no cacaueiro. Ademais, os estudos sobre a extração de nutrientes no cacaueiro podem auxiliar na recomendação de adubação da cultura, contribuindo para aumentar a sua produção.

De acordo com uma pesquisa clássica realizada na Malásia, a extração de nutrientes (kg ha^{-1}) na fase de produção do cacaueiro é de 438 de N, 48 de P, 633 de K, 373 de Ca, 129 de Mg, 6,1 de Mn e 1,5 de Zn (Thong; Ng, 1980). Somente nas folhas dessa planta, Silva (2009) verificou uma extração (kg ha^{-1}) de 62,5 de N, 4,6 de P e 24,8 de K, enquanto no caule a extração foi de 12,1 de N, 1,9 de P e 11,0 de K. Em estudo mais recente no Brasil realizado por Santos (2018) no sul da Bahia, foi encontrado que a extração média (kg ha^{-1}) de nutrientes na casca do cacaueiro em um período de um ano foi de 60,8 de N, 20,3 de P, 200,3 de K, 19,8 de Ca, 28,8 de Mg e 7,7 de S. Esse autor ainda apontou que nas amêndoas a extração média (kg ha^{-1}) foi de 79,4 de N, 44,1 de P, 45,4 de K, 7,1 de Ca, 21,4 de Mg e 5,5 de S.

Nos grãos do cacaueiro, o N é apontado como o nutriente mais acumulado (Malavolta; Malavolta; Cabral, 1984; Muniz *et al.*, 2013). Em relação ao P, foi observado que a sua quantidade acumulada na folha do cacaueiro era baixa (Silva, 2007). Também no fruto, na casca e no tegumento do cacaueiro, o P foi o nutriente com menor extração, ao passo que no cotilédone ele foi o segundo nutriente mais extraído, segundo Pinto (2013). Esse autor também indicou que a extração de K foi maior na casca, depois no cotilédone e, por último, no tegumento. Em relação ao Ca, este foi o segundo nutriente mais acumulado na casca, o terceiro no tegumento e o último no cotilédone, enquanto o Mg foi o segundo nutriente mais acumulado no tegumento, o terceiro no cotilédone e o menos acumulado na casca (Pinto, 2013). Barroso (2014) constatou que menores níveis de luz favorecem a maior extração de Ca e Mg nas folhas de clones do cacaueiro, o que indica que a radiação solar tem influência direta na quantidade de nutrientes acumulados nessa planta.

Em relação aos micronutrientes, Araújo *et al.* (2017) afirmaram que, em condições de cultivo em solos tropicais, a extração de Fe é expressiva no cacaueiro, em especial nos frutos. Para o Mn, Pinto (2013) observou que o genótipo de cacau PH-16 acumulou 28,65 mg kg^{-1} em ambiente de clima úmido e 64,56 mg kg^{-1} em ambiente de clima subúmido, indicando que a condição climática pode influenciar na extração do nutriente pela cultura. Para esse clone, o autor atestou a sequência de acúmulo Fe > Mn > Zn > Cu. Souza Júnior *et al.* (2012) verificaram que nas folhas do cacaueiro a extração de Mn foi muito elevada, acima de

1.000 mg kg^{-1}, todavia não surgiu nenhum sintoma de toxidez desse nutriente nas plantas. No caso do Ni, Medauar *et al.* (2019) constataram que a folha, a polpa e o tegumento foram os componentes que mais extraíram esse micronutriente na cultura do cacaueiro.

Ainda são incipientes os estudos sobre a exportação de nutrientes pela produção de cacaueiros no Brasil, daí a importância das pesquisas voltadas a essa temática. As retiradas por exportação, nessa cultura, ocorrem especialmente pelas amêndoas, quando estas são colhidas da lavoura e comercializadas. As folhas e as cascas continuam no campo, embora, na maioria dos cultivos, as cascas fiquem dispersas na área de forma desuniforme (Souza Júnior *et al.*, 2012). Santos (2018), coletando amostras de folhas e frutos de clones de cacaueiros no sul da Bahia, estimou os valores de exportação dos nutrientes apresentados nas Figs. 2.1 e 2.2.

Observa-se que no fruto o K foi o macronutriente mais exportado, seguido por N > P > Mg > Ca > S. Mais de 70% do total de K e Ca exportados pelos frutos encontraram-se na casca e mais de 60% do total exportado de P estavam nas amêndoas. Essas informações indicam quanto pode ser removido desses nutrientes na produção das diferentes partes do fruto. Nas amêndoas, a ordem de exportação foi N > K > P > Mg > Ca > S (Santos, 2018). De acordo com essa pesquisa, na casca, as médias de exportação (kg t^{-1}) entre os clones para N, P, K, Ca, Mg e S foram, respectivamente, de 13,5, 4,8, 44,5, 4,4, 6,4 e 1,7. Esses valores são semelhantes às exportações encontradas (kg t^{-1}) por Silva (2015): 38,3 de K, 5,5 de Ca e 8,3 de Mg.

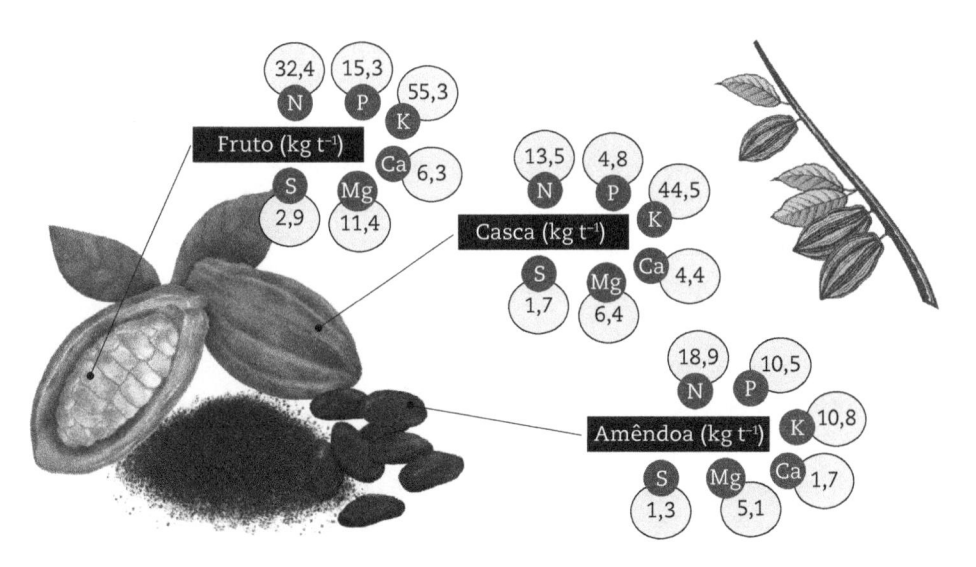

Fig. 2.1 Exportação de macronutrientes nos componentes casca, amêndoa e fruto, para a produção de uma tonelada de amêndoa seca de cacau

Fonte: adaptado de Santos (2018).

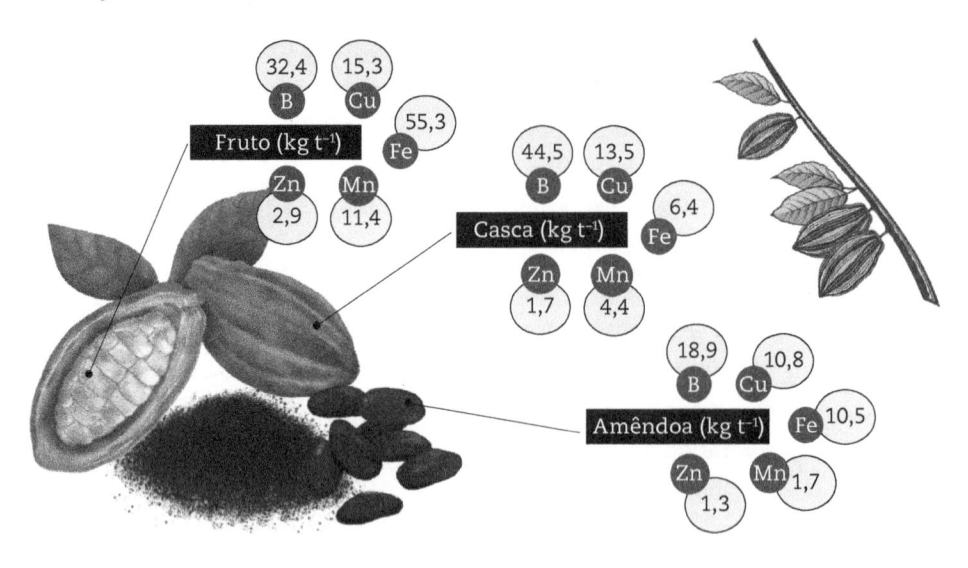

Fig. 2.2 Exportação de micronutrientes nos componentes casca, amêndoa e fruto, para a produção de uma tonelada de amêndoa seca de cacau
Fonte: adaptado de Santos (2018).

Em relação aos micronutrientes, Amores *et al.* (2009) relataram que a exportação deles pelo cacaueiro ocorre em quantidades elevadas, tanto pela casca quanto pela amêndoa e, consequentemente, pelo fruto. Na Fig. 2.2, isso é verificado com os valores de exportação de micronutrientes pela casca, amêndoa e fruto do cacaueiro encontrados por Santos (2018). Observa-se que, para os frutos, as médias entre os clones de exportação (g t^{-1}) de Fe, Mn, Zn, B e Cu foram, respectivamente, 231, 193,5, 116,7, 38,2 e 31,9 (Fig. 2.2). Além disso, pode-se notar de forma geral que o Fe foi o micronutriente mais exportado pela cultura, seguido por Mn > Zn > B > Cu. Em outro estudo na mesma área (Ilhéus, BA) com os mesmos clones, Silva (2015) verificou maior exportação para o Zn, e na sequência Fe > Mn > Cu. Já Páramo, Goméz e Menjivar (2016) verificaram, para o clone CCN51, uma sequência de extração de micronutrientes de Mn > Fe > Zn > B > Cu. Esse fato pode ser explicado pela abundância de Fe nos solos intemperizados das regiões tropicais, notadamente nos solos amazônicos. A concentração de Fe após a absorção pelas plantas aumenta nos tecidos vegetais e, consequentemente, pode haver uma alta exportação pelos frutos.

Diante desse contexto, entende-se que pesquisas que abordem a extração dos nutrientes pelas plantas, bem como sua extração e exportação nos diferentes órgãos da planta, apresentam grande relevância, pois permitem identificar quais as exigências nutricionais das plantas que se deseja cultivar, para posterior eliminação de uma possível deficiência de nutrientes específicos e, dessa maneira, aumento da produção da cultura.

2.3 Diagnose visual

A diagnose visual dos sintomas é muito utilizada para avaliar o estado nutricional da planta. Existem outras formas de avaliação nutricional, mas esse é um método mais rápido de identificação de deficiências ou excesso de nutrientes. Entretanto, deve-se ter cuidado no momento do diagnóstico, pois muitos dos sintomas visuais de deficiência nutricional podem ser confundidos com sintomas de doenças, déficit hídrico e fitotoxicidade de produtos químicos, entre outros (Silveira et al., 2016).

Em lavouras cacaueiras, os macronutrientes Ca, Mg e S se apresentam menos deficientes quando comparados a N, P e K (Souza Júnior et al., 2012). Os sintomas de deficiência de N começam com clorose generalizada, manchas necróticas ao longo de todo o limbo e folhas com tamanho reduzido (Fig. 2.3A). Para os sintomas de deficiência de P (Fig. 2.3B), pode ser observada coloração verde-escura das folhas, seguida de folhas precoces de tamanho reduzido, além de poder ocorrer palidez verde-clara nas folhas mais velhas e depois necrose das pontas e estreitamento do limbo foliar. Já os sintomas de deficiência de K são bem típicos e se iniciam com clorose marginal seguida de necrose das margens das folhas e, em casos mais severos, também podem estar associados à deficiência de Fe (Fig. 2.3C) (Silveira et al., 2016).

De acordo com Silveira et al. (2016), os sintomas de deficiência de Ca no cacaueiro se manifestam com morte das gemas, folhas pequenas e encarquilhadas com clorose e necrose das pontas e margens, e formação de protuberância na base das gemas laterais (Fig. 2.4A). Os sintomas de deficiência de Mg normalmente se apresentam como manchas amarelas próximas à nervura central e que se estendem, em casos mais severos, até as margens (Fig. 2.4B). Já os sintomas de deficiência de S são clorose generalizada das folhas mais novas, brilho de toda a lâmina foliar e redução do tamanho das folhas (Fig. 2.4C).

Os sintomas visuais de deficiência de B (Fig. 2.5A) são caracterizados por morte das gemas apicais, presença de nervuras salientes nas folhas, morte dos ápices no estádio mais avançado e presença de rachaduras com exsudação nos ramos. Por outro lado, os sintomas de deficiência de Fe (Fig. 2.5B) surgem como clorose internerval das folhas novas, com nervuras apresentando ligeira coloração verde; em casos mais severos, pode ocorrer o branqueamento generalizado das folhas. Os sintomas visuais de deficiência de Zn (Fig. 2.5C) mostram-se como deformações nas folhas mais novas e surgimento de folhas pequenas, lanceoladas em forma de foice e internódios curtos (Silveira et al., 2016).

Para a deficiência de Cu em cacaueiro, as folhas novas têm seu tamanho reduzido, parecendo comprimidas longitudinalmente, além de apresentarem uma necrose frequente na sua parte superior (Fig. 2.6A), segundo Chepote et al. (2013). De acordo com esses mesmos autores, a deficiência de Mn no cacaueiro apresenta-se como clorose nas folhas jovens, frequente entre as nervuras (Fig. 2.6B). Em deficiência de Mo, Lima *et al.* (2019) indicam que as folhas jovens finas e claras aparecem com uma leve clorose (Fig. 2.6C). Segundo esses autores, o Mo é fundamental na conversão de nitrato a nitrito nas plantas.

Fig. 2.3 Sintomas visuais de deficiências de (A) nitrogênio, (B) fósforo e (C) potássio em plantas de cacaueiro
Fonte: Silveira *et al.* (2016).

Fig. 2.4 Sintomas visuais de deficiência de (A) cálcio, (B) magnésio e (C) enxofre em plantas de cacaueiro
Fonte: Silveira *et al.* (2016).

Fig. 2.5 Sintomas visuais de deficiência de (A) boro, (B) ferro e (C) zinco em plantas de cacaueiro
Fonte: Silveira *et al.* (2016) e Lima *et al.* (2019).

Fig. 2.6 Sintomas visuais de deficiências de (A) cobre, (B) manganês e (C) molibdênio em plantas de cacaueiro
Fonte: Lima *et al*. (2019) e Chepote *et al*. (2013).

2.4 DIAGNOSE FOLIAR

A diagnose foliar tem sido utilizada, principalmente, nas situações de avaliação do estado nutricional, equilíbrio nutricional, identificação de deficiência ou toxidez de nutrientes e, por fim, acompanhamento, avaliação e ajustes dos programas de adubação (Cantarutti *et al*., 2007). O uso das concentrações foliares dos nutrientes como critério de avaliação do estado nutricional das plantas é uma ferramenta atrativa, uma vez que as folhas são consideradas o centro das atividades fisiológicas (Bataglia; Santos, 2001), e alterações nutricionais na planta se refletem na produtividade da cultura. Plantas bem-nutridas resultam em maiores produções de frutos, e tais respostas podem estar relacionadas ao nível e balanço dos nutrientes nas folhas (Cantarutti *et al*., 2007).

Para o cacaueiro, a análise foliar é recomendada para identificar o consumo, as variações e o desequilíbrio de nutrientes ao longo do tempo (Snoeck *et al*., 2016). Para tanto, faz-se necessário cumprir quatro etapas: amostragem foliar, preparo das amostras, análise química dos tecidos foliares e interpretação dos resultados (Veloso *et al*., 2020). A amostragem dos tecidos foliares é a etapa mais crítica da avaliação do estado nutricional das plantas, com maior ocorrência de erros que limitam a interpretação dos resultados, podendo levar ao sucesso ou fracasso da análise foliar. Essa etapa é responsável por 50% da variação observada entre os resultados (Cantarutti *et al*., 2007), o que demanda a padronização da análise foliar para minimizar os efeitos dessa variação (Bataglia; Santos, 2001). Maior exatidão na amostragem foliar é observada em amostras compostas, isto é, faz-se amostragem de tecidos vegetais em plantas distribuídas em uma mesma área homogênea e unem-se essas amostras simples para formar uma única amostra composta (Fontes, 2016).

A recomendação para a amostragem de tecidos foliares em plantios de cacaueiro, em condições amazônicas, é que sejam recolhidas amostras compostas de dois pares de folhas por planta em 25 indivíduos por hectare (Prado, 2020; Veloso et al., 2020). A amostragem foliar do cacaueiro deve ser feita no meio do período chuvoso, coletando-se a terceira folha a partir da ponta em ramos produtivos de meia-altura de plantas a meia-sombra (Malavolta; Vitti; Oliveira, 1997; Veloso et al., 2020). As folhas devem ser coletadas em talhões homogêneos, evitando-se recolher amostras atacadas por pragas, sintomas de doenças, sujas de terra e tecidos secos, glebas que receberam adubação ou defensivos em menos de 30 dias, tecidos mortos e em dias antecipados por elevada pluviosidade (Cantarutti et al., 2007; Prado, 2020). A coleta das folhas deve ser realizada em caminhamento zigue-zague e em nível, além de evitar plantas próximas a corredores ou estradas (Prado, 2020).

Em campo, após a coleta das folhas do cacaueiro, as amostras devem ser limpas com auxílio de pincel macio, porém nunca lavadas com água ou outra substância líquida. Posteriormente, elas são armazenadas em sacos de papel previamente identificados para o transporte ao laboratório (Fontes, 2016). As amostras devem ser identificadas com o nome da propriedade, talhão, genótipo e data da amostragem foliar. Após a identificação das amostras, deve-se parar ou minimizar a respiração e a transpiração delas o mais rápido possível. Para tanto, Cantarutti et al. (2007) recomendam que as amostras sejam acondicionadas em recipientes plásticos e mantidas em condições de baixa temperatura.

Segundo Fontes (2016), a preparação das amostras busca alcançar elevado índice de repetitividade, reprodutibilidade, acurácia e precisão, a partir das etapas de descontaminação, secagem em estufa e moagem. Após essa fase, as amostras são mineralizadas por via de oxidação ácida (digestão úmida) do tecido vegetal moído (H_2SO_4 ou HNO_3 + $HClO_4$) ou oxidação térmica (mufla a 450 °C) (Cantarutti et al., 2007). Por fim, as concentrações dos nutrientes nos tecidos vegetais podem ser determinadas por dosagens nos extratos por colorimetria (B, Cu, Fe, Mn, P, Zn, NO_3 e NH_4), turbidimetria (SO_4), espectrofotometria de absorção atômica (Ca, Cu, Fe, Mn e Zn), fotometria de chama (K), espectrofotometria de emissão ótica em plasma induzido (todos os nutrientes) ou potenciometria (NO_3, NH_4 e Cl) (Fontes, 2016).

2.5 Métodos de interpretação dos resultados

A avaliação do estado nutricional das culturas é realizada pela comparação dos teores de nutrientes obtidos na análise foliar com padrões estabelecidos por critérios conhecidos, como nível cítrico (NC), faixa de suficiência nutricional (FS), diagnóstico da composição nutricional, fertigrama, desvio do porcentual ótimo (DOP), sistema integrado de diagnose e recomendação (DRIS) e diagnose da composição nutricional (CND) (Cantarutti *et al.*, 2007). O nível crítico e a faixa de suficiência são os mais utilizados. O NC das culturas está associado a 90% da *performance* do crescimento ou produtividade máxima alcançada, sendo um método de fácil interpretação e amplamente utilizado (Cantarutti *et al.*, 2007; Fontes, 2016).

Para o cacaueiro, estudos indicam relação positiva entre as concentrações foliares de K, Ca e Mg e relação negativa entre as de N e P em cultivos com elevada produtividade (Marrocos *et al.*, 2020). Tais resultados apontam a importância do acompanhamento do estado nutricional dessa planta. Os níveis críticos para o cacaueiro foram determinados por Bahia *et al.* (2021) no sul do Estado da Bahia, conforme a Tab. 2.1. Nas condições de cultivo do Pará, os níveis críticos para o cacaueiro ainda não foram determinados; dessa forma, há a necessidade de pesquisas relacionadas à diagnose foliar para obter os níveis críticos dos nutrientes na cultura, objetivando, além do monitoramento nutricional, o suporte na sua recomendação de adubação na região.

Tab. 2.1 Níveis críticos (NC) de concentrações foliares dos nutrientes determinados em plantios de cacaueiro no sul do Estado da Bahia

N	P	K	Ca	Mg	S	B	Cu	Fe	Mn	Zn
g kg^{-1}						mg kg^{-1}				
17,38	1,27	15,01	5,28	5,01	1,11	29,6	4,2	35,6	340,6	30,3

Nota: o banco de dados abrangeu cacaueiros em dois sistemas de cultivo: sistemas agroflorestais e a pleno sol no sul da Bahia. Os teores de nutrientes foram obtidos a partir de folhas diagnósticas (terceira folha, na metade da copa da planta, em ramo recém-amadurecido).
Fonte: Bahia *et al.* (2021).

A faixa de suficiência (FS) é um método de interpretação do estado nutricional das plantas baseado na norma de uma população de elevada produtividade, calculada pela média das concentrações dos nutrientes, do somatório e da subtração do desvio-padrão (DP), sendo este multiplicado pelo fator k relacionado ao coeficiente de variação (Cantarutti *et al.*, 2007). Quando as concentrações foliares dos nutrientes da lavoura a ser avaliada estão dentro da FS, considera-se que as plantas estão bem-nutridas. No caso do cacaueiro, sua FS nutricional foi determinada por Malavolta, Vitti e Oliveira (1997), Veloso *et al.* (2020) e Bahia *et al.* (2021) e é apresentada nas Tabs. 2.2 e 2.3.

2.6 Sistema integrado de diagnose e recomendação (DRIS)

O sistema integrado de diagnose e recomendação (DRIS), criado por Beaufils em 1971, é um dos métodos usados na diagnose nutricional das plantas que vem

Tab. 2.2 Faixas de suficiência (FS) nutricional de macronutrientes determinadas em folhas de plantios de cacaueiro em condições brasileiras

N	P	K	Ca	Mg	S	Referência
\multicolumn{6}{c	}{g kg^{-1}}	
20,0-25,0	1,8-2,5	13,0-23,0	8,0-12,0	3,0-7,0	1,6-2,0	Veloso *et al.* (2020): FS nutricional recomendada para o cultivo do cacaueiro no Estado do Pará e determinada no meio do período chuvoso para a terceira folha a partir da ponta, com lançamento recém-maduro, de plantas à meia-sombra
19,0-23,0	1,5-1,8	17,0-20,0	9,0-12,0	4,0-7,0	1,7-2,0	Cantarutti *et al.* (2007): FS nutricional recomendada para o cultivo do cacaueiro no Brasil
17,4-21,4	1,3-1,9	15,0-20,3	5,3-10,8	5,0-6,5	1,1-2,4	Bahia *et al.* (2021): FS nutricional determinada em plantios de cacaueiro em sistema agroflorestal e a pleno solo no sul do Estado da Bahia; os teores dos nutrientes foram obtidos a partir de folhas diagnósticas (terceira folha, na metade da copa da planta, em ramo recém-amadurecido)
19,0-23,0	1,5-1,8	17,0-20,0	9,0-12,0	4,0-7,0	1,7-2,0	Malavolta, Vitti e Oliveira (1997): FS nutricional determinada em plantios de cacaueiro; os teores dos nutrientes foram obtidos na terceira folha a partir da ponta, com lançamento recém-amadurecido, de plantas a meia-sombra

Tab. 2.3 Faixas de suficiência (FS) nutricional de micronutrientes determinadas em folhas de plantios de cacaueiro em condições brasileiras

B	Cu	Fe	Mn	Zn	Referência
\multicolumn{5}{c	}{mg kg^{-1}}	
30,0-40,0	10,0-15,0	150,0-200,0	150,0-200,0	50,0-70,0	Veloso *et al.* (2020): FS nutricional recomendada para o cultivo do cacaueiro no Estado do Pará e determinada no meio do período chuvoso para a terceira folha a partir da ponta, com lançamento recém-maduro, de plantas à meia-sombra
30,0-40,0	10,0-15,0	150,0-200,0	150,0-200,0	50,0-70,0	Cantarutti *et al.* (2007): FS nutricional recomendada para o cultivo do cacaueiro no Brasil

Tab. 2.3 (continuação)

B	Cu	Fe	Mn	Zn	Referência
		mg kg⁻¹			
29,7-35,5	4,3-11,6	35,7-58,2	340,7-787,9	30,3-54,3	Bahia *et al.* (2021): FS nutricional determinada em plantios de cacaueiro em sistema agroflorestal e a pleno sol no sul do Estado da Bahia; os teores dos nutrientes foram obtidos a partir de folhas diagnósticas (terceira folha, na metade da copa da planta, em ramo recém-amadurecido)
30,0-40,0	10,0-15,0	150,0-200,0	150,0-200,0	50,0-70,0	Malavolta, Vitti e Oliveira (1997): FS nutricional determinada em plantios de cacaueiro; os teores dos nutrientes foram obtidos na terceira folha a partir da ponta, com lançamento recém-amadurecido, de plantas à meia-sombra

ganhando destaque. Enquanto os métodos de nível crítico e faixa de suficiência são demorados e oriundos de estudos experimentais em condições controladas em várias localidades e diferentes anos, utilizando várias doses de nutrientes e geralmente variando apenas um nutriente por vez, o método DRIS não requer uma condição experimental para determinar a diagnose nutricional – ele pode ser construído a partir de plantios comerciais, sem necessidade de condições controladas. Assim, permite obter padrões nutricionais a partir do monitoramento dos teores de nutrientes nas folhas dessas culturas comerciais (Baldock; Schulte, 1996).

Para a região amazônica, há trabalhos com DRIS para pupunheira (Azevedo *et al.*, 2016), cupuaçuzeiro (Dias *et al.*, 2010a, 2010b; Wadt *et al.*, 2012), coqueiro (Saldanha *et al.*, 2015) e dendezeiro (Matos *et al.*, 2017). Em contrapartida, as pesquisas sobre o uso de normas DRIS ainda são incipientes para a cultura do cacaueiro, não tendo sido encontradas na literatura normas DRIS em condições de cultivo na região amazônica. Nesse caso, os valores ficam dependentes dos que foram publicados para outras regiões com diferentes condições edafoclimáticas (Chepote *et al.*, 2013).

A utilização de padrões nutricionais locais pode representar uma alternativa à avaliação de culturas e sistemas de manejo específicos (Oliveira *et al.*, 2019). Todavia, também são escassas as informações a nível regional relacionadas à demanda de nutrientes por determinadas variedades clonais de cacaueiro, o que é lamentável, visto que monitorar os nutrientes dos diferentes clones de cacaueiro por meio da análise foliar e da fertilidade do solo não é complicado (Chepote *et al.*,

2013). Essa escassez leva à adoção de recomendações de fertilização sem nenhum padrão de referência mais específico para a região (Oliveira et al., 2019).

Vliet, Slingerland e Giller (2015), com base em informações de outros autores, relataram que as aplicações do DRIS na produção do cacaueiro ainda estão em investigação. Para as condições do Espírito Santo e sul da Bahia, Oliveira et al. (2019) estimaram as normas DRIS para clones de cacaueiro e constataram que, na maioria dos casos, os valores dos índices nutricionais para os coeficientes de variação adquiridos nas folhas estão abaixo de 50%. Esses autores observaram que 82% dos índices nutricionais das normas DRIS são similares entre os clones de cacaueiro avaliados. Segundo Walworth e Sumner (1986), as relações com coeficientes de variação superiores a 50% conferem pesos pequenos ao cálculo dos índices DRIS, isto é, os coeficientes de variação equilibram funções reduzidas.

Segundo valores encontrados por Oliveira et al. (2018), os nutrientes Ca (7,58 g kg^{-1}), S (1,76 g kg^{-1}) e Cu (6,72 mg kg^{-1}) para o genótipo PS1319 e Cu (7,72 mg kg^{-1}) para o genótipo CCN51 estão abaixo dos indicados como adequados, em comparação aos teores médios dos nutrientes nas folhas com os níveis de suficiência propostos no manual de recomendação de calagem e adubação para o Espírito Santo (Prezotti et al., 2007). De acordo com o referido manual, a interpretação para esses nutrientes é de:

- *Teor de Ca*: baixo: < 8,0; adequado: 8,0-12,0; e alto: > 12;
- *Teor de S*: baixo: < 1,60; adequado: 1,60-2,0; e alto: > 2,0;
- *Teor de Cu*: baixo: < 8,0; adequado: 8,0-15,0; e alto: > 15,0.

Diante desse contexto, verifica-se a necessidade de realização de pesquisas sobre as normas DRIS para a cultura do cacaueiro na região amazônica, visto que esse método de diagnóstico nutricional tem se mostrado promissor para diversas culturas.

2.7 Reflexões

O cacaueiro é uma cultura de grande importância socioeconômica na região amazônica. Entretanto, a sua nutrição ainda é limitada pela baixa fertilidade química da maioria dos solos amazônicos, principalmente em P, nutriente primordial ao adequado desenvolvimento dessa cultura. Dessa maneira, a adubação torna-se fundamental para suprir as necessidades nutricionais do cacaueiro e, assim, promover a expressão do seu máximo potencial produtivo.

O manejo nutricional da cultura deve iniciar-se com uma adequada amostragem foliar, a identificação e preparo da amostra e seu envio a um laboratório idôneo para a realização das análises dos teores dos nutrientes. Existem vários métodos de interpretação na diagnose nutricional das plantas, sendo o nível crítico e as faixas de suficiência os mais utilizados, com valores já estabelecidos para o cultivo do cacaueiro nas condições do Estado do Pará, que se destaca no cultivo do cacaueiro. Também a diagnose visual mostra-se uma técnica auxiliar e útil na identificação dos sintomas de deficiências nutricionais dessa cultura.

O DRIS surge como outra técnica promissora de diagnose nutricional das plantas, uma vez que considera o equilíbrio e o balanço entre todos os nutrientes. Entretanto, as pesquisas sobre o uso desse método ainda são incipientes para o cacaueiro, e não há normas estabelecidas para as condições de cultivo na região amazônica. Por isso, estudos voltados a essa temática devem ser realizados, pois poderão contribuir para um melhor manejo nutricional do cacaueiro na região.

Informações sobre acúmulo e exportação dos nutrientes nos diferentes órgãos da planta são relevantes porque indicam quais nutrientes são mais demandados e em quais épocas, direcionando para um melhor manejo nutricional. Para o cacaueiro, o nutriente mais acumulado é o N, notadamente no caule, nas folhas e nas amêndoas, enquanto o K é o mais acumulado na casca. A maior exportação ocorre com o K via colheita dos frutos. As quantidades de nutrientes acumuladas em órgãos que permanecem na área de cultivo contribuem para a ciclagem e nutrição das plantas, ao passo que as quantidades exportadas representam perdas e devem ser repostas via adubação da cultura.

No entanto, esses valores não são absolutos para a região amazônica. Por isso, ressalta-se novamente a demanda de mais pesquisas na área de nutrição do cacaueiro nessa região. O manejo nutricional da cultura torna-se um fator limitante para a obtenção de plantas de alto rendimento; portanto, são necessários novos estudos capazes de elucidar a dinâmica dos nutrientes e os mecanismos de atuação nas plantas de cacaueiro, de forma a aumentar a sua produtividade.

Referências bibliográficas

ALEXANDRE, R. S.; CHAGAS, K.; MARQUES, H. I. P.; COSTA, P. R.; FILHO, J. C. Caracterização de frutos de clones de cacaueiros na região litorânea de São Mateus, ES. *Revista Brasileira de Engenharia Agrícola e Ambiental*, v. 19, n. 8, p. 785-790, 2015.

ALMEIDA, A. A. F. de; VALLE, R. R. Ecophysiology of cacao tree. *Brazilian Journal of Plant Physiology*, v. 19, n. 4, p. 425-448, 2007.

ÁLVAREZ, C.; PÉREZ, E.; LARES, M. C. Physical-chemical characterization of fermented, dried and roasted cocoa beans cultivated in the region of cuyagua, Aragua state. *Agronomía Tropical*, v. 57, n. 4, p. 249-256, 2007.

AMORES, F.; PALACIOS, A.; JIMÉNEZ, J.; ZHANG, D. *Entorno ambiental, genética, atributos de calidad y singularización del cacao en el nororiente de la provincia de esmeraldas*. Quevedo, Los Ríos, Equador: INIAP, 120 p., 2009. (Boletim Técnico n. 135).

ARAÚJO, Q. R. de; BALIGAR, V. C.; LOUREIRO, G. A. H. de A.; DE SOUZA JÚNIOR, J. O.; COMERFORD, N. B. Impact of soils and cropping systems on mineral composition of dry cacao beans. *Journal of Soil Science and Plant Nutrition*, v. 17, n. 2, p. 410-428, 2017.

AZEVEDO, J. M. A. de; WADT, P. G. S.; PÉREZ, D. V.; DIAS, J. R. M. Normas DRIS preliminares para pupunheira cultivada em diferentes sistemas de manejo na região sul-ocidental da Amazônia. *Revista Agro@mbiente On-line*, v. 10, n. 3, p. 183-192, 2016.

BAHIA, B. L.; SOUZA-JÚNIOR, J. O.; FERNANDES, L. V.; NEVES, J. C. L. Reference values and diagnostic ranges to assess the degree of nutritional balance for cacao plants. *Spanish Journal of Agricultural Research*, v. 19, n. 1, p. e0801, 2021.

BALDOCK, J. O.; SCHULTE, E. E. Plant analysis with standardized scores combines DRIS and sufficiency range approaches for corn. *Agronomy Journal*, v. 88, p. 448-56, 1996.

BARRETTO, W. S.; BARRETO, F. S.; OLIVEIRA, S. F.; SILVA, G. F.; MEDEIROS, M. A.; BARRETO, L. S.; SILVA, A. P. S.; OLIVEIRA, H. R. M.; VALLE, R. R. Concentração de nutrientes em amêndoas de cacau produzido no sul da Bahia. In: CONGRESSO BRASILEIRO DE CACAU, 3., 2012, Bahia. Anais... CEPLAC, 2013.

BARROSO, J. P. *Respostas de genótipos de cacau à intensidade de luz, avaliados por meio da fotossíntese, ultraestrutura e composição química foliar*. 2014. 84 f. Dissertação (Mestrado em Produção Vegetal) – UESC, Ilhéus, 2014.

BATAGLIA, O. C.; SANTOS, W. R. Estado nutricional de plantas perenes: Avaliação e monitoramento. *Informações Agronômicas*, Campinas, n. 96, 2001.

BEAUFILS, E. R. Physiological diagnosis: A guide for improving maize production based on principles developed for rubber trees. *Fertility Society South African Journal*, v. 1, p. 1-30, 1971.

CANTARUTTI, R. B.; BARROS, N. F.; MARTINEZ, H. E. P.; NOVAEIS, R. F. Avaliação da fertilidade do solo e recomendação de fertilizantes. In: NOVAIS, R. F.; ALVAREZ, V. H.; BARROS, N. F.; FONTES, R. L. F.; CANTURUTTI, R. B.; NEVES, J. C. L. (ed.). *Fertilidade do Solo*. Viçosa: SBCS, p. 769-850, 2007.

CHEPOTE, R. E.; SODRÉ, G. A.; REIS, E. L.; PACHECO, R. G.; MARROCOS, P. C. L.; VALLE, R. R. *Recomendações de corretivos e fertilizantes na cultura do cacaueiro no Sul da Bahia*. Comissão Executiva do Plano da Lavoura Cacaueira – CEPLAC, 41 p., 2013. (Boletim Técnico n. 203).

COLLI-SILVA, M.; PIRANI, J. R. Theobroma. *Flora do Brasil*, Jardim Botânico do Rio de Janeiro, 2020. Disponível em: https://floradobrasil.jbrj.gov.br/FB23617. Acesso em: 7 jun. 2021.

DÉCOURT, P. *Botânica geral*. São Paulo: Melhoramentos, 825 p., 1979.

DIAS, J. R. M.; PEREZ, D. V.; SILVA, L. M. da; LEMOS, C. de O.; WADT, P. G. S. Normas DRIS para cupuaçuzeiro cultivado em monocultivo e em sistemas agroflorestais. *Pesquisa Agropecuária Brasileira*, v. 45, n. 1, p. 64-71, 2010a.

DIAS, J. R. M.; WADT, P. G. S.; SAMPAIO, F. A. R.; PITTELKOW, F. K.; MIOTTI, A. A.; ROSA, M. R. Estabelecimento de normas DRIS para o cupuaçueiro na região amazônica. *Revista Caatinga*, v. 23, n. 4, p. 121-128, 2010b.

FONTES, P. C. R. *Nutrição mineral de plantas* – Anamnese e diagnóstico. Viçosa: Universidade Federal de Viçosa, 315 p., 2016.

GUARIM NETO, G. *Espécies frutíferas do cerrado matogrossense*. B. FBCN, v. 20, p. 46-56, 1985.

IBGE – INSTITUTO BRASILEIRO DE GEOGRAFIA E ESTATÍSTICA. *Levantamento sistemático da Produção Agrícola*. SIDRA. IBGE, 2023. Disponível em: https://sidra.ibge.gov.br/tabela/6588#. Acesso em: 09 ago. 2023.

LIMA, D. A.; ALVES, K. N. A. Crescimento de plantas jovens de cacaueiro (*Theobroma cacao* L.) com o uso de biofertilizante e adubação mineral. 2022. Monografia (Graduação em Agronomia) – Universidade Federal Rural da Amazônia, 2022.

LIMA, J. T. G. P.; ROCHA, R. B. A importância histórica, socioeconômica e ambiental da cacauicultura para o estado de Rondônia. *Revista Ibero Americana de Ciências Ambientais*, v. 11, n. 2, p. 314-332, 2020.

LIMA, M. Q.; VIEIRA, J. V. B.; FERREIRA, L. S.; FERREIRA, W. A.; LIMA, F. DE S. Diagnose visual no cacaueiro. *Cadernos Macambira*, v. 4, n. 2, p. 65-68, 2019.

MALAVOLTA, E.; MALAVOLTA, M.; CABRAL, C. Nota sobre as exigências minerais do cacaueiro. *Anais da Escola Superior de Agricultura Luiz de Queiroz*, v. 41, p. 243-255, 1984.

MALAVOLTA, E.; VITTI, G. C.; OLIVEIRA, S. A. *Avaliação do estado nutricional das plantas: princípios e aplicações*. 2 ed. Piracicaba: Associação Brasileira para a Pesquisa da Potassa e do Fosfato, 319 p., 1997.

MARITA, J. M.; NIENHUIS, J.; PIRES, J. L.; AITKEN, W. M. Analysis of genetic diversity in Theobroma cacao with emphasis on witches' broom disease resistance. *Crop Science*, v. 41, n. 4, p. 1305-1316, 2001.

MARROCOS, P. C. L.; LOUREIRO, G. A. H. A.; ARAUJO, Q. R.; SODRÃO, G. A.; AHNERT, D.; ESCALONA VALDEZ, R. A.; BALIGAR, V. C. Mineral nutrition of cacao (Theobroma cacao L.): relationships between foliar concentrations of mineral nutrients and crop productivity. *Journal of Plant Nutrition*, v. 43, p. 1-12, 2020.

MATOS, G. S. B.; FERNANDES, A. R.; WADT, P. G. S.; PINA, A. J. A.; FRANZINI, V. I.; RAMOS, H. M. N. The Use of DRIS for Nutritional Diagnosis in Oil Palm in the State of Pará. *Revista Brasileira de Ciência do Solo*, v. 41, n. 0, p. e0150466, 2017.

MATOS, P. G. G. de. *Influência do sombreamento e da adubação com NPK no desenvolvimento de mudas de cacaueiro* (Theobroma cacao L.). 1991. Tese (Doutorado) – Universidade de São Paulo, 1991.

MEDAUAR, C. C.; BAHIA, B. L.; SANTANA, T. M.; REIS, M. E. S.; SOARES, M. B.; SANTOS, C. A.; PINTO, F. C.; ALMEIDA, A. A. F.; SOUZA JÚNIOR, J. O. Nickel and copper accumulate at low concentrations in cacao beans cotyledons and do not affect the health of chocolate consumers. *Spanish Journal of Agricultural Research*, v. 17, n. 4, p. e0304, 2019.

MENDES, F. T.; REIS, S. M. Comportamento do preço em amêndoas no Estado Pará e Bahia: uma análise das diferenças. *In*: CONGRESSO DA SOCIEDADE BRASILEIRA DE ECONOMIA E SOCIOLOGIA RURAL, SOBER, Fortaleza, 2006.

MORAIS, F. I. O. Respostas do cacaueiro à aplicação de N, P e K em dois solos da amazônia brasileira. *Revista Brasileira de Ciência do Solo*, v. 22, p. 63-69, 1998.

MULLER, M. W.; GAMA-RODRIGUES, A. C. Sistemas agroflorestais com cacaueiro. *In*: VALLE, R. R. *Ciência, tecnologia e manejo do cacaueiro*. Brasília: CEPLAC/CEPEC, 84 p., 2012.

MUNIZ, M. R. A.; SILVEIRA, R. L. V. de A.; SANTOS, P. S. R. dos; MALTA, A.; SORICE, L. S. D. Exportação de nutrientes pelos frutos de cacau de diferentes clones cultivados nas Fazendas Reunidas Vale do Juliana. *Addubare RR Agroflorestal*, v. 24, p. 5-9, 2013.

NAKAYAMA, L. H. I.; CRAVO, M. da S.; AUGUSTO, S. G. Cacaueiro. *In*: BRASIL, E. C.; CRAVO, M. S.; VIEGAS, E. J. M. (org.). *Recomendações de adubações e calagem para o estado do Pará*. 2 ed. Brasília: Embrapa, p. 335-339, 2020.

OLIVEIRA, M. G. de; PARTELLI, F. L.; CAVALCANTI, A. C.; GONTIJO, I.; VIEIRA, H. D. Padrões de solo e normas foliares para diferentes clones de cacau cultivados no Espírito Santo e Sul da Bahia. *In*: XXII ENCONTRO LATINO AMERICANO DE INICIAÇÃO CIENTÍFICA; XVIII ENCONTRO LATINO AMERICANO DE PÓS-GRADUAÇÃO; e VIII ENCONTRO DE INICIAÇÃO À DOCÊNCIA, Universidade do Vale do Paraíba, 2018.

OLIVEIRA, M. G. de; PARTELLI, F. L.; CAVALCANTI, A. C.; GONTIJO, I.; VIEIRA, H. D. Soil patterns and foliar standards for two cocoa clones in the States of Espírito Santo and Bahia, Brazil. *Ciência Rural*, v. 49, n. 10, p. 1-7, 2019.

PÁRAMO, Y. J. P; GOMÉZ, C. A.; MENJIVAR, F. J. C. Influence of the relationship among nutrients on yield of cocoa (Theobroma cacao L.) clones. *Acta Agronómica*, v. 65, n. 2, p. 176-182, 2016.

PINTO, F. C. *Fertilidade do solo e partição de nutrientes em cacaueiros*. 103 p. Dissertação (Mestrado) – Universidade Estadual de Santa Cruz, Ilhéus, Bahia, Brasil, 2013.

PRADO, R. M. *Nutrição de plantas*. 2 ed. Jaboticabal: Editora Unesp, 416 p., 2020.

PREZOTTI, L. C.; GOMES, A. A.; DADALTO, G. G.; OLIVEIRA, J. A. *Manual de recomendação de calagem e adubação para o estado do Espírito Santo*. 5ª aproximação. Vitória, ES: SEEA/Incaper/Cedagro, 2007.

RUSCONI, M.; CONTI, A. Theobroma cacao L., the food of the gods: A scientific approach beyond myths and claims. *Pharmacological Research*, v. 61, n. 1, p. 5-13, 2010.

SALDANHA, E. C. M.; SILVA JUNIOR, M. L.; OKUMRA, R. S.; WADT, P. G. S. Estabelecimento de normas DRIS para a cultura do coqueiro híbrido no estado do Pará. *Revista Caatinga*, v. 28, p. 99-109, 2015.

SANTOS, E. R. *Produtividade e exportação de nutrientes por cacaueiros*. 2018. 75 f. Dissertação (Mestrado) – Universidade Estadual de Santa Cruz, Ilhéus, Bahia, Brasil, 2018.

SILVA, J. O. da. *Eficiência da utilização de fósforo no cacaueiro (Theobroma cacao L.)*. 2007. 122 f. Tese (Doutorado) – Universidade Estadual do Norte Fluminense Darcy Ribeiro, Centro de Ciência e Tecnologias Agropecuárias, Rio de Janeiro, 2007.

SILVA, J. V. O. *Produção e partição de biomassa e nutrientes e parametrização de um sistema para recomendação de N, P e K para cacaueiros*. 2009. 85 f. Dissertação (Mestrado) – Universidade Estadual de Santa Cruz, Ilhéus, Bahia, 2009.

SILVA NETO, P. J.; LIMA, E. L. Aspectos gerais da cultura do cacaueiro. *In*: MENDES, F. A. T. *A cacauicultura na Amazônia*: história, genética, pragas e economia. Belém: CEPLAC/SUEPA, 2017.

SILVA NETO, P. J.; MATOS, P. G. C.; MARTINS, A. C. S.; SILVA, A. P. *Sistema de produção de cacau para a Amazônia brasileira*. Belém: Ceplac, 2001.

SILVA, P. H. L. *Produtividade e exportação de nutrientes catiônicos por cacaueiros no Sul da Bahia*. 2015. 50 p. Dissertação (Mestrado) – Universidade Estadual de Santa Cruz, Ilhéus, Bahia, 2015.

SILVEIRA, R. L. V. de A.; MUNIZ, M. R. A.; SANTOS, P. S. R. dos; MOREIRA, A. Deficiências nutricionais em cacaueiro (*Theobroma cacao*) e cupuzeiro (*Theobroma grandiflorum*). *Addubare*, Embrapa Soja, v. 18, n. 30, p. 17-21, 2016.

SNOECK, D.; KOKO, L.; JOFFRE, J.; BASTIDE, P.; JAGORET, P. Cacao Nutrition and Fertilization. *In*: LICHTFOUSE, E. (ed.). *Sustainable Agriculture Reviews*. SARV, p. 155-202, 2016.

SOUZA, C. A. S.; CORRÊA, F. L. O.; MENDOÇA, V.; VICHIATO, M.; CARVALHO, J. G. Doses de fósforo e zinco no acúmulo de macro e micronutrientes em mudas de cacaueiro. *Revista Agrotrópica*, v. 18, n. 1, p. 25-38, 2006.

SOUZA, C. A. S.; DIAS, L. A. S.; AGUILAR, M. A. G. Importância econômica e social. *In*: SOUZA, C. A. S. et al. (ed.). *Cacau*: do plantio à colheita. Viçosa, MG: Editora UFV, p. 9-40, 2016.

SOUZA JÚNIOR, J. O.; MENEZES, A. A.; SODRÉ, G. A.; GATTWARD, J. N.; DANTAS, P. A.; CRUZ NETO, R. O. Diagnose foliar na cultura do cacau. *In*: PRADO, R. M. (ed.). *Diagnose de plantas*: diagnose foliar em frutíferas. Jaboticabal: FCAV/CAPES/FAPESP/CNPq, p. 443-476, 2012.

SOUZA, P. A.; MOREIRA, L. F.; SARMENTO, D. H. A.; COSTA, F. B. Cacao – *Theobroma cacao*. *In*: RODRIGUES, S.; SILVA, E. O.; BRITO, E. S. *Exotic Fruits Reference Guide*. 1 ed. Academic Press, Cap. 10, p. 69-76, 2018.

THONG, K. C.; NG, W. L. Growth and nutrients composition of monocrop cocoa plants on inland Malaysian soils. *In*: INTERNATIONAL CONFERENCE COCOA, 1980.

VELOSO, C. A. C.; BOTELHO, S. M.; VIÉGAS, I. J. M.; RODRIGUES, J. E. L. F. Amostragem e diagnose foliar. *In*: BRASIL, E. C.; CRAVO, M. S.; VIÉGAS, I. J. M. (eds.). *Recomendações de calagem e adubação para o estado do Pará*. 2 ed. Brasília: Embrapa, p. 65-72, 2020.

VENTURIERI, A.; DE OLIVEIRA, R. R. S.; IGAWA, T. K.; FERNANDES, K. D. A.; ADAMI, M.; DE OLIVEIRA JÚNIOR, M. C. M.; [...] SAMPAIO, S. M. N. The Sustainable Expansion of the Cocoa Crop in the State of Pará and Its Contribution to Altered Areas Recovery and Fire Reduction. *Journal of Geographic Information System*, v. 14, n. 3, p. 294-313, 2022.

VLIET, J. A. V.; SLINGERLAND, M.; GILLER, K. E. *Mineral Nutrition of Cocoa*. A Review. Wageningen: Wageningen University and Research Centre, 70 p., 2015.

WADT, P. G. S.; DIAS, J. R. M.; PEREZ, D. V.; LEMOS, C. DE O. Interpretação de Índices DRIS para a Cultura do Cupuaçu. *Revista Brasileira de Ciência do Solo*, v. 36, p. 125-135, 2012.

WALWORTH, J. L.; SUMNER, M. E. Foliar diagnosis: A review. *Advanced Plant Nutrition*, v. 3, p. 193-241, 1986.

3

Nutrição do coqueiro

Paulo Manuel Pontes Lins, Ismael de Jesus Matos Viégas, Eric Victor de Oliveira Ferreira, Eduardo Cézar Medeiros Saldanha

Originário do sudeste da Ásia, o coqueiro (*Cocos nucifera* L.) foi levado para a Índia e, posteriormente, para o leste africano. No Brasil, a variedade gigante foi introduzida em 1553, oriunda da Ilha de Cabo Verde, e os anões, em 1925, 1938 e 1939, provenientes de Java e do norte da Malásia. No Pará, o principal empreendimento foi implantado no início dos anos 1980, no município de Moju, nordeste do Estado.

A cocoicultura vem atraindo grandes investimentos, em virtude do potencial de produção de coco-verde para exploração da água, destinado ao consumo *in natura*, e como matéria-prima para processamento agroindustrial (coco-seco). Atualmente, a cultura do coqueiro é geradora de emprego e renda em países tropicais.

A produção brasileira de coco é relevante sobretudo para a economia do Nordeste, e vem alcançando destaque em outras regiões devido à expansão da cultura do coco-verde. Em 2021, o Estado do Ceará ultrapassou a Bahia, que historicamente era o principal produtor, e produziu 386.112 toneladas em 40.458 ha colhidos, seguido por Bahia e Pará com 330.445 toneladas e 167.646 toneladas, respectivamente (IBGE, 2021).

As condições edafoclimáticas favoráveis do Pará e os financiamentos por meio do Banco da Amazônia estimularam o aumento da área plantada no Estado no início dos anos 1990. Nesse período, a área plantada e a área colhida no Pará tiveram incrementos de 40% e 41%, respectivamente. A expansão objetivou sobretudo a produção de coco-verde, incentivada pelo crescimento da demanda por bebidas saudáveis. No entanto, na última década o cenário mudou e a cultura sofreu uma retração tanto no Pará quanto no resto do País. No Pará, a retração foi de 26% na área plantada e 30% na produção (IBGE, 2016). Apesar de a demanda por água de coco continuar em evolução crescente, os problemas técnicos de cultivo (fitossanitários e nutricionais) e os déficits hídricos frequentes na principal região produtora do Estado causaram quebras de produção e têm afastado os pequenos produtores.

Mesmo com as perdas registradas nos últimos anos, o Pará apresenta produtividade de cocos 24% maior que a média brasileira. Esses ganhos devem-se principalmente a investimentos em técnicas de cultivo e material vegetal melhorado da empresa líder de mercado em derivados de coco no Brasil, que no início da década de 1980 implantou, no município de Moju, 6 mil ha de coqueiro híbrido, e hoje produz 103,2 mil de toneladas de coco-seco ano^{-1}, o que corresponde a 61,6% da produção paraense de coco (167,6 mil toneladas – IBGE, 2021). Os outros 40% da produção são oriundos de estabelecimentos de médio e pequeno porte com área média de 10 hectares. Destaque para os municípios de Bujaru (5.160 t), Santo Antônio do Tauá (4.900 t) e Peixe-Boi (4.000 t), além do município de Breu Branco, no sudeste paraense, com 5.160 t. Nessas áreas, a variedade de coco mais plantada é a do coqueiro-anão-verde, destinada exclusivamente à comercialização de água.

A maioria das propriedades produtoras de coco no Pará ainda se desenvolve com baixos investimentos, o que reflete baixas produtividades, não diferindo dos cultivos em sequeiro nas principais regiões produtoras no País. O aumento da produtividade de um coqueiral é alcançado com a utilização de mudas selecionadas, aliada ao investimento em tratos culturais aplicados às plantas em todas as fases de desenvolvimento. A fertilização mineral, em especial, constitui um dos fatores que condicionam o crescimento e a produtividade do coqueiro, mas continua uma prática subutilizada, embora estudos em vários países tenham mostrado que o uso de fertilizantes é perfeitamente rentável até em material vegetal não selecionado.

O Instituto de Pesquisa Agronômica e Cooperação do governo francês (Cirad) desenvolveu pesquisas desde a década de 1950, no início com o coqueiro-gigante, posteriormente com os híbridos, comprovando os ganhos econômicos por meio de uma nutrição adequada. No Brasil, pesquisas no Nordeste desenvolvidas pela Embrapa e unidades de pesquisas estaduais com o cultivo fertirrigado do coqueiro-anão demonstraram ganhos significativos de produtividade (200 frutos coqueiro^{-1} ano^{-1}) com alta demanda nutricional. Já no Pará, pesquisa desenvolvida com coqueiro híbrido em sequeiro nas condições edafoclimáticas de Moju demonstrou que uma nutrição mineral balanceada aumenta a produtividade da cultura em 2,3 vezes. Nesse município, foi constatada resposta em produção de coqueiro (híbrido) às adubações fosfatada, potássica e magnesiana (Lins; Viégas; Ferreira, 2021).

Considerando a importância socioeconômica do coqueiro para a região amazônica, este capítulo apresenta as características botânicas dessa planta, a extração e exportação de seus nutrientes, as técnicas de diagnose visual e foliar, os métodos de interpretação dos resultados e o sistema integrado de diagnóstico e recomendação, além de reflexões sobre a temática.

3.1 CLASSIFICAÇÃO E MORFOLOGIA DA CULTURA

O coqueiro é uma monocotiledônea, da ordem Palmes, família Arecaceae, subfamília Cocoideae, gênero *Cocos*, espécie *Cocos nucifera* L. Seu sistema vegetativo é constituído de três partes – folhas, tronco (estipe) e sistema radicular – e o reprodutivo engloba as inflorescências e os frutos, todos descritos a seguir.

3.1.1 Folhas

As plantas adultas de coqueiro-gigante emitem de 13 a 14 folhas, com comprimento de 6 m a 7 m e peso médio de 15 kg, enquanto o coqueiro-anão possui 16 a 17 folhas com comprimento de 4 m a 4,5 m e peso médio de 10 kg (Taffin, 1993). As baixas temperaturas (5 °C a 15 °C) no noroeste de São Paulo em meses mais frios do ano reduzem o ritmo de emissão foliar de coqueiros jovens (Passos, 2018).

O caule do coqueiro adulto comporta na sua parte terminal uma copa composta por cerca de trinta folhas. A folha do coqueiro é do tipo penada com 200 a 300 folíolos que podem variar de 90 cm a 135 cm de comprimento, inseridos em par de forma paralela na raque. O comprimento da folha e o número de folíolos, de acordo com Menon e Pandalai (1958), decrescem com o aumento da idade do coqueiro.

3.1.2 Estipe

O caule do coqueiro é do tipo estipe, cilíndrico e não ramificado, muito desenvolvido. É constituído de um grande número de feixes líbero-lenhosos cercados por tecido fibroso, que garantem a sua resistência (Taffin, 1993). A base do estipe se apresenta dilatada, na figura de um cone ou não, a depender da variedade: no coqueiro-gigante, o cone é acentuado, enquanto no coqueiro-anão essa dilatação não ocorre.

A altura do estipe é variável e depende da variedade. No anão, chega a atingir 10 m a 12 m de altura e tem vida útil em torno de 30 a 40 anos, com estipe delgado e folhas numerosas, porém curtas. Já o estipe do gigante pode atingir 30 m de altura, com vida econômica em torno de 60 a 70 anos. Em condições de deficiência hídrica e/ou nutricional prolongada, ocorre redução na circunferência do estipe, dando origem a uma cinta; entretanto, cessadas tais deficiências, as células se recompõem e o estipe volta a recuperar o engrossamento normal (Passos, 2018), apesar de as marcas de cinta permanecerem para sempre.

3.1.3 Raízes

O sistema radicular do coqueiro é fasciculado ou de cabeleira, formado por raízes adventícias sem apresentar raiz principal, conforme encontrado nas monocotiledôneas. É composto por aproximadamente 3.000 a 5.000 raízes primárias que podem atingir 7 m a 8 m de comprimento; essas raízes não possuem função de absorção de água e nutrientes, exceto nas suas extremidades (Taffin, 1993). Das raízes primárias surgem as secundárias, de onde se originam as terciárias e destas, as quaternárias, as quais são os principais órgãos de absorção de nutrientes e água.

Algumas pesquisas foram realizadas sobre o sistema radicular do coqueiro, indicando a sua distribuição no Estado de Sergipe em duas épocas, seca e chuvosa. Cintra, Leal e Passos (1992) constataram que, no coqueiro-anão, 70% a 90% das raízes se localizam num raio de um metro distante do estipe e na profundidade entre 0,2 m e 0,6 m. Para o coqueiro-gigante, Cintra, Passos e Leal (1993) verificaram concentração de raízes distante até um metro do estipe e na profundidade entre 0,2 m e 0,4 m. Portanto, em função dessas pesquisas, constata-se que tanto o coqueiro-gigante como o anão apresentam o mesmo comportamento no tocante à distribuição horizontal das raízes. Além disso, confirma-se que a maior concentração do sistema radicular do coqueiro se encontra dentro de um raio de dois metros, a uma profundidade entre 0,2 m e 0,8 m (Passos, 2018).

Na plantação da empresa Sococo, no município de Moju (PA), em cultivo em um Latossolo Amarelo, 70% das raízes mostraram-se distantes 1,5 m do estipe e na profundidade de 0,6 m. Já na plantação da Sococo em Santa Izabel do Pará, foram verificadas raízes de coqueiro-anão-verde distantes 1 m da base do estipe e com 1,2 m de profundidade, cujo perfil de solo aberto é apresentado na Fig. 3.1A. Em período de forte desenvolvimento do coqueiro, aproximadamente de dois a cinco anos, o sistema radicular cresce mais lentamente do que a parte aérea, resultando no desequilíbrio entre as raízes e as folhas, o que proporciona um grau de sensibilidade ao vento ou às deficiências nutricionais (Taffin, 1993).

3.1.4 Inflorescência

O coqueiro é uma planta monoica com flores femininas e masculinas na mesma inflorescência, reunidas em cacho de até 1 m de comprimento. As inflorescências estão situadas nas axilas das folhas e envolvidas por uma espata. Quando o coqueiro atinge sua maturidade, a espata se divide longitudinalmente, permitindo o desabrochar da inflorescência, que é composta por um eixo sobre o qual se inserem numerosas espiguetas, com flores femininas na base e numerosas flores masculinas em cima (Taffin, 1993).

O número de flores femininas por inflorescência é variável e depende da variedade genética, das condições ambientais e do manejo da cultura. Em

Fig. 3.1 (A) Sistema radicular, (B) inflorescências e (C) frutos do coqueiro-anão-verde do Brasil na plantação da Sococo em Santa Izabel do Pará
Fonte: Paulo Lins.

condições ambientais favoráveis, segundo Passos (2018), no coqueiro-gigante são emitidas 12 inflorescências por planta por ano, ao passo que no coqueiro-anão são 18 inflorescências por planta por ano. Esse autor informa ainda que no coqueiro-gigante, na mesma inflorescência, as flores masculinas se abrem e disseminam o pólen antes de as flores femininas estarem receptivas, sendo normal a polinização cruzada, enquanto no coqueiro-anão as flores masculinas e femininas amadurecem praticamente ao mesmo tempo, em geral ocorrendo a autofecundação.

Dependendo da variedade genética e das condições ambientais, a floração do coqueiro se inicia de dois a sete anos após o plantio. Na plantação da Sococo no Pará, a floração do coqueiro-anão se inicia aos dois anos após o plantio, a do híbrido aos quatro anos, e a do coqueiro-gigante aos sete anos. A Fig. 3.1B apresenta a inflorescência do coqueiro-anão-verde do Brasil obtida nas condições de plantação da Sococo em Santa Izabel do Pará, mostrando a espata já aberta, com flores masculinas e femininas.

3.1.5 Frutos

O fruto do coqueiro é uma drupa geralmente arredondada/oblonga e é constituído, de fora para dentro, por: uma epiderme lisa e cerosa, cuja cor pode ser amarela, vermelha ou verde; o mesocarpo fibroso, que é o miolo da fruta; o endocarpo, isto é, a casca da semente; o endosperma carnoso (coco); e o embrião. A Fig. 3.1C contém a evolução do tamanho dos frutos do anão-verde do Brasil até o cacho que é colhido para água, geralmente localizado na folha 20.

3.2 Extração e exportação de nutrientes

Pesquisas sobre extração e exportação de nutrientes em coqueiro foram realizadas nas décadas de 1960 e 1980 por Pillai e Davis (1963) e Ouvrier (1984). Não há conhecimento de estudos similares para o coqueiro no Brasil. De acordo com a pesquisa realizada por Pillai e Davis (1963), em uma base de 70 plantas, o coqueiro-gigante extrai (inflorescências, folhas e caule): 12,8 kg de N; 4,46 kg de P; 11,77 kg de K; 11,64 kg de Ca; e 3,78 kg de Mg. Estimando-se esses valores com base no espaçamento 9 m × 9 m (142 plantas ha^{-1}), as quantidades extraídas são equivalentes a 26 kg ha^{-1} de N; 5,7 kg ha^{-1} de P; 24 kg ha^{-1} de K; 23 kg ha^{-1} de Ca; e 7,7 kg ha^{-1} de Mg. Logicamente, os valores estimados devem ser recebidos com cautela, pois fatores como clima, solo, material genético e manejo das plantas influenciam na nutrição do coqueiro.

Com relação à exportação de macronutrientes e de cloro, Ouvrier (1984) desenvolveu uma pesquisa com o coqueiro híbrido PB121, englobando casca, coque (mesocarpo, endocarpo e endosperma) e albúmen, com produtividade de 3,713 t ha^{-1} e total de produção de 130 frutos planta^{-1} ano^{-1} (Fig. 3.2). O nutriente mais exportado foi o K (110 kg ha^{-1} ano^{-1}), seguido do Cl (60 kg ha^{-1} ano^{-1}) e, em terceiro lugar, o N (57 kg ha^{-1} ano^{-1}). O cloro, na cultura do coqueiro, é considerado como macronutriente por exportar quantidades superiores aos demais nutrientes, à exceção ao K. Nesse estudo, a ordem decrescente na exportação de nutrientes foi K > Cl > N > P > Mg > S > Ca (Fig. 3.2).

Fig. 3.2 Exportação de nutrientes (kg ha^{-1} ano^{-1}) pelo coco (casca, coque e albúmen) do híbrido PB121 com produtividade de 3,713 t ha^{-1} e produção de 130 frutos planta^{-1} ano^{-1}
Fonte: adaptado de Ouvrier (1984).

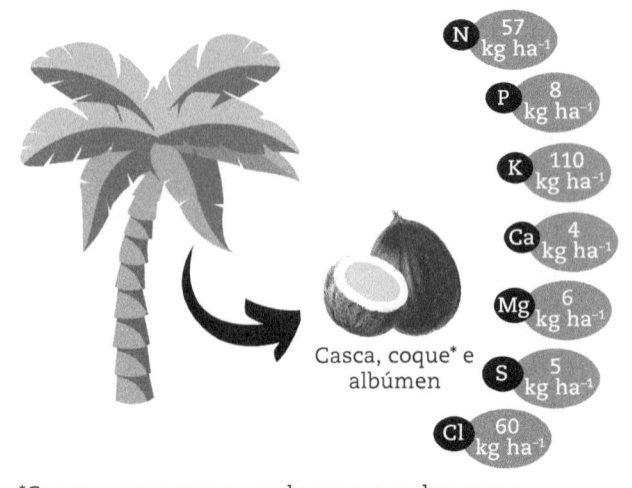

Casca, coque* e albúmen

N 57 kg ha^{-1}
P 8 kg ha^{-1}
K 110 kg ha^{-1}
Ca 4 kg ha^{-1}
Mg 6 kg ha^{-1}
S 5 kg ha^{-1}
Cl 60 kg ha^{-1}

*Coque = mesocarpo + endocarpo + endosperma

3.3 Diagnose visual

Em muitas situações, os sintomas de deficiência de nutrientes são de difícil percepção; dependendo da intensidade, a planta pode não o externar, embora o efeito se reflita na produção, caracterizando a "fome oculta". Também podem ocorrer deficiências múltiplas de nutrientes, dificultando a identificação dos sintomas individuais.

Apesar dessa dificuldade, a diagnose visual é uma ferramenta importante para uma rápida ação nos cultivos, sobretudo durante o surgimento dos primeiros sintomas, permitindo a sua identificação visual.

A seguir, são descritas as principais sintomatologias de deficiências nutricionais em plantas de coqueiro observadas na Amazônia (Fig. 3.3).

3.3.1 Nitrogênio

A deficiência do N afeta todos os processos fisiológicos do coqueiro e provoca queda na produção de frutos. Segundo Manciot, Ollagnier e Ochs (1980), podem-se exteriorizar os seguintes sintomas de deficiência:

a. no primeiro estádio, há um leve e contínuo amarelecimento das folhas mais baixas da planta (Fig. 3.3A);
b. em um estádio mais avançado, as folhas jovens da copa tornam-se verde-pálidas, dando aos folíolos uma aparência opaca; a intensa descoloração das folhas velhas pode chegar a amarelo-dourado uniforme,

Fig. 3.3 Sintomas de deficiência de (A) nitrogênio, (B,C) potássio, (D,E) magnésio e (F) boro em planta de coqueiro
Fonte: José S. Holanda e Paulo Lins.

muitos cachos abortam e o número de flores femininas por inflorescências é reduzido;

c. no último estádio, a planta parece ser afetada por uma espécie de raquitismo: conforme vai crescendo, o caule estreita-se gradualmente, até ficar com um aspecto de "ponta de lápis", enquanto o número e o tamanho das folhas da coroa foliar são reduzidos.

3.3.2 Fósforo

As exigências do coqueiro em P são pequenas. No entanto, o nutriente é importante devido à sua participação na regeneração do ácido trifosfórico, em geral abundante nos órgãos jovens, além de participar das reações relacionadas ao transporte de energia metabólica nos vegetais (Manciot; Ollagnier; Ochs, 1980). Sintomas visuais de deficiência de P não são comuns; no entanto, a sua deficiência causa diminuição do crescimento e redução do tamanho das folhas, tornando-as de um verde mais escuro, em consequência da concentração de clorofila (Sobral, 1998).

3.3.3 Potássio

O K desempenha um papel fundamental na fisiologia da planta: intervém no metabolismo e na aceleração dos movimentos estomáticos. Os sintomas visuais de sua deficiência se caracterizam por manchas ferruginosas de diâmetro bastante irregular, que varia de 0,5 mm a 4,0 mm, nos dois lados dos folíolos, acentuando-se nas extremidades e chegando à necrose, segundo Ollivier (1993). Posteriormente, a planta apresenta amarelecimento das folhas do meio da copa e, por fim, secamento das folhas baixas. De acordo com o mesmo autor, os sintomas de deficiência se manifestam quando o teor de K é menor que 5 g kg^{-1} na folha 14.

Sintomas de deficiência de K em coqueiro-anão-verde foram observados quando a concentração de K na folha 14 estava próxima de 6 g kg^{-1} (Ollivier, 1993). As folhas se tornaram quebradiças, com bordos dos folíolos necrosados e pecíolo com mancha marrom acentuada (Fig. 3.3B,C).

3.3.4 Cálcio

O Ca é necessário para a manutenção da estrutura da membrana celular e fosforilação fotossintética, além de ser importante para a elasticidade das células durante a expansão e nas ações enzimáticas (Malavolta, 2016). Os sintomas visuais de deficiência foram observados quando a folha 14 apresentou menos de 1 g kg^{-1} de Ca, em pesquisa conduzida na Costa do Marfim sobre os efeitos de uma adubação mineral de N, K e Mg no anão-amarelo da Malásia (IRHO, 1989).

3.3.5 Magnésio

O Mg faz parte da molécula de clorofila e tem importância para o funcionamento de numerosos metabolismos, agindo ativamente na síntese e degradação de várias moléculas (Malavolta, 2016). A sua deficiência acarreta perda de clorofila, exteriorizando uma descoloração dos folíolos das folhas inferiores, mais velhas. Nas partes extremas do folíolo e expostas ao sol, o amarelecimento é mais intenso, enquanto os folíolos próximos à raque permanecem verdes. Quando a deficiência é bastante acentuada, os folíolos ficam desprovidos de qualquer pigmentação, com a necrose das extremidades e o aparecimento de manchas translúcidas.

Os sintomas de deficiência de Mg foram observados em coqueiro-anão-verde de plantio comercial no município de Santa Izabel do Pará quando a concentração do nutriente na folha 14 estava próxima de 0,96 g kg^{-1} (Fig. 3.3D,E).

3.3.6 Boro

O B é indispensável ao desenvolvimento do coqueiro, e sua carência, além de prejudicar o crescimento da planta, muitas vezes provoca deformações na área foliar e o aparecimento de necroses, sendo encontrados também efeitos secundários como podridão. Em cultivo de coqueiro em Rio do Fogo (RN) (Fig. 3.3F), os sintomas visuais de deficiência de B em coqueiro caracterizam-se por folíolos unidos, folhas novas retorcidas, ausência de folíolos na base das raques e deformações no ponto de crescimento. Em último estádio, a planta morre, como foi observado em plantações no Estado do Pará.

3.4 DIAGNOSE FOLIAR

A utilização da diagnose foliar como critério de avaliação nutricional baseia-se na premissa de existir uma relação entre as concentrações dos nutrientes e a produtividade das plantas (Prado, 2020). Tamanha é a importância da diagnose nutricional que, para algumas culturas perenes, como o coqueiro, ela é usada como base para a recomendação de adubação na fase de produção, em substituição à análise do solo (Lins; Viégas, 2020). Segundo Lins e Viégas (2008), a diagnose foliar é o procedimento mais fácil e exato para analisar o estado nutricional do coqueiro, e é considerado por Saldanha et al. (2017) um método eficiente para a recomendação de fertilizantes a essa planta.

Das etapas de um programa de diagnose foliar, a amostragem é a primeira e, se não for feita corretamente, poderá propiciar erros na obtenção dos resultados, o que a torna uma fase crítica do processo. Cantarutti et al. (2007) relatam que a amostragem é responsável por 50% da variabilidade observada entre resultados de análises de plantas. O estado nutricional das plantas pode variar em função de genótipo, idade da folha, época do ano, clima, práticas culturais, além da incidência de pragas e patógenos (Malavolta; Vitti; Oliveira, 1997); dessa maneira, deve haver uma padronização de tais fatores para a correta interpretação dos teores dos nutrientes. Para tal, deve-se separar amostras de diferentes genótipos, visto que podem existir diferenças nutricionais entre eles, como já observado entre o coqueiro-gigante e o híbrido (Rognon, 1984).

Para cada cultura existe um órgão recomendado para a avaliação nutricional, entretanto, em geral o mais indicado é a folha (Veloso et al., 2020), uma vez que é o órgão que melhor reflete o estado nutricional, respondendo mais às variações no suprimento do nutriente (Cantarutti et al., 2007). Normalmente, analisa-se a folha recém-madura, podendo, de acordo com a cultura, ser a folha inteira, somente a lâmina ou somente o pecíolo (Veloso et al., 2020). No caso do coqueiro, é recomendada a retirada da nervura central da lâmina foliar (Lins; Viégas, 2008).

De forma geral, verifica-se uma recomendação de 50 a 100 folhas para uma amostragem suficientemente segura (Cantarutti et al., 2007). Lins e Viégas (2008) recomendam, com base em estudos realizados pelo Instituto de Pesquisa de Oleaginosas (IRHO) em várias partes do mundo, amostrar 25 a 30 plantas para cada 50 ha a 100 ha na obtenção de uma amostra composta representativa, eleitas ao acaso em pequenas plantações. Em plantios industriais, para facilitar o controle da operação, recorre-se a um modelo sistemático. Por exemplo, numa plantação planejada em que as parcelas são formadas pelo mesmo número de linhas e cada linha possui um número fixo de plantas, pode-se eleger uma linha a cada 30 e uma planta a cada 5, dependendo do tamanho da parcela. As palmeiras escolhidas devem ser marcadas para facilitar a identificação no momento da coleta, pois serão as mesmas árvores utilizadas nos anos subsequentes. Nas plantas adultas, a marcação pode ser feita no próprio estipe da planta, pintando-o com as iniciais de diagnose foliar (DF). Além disso, nunca realizar a amostragem logo após uma adubação foliar ou pulverização; deve-se esperar um período mínimo de 30 dias (Malavolta; Vitti; Oliveira, 1997).

A recomendação para essa palmeira na região amazônica é amostrar três folíolos intactos em cada lado da parte central da folha (Lins; Viégas, 2008; Lins; Viégas, 2020; Veloso et al., 2020). Os folíolos recolhidos devem ser juntados aos das plantas da mesma amostra, previamente etiquetada. A folha eleita deve estar no meio da copa; nas plantas adultas, com um número suficiente de folhas (25 a 30 folhas), será a de número 14, enquanto nas plantas jovens será a de número 4 ou 9.

As folhas do coqueiro estão dispostas em cinco espirais a aproximadamente 145° entre si, e a localização da espiral que contém as folhas 4, 9 e 14 é relativamente de fácil alcance. Nas plantas altas, recorre-se a uma vara com foice na ponta. A folha 9 corresponde à maior espata, prestes a se abrir. O sentido da espiral, que pode girar para a direita ou esquerda, proporciona a posição da espata e das inflorescências, bem como das folhas correspondentes. Quando a posição da espata está situada à esquerda da folha, a espiral também gira à esquerda. Na prática, a folha 14 possui, na sua axila, um cacho com frutos do tamanho de uma mão fechada e se localiza abaixo da folha 9 (espata prestes a se abrir) (Fig. 3.4), a qual está do lado oposto da folha 10, que possui a inflorescência aberta mais recentemente. Nas árvores jovens, a folha a ser amostrada é a de número 4 ou 9, a depender do número de folhas existentes na copa.

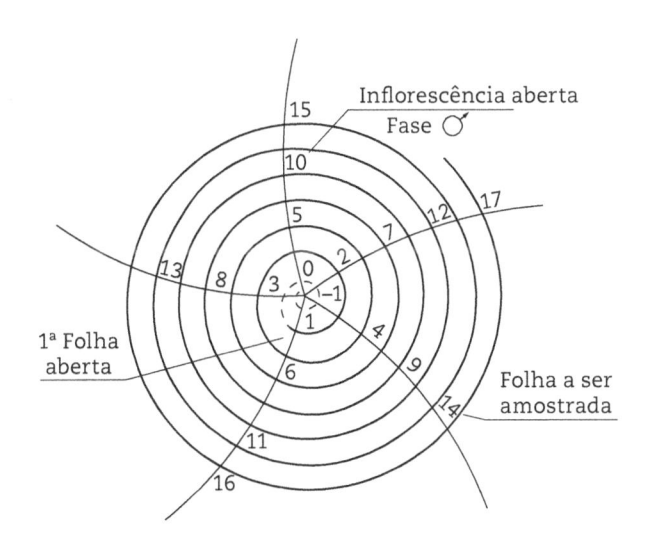

Fig. 3.4 Filotaxia do coqueiro, indicando a folha 14 a ser amostrada para a diagnose nutricional
Fonte: adaptado de Frémond, Ziller e Nuce (1966).

Dos folíolos coletados, somente os 10 cm centrais são aproveitados, eliminando-se as bordas (2 cm) e a nervura central; eles devem ser limpos com algodão embebido em água destilada (Lins; Viégas, 2008). Recomenda-se separar os segmentos em dois lotes: um deles (por exemplo, o lado direito) será enviado para análise em laboratório e o outro ficará como reserva para uma eventual contraprova. Uma vez realizada a correta amostragem das folhas, as amostras devem ser acondicionadas, identificadas e enviadas ao laboratório para o preparo e realização das análises químicas. Para tal, colocam-nas em sacos de papel limpos e etiquetados com a devida identificação da propriedade, talhão, data de coleta, folha e número de plantas amostradas. Recomenda-se enviar as amostras o mais rápido possível ao laboratório, mas, se não for possível, deve-se mantê-las em baixa temperatura (Cantarutti et al., 2007).

No laboratório, as amostras são secas em estufa de circulação forçada de ar (70 °C) por um período aproximado de 48h, trituradas em moinho de aço inoxidável tipo Wiley (peneira de 20 mesh) e armazenadas em frascos de vidro hermeticamente fechados. Caso haja estrutura na propriedade, tomando os devidos cuidados, as etapas de secagem e moagem podem ser feitas no próprio estabelecimento. Em posse dos folíolos secos (quebradiços) e moídos, o material vegetal é encaminhado para as determinações dos teores dos nutrientes nas análises químicas, de acordo com as metodologias adotadas em cada laboratório. É importante que as análises sejam feitas anualmente no mesmo laboratório, para evitar variações causadas pelo método aplicado nas determinações.

3.5 Métodos de interpretação dos resultados

A diagnose foliar inclui, além da correta amostragem, a identificação e o preparo da amostra, as análises químicas de laboratório e a interpretação dos resultados dos teores dos nutrientes. Esse método avalia a composição nutricional pela comparação dos teores de nutrientes no tecido da planta de interesse com os padrões da mesma espécie, os quais são obtidos de plantas consideradas normais que possuem em seus tecidos todos os nutrientes em teores e proporções adequadas, além de ser capazes de apresentar altas produções (Cantarutti et al., 2007). Esses padrões, chamados de níveis críticos ou faixas de suficiência, são obtidos em pesquisas, idealmente regionais, nas quais há uma relação entre o teor do nutriente no tecido vegetal e a produtividade máxima econômica.

Malavolta, Vitti e Oliveira (1997) relatam que a diagnose foliar se baseia em três relações: entre o suprimento do nutriente e a produção, entre o suprimento do nutriente e o teor foliar e entre o teor foliar do nutriente e a produção. Por definição, o nível crítico, em dada parte da planta, é o teor do nutriente associado a 90% da produtividade ou crescimento máximo. Método de interpretação muito simples e, por isso, largamente utilizado (Cantarutti et al., 2007), o nível crítico representa o teor do nutriente na folha abaixo do qual uma aplicação de fertilizante tem alta probabilidade de ganhos significativos em rendimentos. Segundo Sobral (1998), a metodologia de cálculo do nível crítico consiste em obter um modelo que melhor defina a relação entre a quantidade do nutriente aplicada, o seu teor na folha e a produção.

Para as plantações de coqueiro híbrido no Pará, a interpretação dos resultados de análises foliares tem sido tradicionalmente feita utilizando-se níveis críticos e faixas de suficiência (Saldanha et al., 2017). Os primeiros valores dos níveis críticos para o coqueiro foram obtidos na Costa do Marfim pelo Instituto de Pesquisa de Oleaginosas (Lins; Viégas, 2008), mas atualmente já se dispõe de informações para as condições brasileiras, conforme a Tab. 3.1. Entre o coqueiro-anão, o gigante e o híbrido, existe uma pequena variação nos níveis críticos foliares dos macronutrientes, à exceção do K e Mg; no entanto, para os micronutrientes essa variação é mais significativa. Em se tratando das informações específicas das condições paraenses (Lins, comunicação pessoal, 2021; Saldanha et al., 2017), a variação foi de 20,2 a 22 g kg^{-1} de N; 1,4 a 1,5 g kg^{-1} de P; 14 a 17,2 g kg^{-1} de K; 3 a 4,1 g kg^{-1} de Ca; 1,2 a 2,2 g kg^{-1} de Mg; 1,3 a 1,5 g kg^{-1} de S; 15 a

20 mg kg^{-1} de B; 4 a 10 mg kg^{-1} de Cu; 40 a 115 mg kg^{-1} de Fe; 70 a 101 mg kg^{-1} de Mn; e 8 a 21 mg kg^{-1} de Zn (Tab. 3.1). Tais variações podem ser resultantes de diferenças genotípicas, épocas de avaliação e idade das plantas avaliadas, mas são úteis para a realização da diagnose foliar do coqueiro na região.

Para as faixas de suficiência nutricional na folha 14 do coqueiro, os teores de N variam de 18 a 20 g kg^{-1} para a variedade gigante e de 18 a 22 g kg^{-1} para o híbrido PB121 (Tab. 3.1). Em plantas com teores foliares abaixo desses valores, a nutrição em N fica comprometida, como verificado no Rio Grande do Norte, onde os coqueiros apresentaram 10 g kg^{-1} de N e folhas com coloração verde-esmaecida a amarelo-fosco (Fig. 3.1A), indicando deficiência do nutriente. Considerando a fase juvenil como a de pleno desenvolvimento do coqueiro-anão, observa-se que a faixa de 18,7 a 19,3 g kg^{-1} de N na folha 14 indica a maximização da produção de coco-verde. Em coqueiro-anão-verde, as máximas produtividades de coco--verde estão associadas às faixas de 1,10 a 1,45 g kg^{-1} de P; 9 a 10 g kg^{-1} de K; 2,70 a 3,20 g kg^{-1} de Ca; 2,5 a 2,6 g kg^{-1} de Mg; 24 a 36 mg kg^{-1} de B; 4,5 a 5,0 mg kg^{-1} de Cu; 90 a 100 mg kg^{-1} de Fe; 30 a 55 mg kg^{-1} de Mn; e 11 a 12 mg kg^{-1} de Zn na matéria seca da folha 14.

O Cl, por sua importância ao coqueiro, é tratado como macronutriente para a cultura. A faixa de 5,0 a 5,5 g kg^{-1} de Cl na folha 14 foi relacionada às maiores produções de coco-verde, semelhante ao encontrado por diversos autores para outras variedades e híbridos. Em plantações distantes da costa litorânea, como

Tab. 3.1 Níveis críticos (folha 14) de nutrientes em plantas de coqueiro (*Cocos nucifera*) de diferentes genótipos

N	P	K	Ca	Mg	S	B	Cu	Fe	Mn	Zn	Referência
		g kg^{-1}						mg kg^{-1}			
18,0	1,2	8,0	5,0	2,4	1,5	-	-	50	60	60	IRHO: informações obtidas de Nampoothiri *et al.* (2018)
22,0	1,4	14,0	3,0	2,2	1,5	20	10	40	70	8	Lins (comunicação pessoal, 2021): dados da empresa Sococo sobre plantas adultas de coqueiros híbridos, em Moju (PA)
20,2	1,5	17,2	4,1	1,2	1,3	15	4	115	101	21	Saldanha *et al.* (2017): teores adequados estabelecidos pelo método DRIS para coqueiro híbrido, em Moju (PA)
22,0	1,2	14,0	-	2,0	1,5	10	5	40	100	15	Magat (1991): dados de coqueiro híbrido
18,0	1,2	8,0	5,0	2,4	1,5	-	-	-	-	-	Magat (1991): dados de coqueiro-gigante
22,0	1,4	15,0	3,5	3,3	1,5	20	5	40	65	15	Sobral *et al.* (2009): dados dos autores e de outros trabalhos para o coqueiro--anão-verde

os plantios da Sococo (Moju, PA), as aplicações anuais de KCl são suficientes para manter os teores adequados de Cl aos coqueiros. Em diagnose foliar realizada pela Sococo, o teor de Cl na folha 14 do híbrido PB121 variou entre 5,8 e 6,8 g kg^{-1} (Lins, 2000). Por outro lado, o Na, elemento benéfico, estimula o crescimento de espécies como palmeiras por sua contribuição nos processos de expansão celular e balanço hídrico, substituindo o K em alguns processos metabólicos pelo acúmulo de seus íons nos vacúolos. Plantas supridas com Na e K apresentam fechamento mais rápido dos estômatos em comparação com plantas supridas unicamente com K. Os teores de Na na folha 14 associados às máximas produções de coco-verde variam de 2,20 a 2,90 g kg^{-1}.

Além da importância da avaliação de cada nutriente na diagnose foliar, a interação entre eles também é de grande relevância, pois a ação de um elemento pode ser influenciada pela presença de outro. Para o coqueiro, tem sido verificado o antagonismo entre K e Ca, K e Mg e K e Na, sendo a relação K e Mg a mais estreita. Por outro lado, observa-se que os teores de Ca aumentam consideravelmente com a aplicação de fertilizantes nitrogenados e fosfatados. Em experimento desenvolvido na região de Moju (PA), Lins (2000) observou que os teores foliares de Ca foram aumentados pela aplicação do superfosfato triplo e diminuídos com a adubação de cloreto de potássio e óxido de magnésio. Além disso, o teor foliar de Mg foi incrementado com a aplicação do superfosfato triplo e reduzido pelo cloreto de potássio, enquanto o teor de potássio foi diminuído pelo superfosfato e pelo óxido de magnésio. Portanto, deve-se determinar o melhor equilíbrio possível entre a aplicação do cloreto de potássio, do superfosfato triplo e do óxido de magnésio nos programas de adubação do coqueiro, objetivando propiciar teores foliares adequados dos nutrientes e, consequentemente, maiores produtividades à cultura.

3.6 Sistema integrado de diagnose e recomendação (DRIS)

A diagnose foliar na cultura do coqueiro, segundo Sobral (1998), originou-se de estudos desenvolvidos com o dendezeiro, com os primeiros níveis críticos sendo obtidos para a variedade gigante do oeste africano em 1955. O acompanhamento do estado nutricional da cultura por meio de análises de tecido foliar foi apontado por Sobral e Santos (1987) como uma ferramenta auxiliar à recomendação de adubação. Para Manciot, Ollagnier e Ochs (1980), na cultura do coqueiro, os resultados das análises foliares têm sido tradicionalmente interpretados com base nos critérios de nível crítico e faixas de suficiência, havendo, no entanto, uma grande desvantagem e fragilidade de assertividade, pois os valores de referência foram estabelecidos com resultados de pesquisas realizadas sobretudo entre os anos de 1970 e 1980, e com variedades de diferentes potenciais produtivos, o que pode gerar diagnósticos nutricionais equivocados.

O sistema integrado de diagnose e recomendação (DRIS) é um método de diagnose nutricional de plantas com base na análise foliar. Essa técnica consiste no cálculo de índices para cada nutriente, avaliados em função das razões dos teores de cada elemento com os demais, comparando-os dois a dois (N/P, P/N, N/K, K/N etc.), com outras relações consideradas padrões, cuja composição mineral é obtida de uma população de plantas altamente produtivas (Beaufils, 1973).

Portanto, o método compara razões entre pares de nutrientes de uma lavoura amostrada com valores de referência (normas DRIS) obtidas em população de elevada produtividade (denominada população de referência), calculando-se um índice para cada nutriente (Reis Júnior et al., 2002). O método DRIS é eficiente na determinação da sequência de limitação nutricional, baseando-se no conceito de equilíbrio nutricional para um dado nutriente na planta. Assim, DRIS positivo e negativo indicam, respectivamente, excesso ou deficiência do nutriente na planta. Quanto mais próximo de zero estiver o índice, mais próximo do equilíbrio estará o elemento (Baldock; Schulte, 1996).

Essa metodologia foi proposta por Beaufils (1973) como uma ferramenta de diagnóstico nutricional a partir de trabalhos com seringueiras (Hevea brasiliensis) no Vietnã e no Camboja, nas décadas de 1950 e 1960, com base nas relações de macro e micronutrientes como modelo para identificação de fatores limitantes de produtividade. Entretanto, com o tempo, tem-se mostrado mais eficiente como uma forma de interpretação da análise de planta do que como modelo de produtividade (Bataglia; Dechen, 1986), sendo utilizado em muitas espécies vegetais de importância agrícola. Na sua concepção, ele foi desenvolvido para tornar a interpretação menos dependente de variações de amostragens com respeito à idade e à origem do tecido vegetal, para permitir um ordenamento de nutrientes limitantes ao crescimento e para realçar a importância do equilíbrio nutricional da planta (Bataglia; Dechen, 1986).

A principal premissa para a utilização do DRIS está associada à constância das relações duais entre nutrientes, que são consideradas melhores indicadores do estado nutricional das plantas do que apenas um nutriente isolado (Beaufils, 1973; Jones, 1981), pois sofrem menos alterações pelos efeitos de concentração e diluição na matéria seca (Wadt, 1999). De acordo com Baldock e Schulte (1996), quatro são as vantagens do DRIS: (i) a escala de interpretação é contínua e fácil de usar; (ii) ordena os nutrientes do mais deficiente ao mais excessivo; (iii) pode identificar casos nos quais a produção está limitada em razão de um desequilíbrio nutricional, mesmo quando nenhum dos nutrientes está abaixo de seu nível crítico; e (iv) o índice de balanço nutricional (IBN) fornece uma medida dos efeitos combinados dos nutrientes sobre a produção. Por outro lado, sua desvantagem é que os índices não são independentes, ou seja, o teor de um nutriente pode ter efeito marcante sobre os índices de outros nutrientes.

Os métodos convencionais, isto é, de nível crítico e faixa de suficiência, em geral são os mais utilizados para avaliação e interpretação do estado nutricional das plantas e têm sido aplicados com sucesso em várias culturas, anuais ou perenes (Prado et al., 2008). A eficiência desses métodos na diagnose nutricional das plantas é influenciada por diversos fatores que não estão diretamente relacionados à disponibilidade dos nutrientes, como cultivar, luminosidade, temperatura, regime hídrico, doenças, entre outros, mas que afetam o acúmulo de matéria seca pelas plantas (Jarrell; Beverly, 1981). Hanson (1981) comentou que tais critérios estão sujeitos a limitações, por considerar apenas a concentração isolada do nutriente em um determinado estádio fenológico. Nesse sentido, houve grande interesse nos estudos com DRIS, por este ser uma metodologia que utiliza o conceito do balanço de nutrientes, estando menos sujeito às interferências de particularidades locais do ambiente. Como já mencionado, o DRIS faz uso de relações bivariadas entre os nutrientes, o que minimiza o efeito proporcionado pela taxa de acumulação de biomassa (Wadt, 1999) e possibilita que suas normas sejam aplicáveis a situações diversas das que foram utilizadas em sua elaboração (Walworth; Sumner, 1987). Em estudo conduzido por Wadt (2009), o DRIS apresentou vantagem sobre os métodos convencionais no diagnóstico nutricional das plantas: as relações bivariadas minimizaram os efeitos de concentração e/ou diluição de matéria seca.

As normas DRIS são obtidas sempre de uma população de alta produtividade, que é selecionada a partir de uma população maior dentro de um conjunto de dados também criteriosamente selecionados. Os bancos de dados para obtenção das normas podem ter tamanho variável em razão das premissas a serem adotadas no método, e devem ser uniformes quanto às características da cultura (Letzsch; Sumner, 1984). O uso da população de alta produtividade para determinação das normas parte do pressuposto de que, nessa população, o valor médio da relação entre dois nutrientes quaisquer é o mais próximo do ótimo fisiológico (Beaufils, 1973).

No caso específico do cultivo de coqueiro, os métodos mais empregados de interpretação de análises foliares são os critérios de nível crítico e faixas de suficiência, havendo, no entanto, uma grande desvantagem e fragilidade de assertividade. No Brasil, ainda são escassos os estudos com o método DRIS para o coqueiro, destacando-se os trabalhos de Santos, Monnerat e Carvalho (2004) e Saldanha et al. (2015, 2017), os quais desenvolveram normas DRIS para essa cultura e apresentaram os diagnósticos de áreas de produção do coqueiro. Os estudos de Saldanha et al. (2015, 2017) foram desenvolvidos em plantio comercial de coqueiro localizado no município de Moju (PA) (02°07'00" S e 48°22'30" O), cujos solos predominantes correspondem a Latossolos Amarelos (Manciot, 1979). O clima da região é tropical monçônico (Am), segundo a classificação de

Köppen, caracterizando-se como tropical chuvoso, sem variação térmica estacional e com um total pluviométrico médio anual de 2.500 mm.

Dados dos teores nutricionais de 134 amostras foliares e da produtividade agrícola de coqueiro híbrido, coletados no período de 2001 a 2011, foram utilizados para compor um banco de dados de monitoramento nutricional (Saldanha et al., 2017). As amostras de folíolos de coqueiro foram coletadas em pomares pré-selecionados, que, quando agrupados, formaram as unidades de diagnose foliar.

O banco de dados foi dividido em duas subpopulações – população de referência (PR) e população de não referência (PNR) –, em função da produtividade de frutos (frutos planta^{-1} ano^{-1}). Foram consideradas como PR aquelas que apresentaram produtividade superior a 130 frutos planta^{-1} ano^{-1}, conforme padrões de produtividade estabelecidos pela literatura (Dallemole; Lins; Santana, 2008; Lins; Farias Neto; Muller, 2003; Mohandas, 2012), totalizando 30 casos. Embora tenha sido um número pequeno de casos utilizado nesse trabalho, ainda assim foi superior à amostragem feita por Santos, Monnerat e Carvalho (2004), também com coqueiros na região norte-fluminense. A produtividade média de cocos na região onde os dados foram coletados é de aproximadamente 130 frutos planta^{-1} ano^{-1} (Saldanha et al., 2017).

As normas DRIS para a cultura do coqueiro híbrido foram obtidas do conjunto de casos da PR, calculando-se as relações na forma de quociente entre os teores nutricionais de N, P, K, Ca, Mg, S, B, Cu, Fe, Mn e Zn, tanto na forma direta como na forma inversa, obtendo-se para essas relações as estatísticas médias, desvios-padrão e coeficientes de variação, conforme recomendado por Beaufils (1973). No cálculo do índice DRIS das 134 amostras de folhas, utilizou-se a norma de maior valor para o teste F quanto à distribuição de relações entre as subpopulações de referência e a subpopulação de não referência (Jones, 1981). As regressões lineares ajustadas para a relação entre os teores de nutrientes e os respectivos índices DRIS permitiram a definição dos teores ótimos para cada nutriente em coqueiro híbrido (Tab. 3.2): 20,2 g kg^{-1} para N, 1,5 g kg^{-1} para P, 17,2 g kg^{-1} para

Tab. 3.2 Ponto de equilíbrio nutricional DRIS e nível crítico foliar em amostras foliares de coqueiro híbrido de 134 talhões, no período de 2001 a 2011

Nutriente	Ponto de equilíbrio nutricional DRIS[1]	Nível crítico da região[2]
N (g kg^{-1})	20,2	22,0
P (g kg^{-1})	1,5	1,4
K (g kg^{-1})	17,2	14,0
Ca (g kg^{-1})	4,1	3,0
Mg (g kg^{-1})	1,2	2,2
S (g kg^{-1})	1,3	1,5
B (mg kg^{-1})	15	20
Cu (mg kg^{-1})	4	10
Fe (mg kg^{-1})	115	40
Mn (mg kg^{-1})	101	70
Zn (mg kg^{-1})	21	8

[1] Concentração do nutriente nas folhas de plantas nutricionalmente equilibradas.

[2] Níveis críticos foliares adotados para interpretação de análise foliar (Lins; Farias Neto; Muller, 2003).

K, 4,1 g kg^{-1} para Ca, 1,2 g kg^{-1} para Mg e 1,3 g kg^{-1} para S, e de 15 mg kg^{-1} para B, 4 mg kg^{-1} para Cu, 115 mg kg^{-1} para Fe, 101 mg kg^{-1} para Mn e 21 mg kg^{-1} para Zn.

3.7 Reflexões

A prática da fertilização da cultura do coqueiro sem dúvida tem sido uma das mais importantes técnicas utilizadas em plantios que buscam atingir patamares elevados de produtividade, para proporcionar retorno econômico à atividade. A cultura do coqueiro apresenta elevada demanda nutricional, grandemente influenciada pelo comportamento fenológico, ou seja, é uma planta com fases de florescimento e frutificação constantes e concomitantes, o que exige monitoramento contínuo de sua nutrição, além de avaliações frequentes das variáveis de fertilidade do solo. Recomenda-se que produtores, técnicos e agrônomos envolvidos estejam muito bem informados e treinados acerca das metodologias de avaliação do estado nutricional usadas na cultura do coqueiro, com destaque especial à diagnose visual, uma vez que esta possibilita reconhecer, por meio da manifestação de sintomas, possíveis problemas de natureza nutricional, o que certamente lhes ajudará no correto diagnóstico.

Uma técnica de uso corrente e complementar à diagnose visual muito recomendada para a cultura é a diagnose foliar (coleta do tecido foliar), com a qual pode-se verificar se os nutrientes estão em níveis de deficiência, suficiência ou excesso. Tais informações são de grande relevância para que, por meio da interpretação das análises, o técnico responsável pelo planejamento da fertilização possa aplicar padrões de referência com base em níveis críticos, faixas de suficiência ou métodos de balanço nutricional, a exemplo do DRIS, estabelecer o diagnóstico correto e preciso dos pomares de coqueiro e, dessa forma, realizar as recomendações de fertilizantes de maneira assertiva, atendendo às reais necessidades da cultura. A correta fertilização e nutrição dos cultivos de coqueiros no Brasil pode trazer grandes benefícios, muitas vezes relacionados a incrementos de produtividade, além de melhorias na qualidade dos frutos, no que diz respeito ao teor de açúcares solúveis (Brix) e ao aumento do teor de lipídios (albúmen), muito relevantes para projetos que visam a produção de água e coco-seco, respectivamente. Dessa forma, a principal recomendação a ser feita aos produtores de coco é que, em primeiro lugar, busquem conhecer todas as questões relacionadas ao manejo nutricional desse cultivo, uma vez que essa é a principal base técnica para conseguir realizar fertilizações adequadas e alcançar resultados que garantam lucratividade na cocoicultura.

Referências bibliográficas

BALDOCK, J. O.; SCHULTE, E. E. Plant analysis with standardized scores combines DRIS and sufficiency range approaches for corn. *Agronomy Journal*, Madison, v. 88, n. 3, p. 448-456, May/June, 1996.

BATAGLIA, O. C.; DECHEN, A. R. Critérios alternativos para diagnose foliar. In: SIMPÓSIO AVANÇADO DE QUÍMICA E FERTILIDADE DO SOLO, 1., 1986, Piracicaba. Anais... Campinas: Fundação Cargill, p. 115-136, 1986.

BEAUFILS, E. R. Diagnosis and Recommendation Integrated System (DRIS): a general scheme for experimentation and calibration based on principles develop from research in plant nutrition. *Soil Science Bulletin*, Pietermaritzburg, n. 1, 132 p., 1973.

CANTARUTTI, R. B.; BARROS, N. F.; MARTINEZ, H. E.; NOVAIS, R. F. Avaliação da fertilidade do solo e recomendação de fertilizantes. In: NOVAES, R. F.; ALVAREZ, V. H.; BARROS, N. F.; FONTES, R. L. F.; CANTURUTTI, R. B.; NEVES, J. C. L. (ed.). *Fertilidade do solo*. Viçosa: SBCS, p. 769-850, 2007.

CINTRA, F. L. D.; LEAL, M. de. L. da S.; PASSOS, E. E. M. Distribuição do sistema radicular do coqueiro-anões. *Oléagineux*, v. 47, n. 5, p. 225-234, 1992.

CINTRA, F. L. D; PASSOS, E. E. M.; LEAL, M. de. L. da S. Avaliação da distribuição do sistema radicular de cultivares de coqueiro-gigante. *Oléagineux*, v. 48, n. 11, p. 453-461, 1993.

DALLEMOLE, D.; LINS, P.; SANTANA, A. C. Análise de investimento de coqueiral híbrido PB 121 para produção de coco seco. *Revista de Estudos Sociais*, v. 10. n. 20, v. 2, 2008.

FRÉMOND, Y.; ZILLER, R.; NUCE de L. M. *The coconut palm*. Berna: Institute Internacional do Potássio, 222 p., 1966.

HANSON, R. G. DRIS evaluation of N, P, K status of the determinant soybeans in Brazil. *Communications Soil Science Plant Analysis*, New York, v. 12, n. 9, p. 933-948, 1981.

IBGE – INSTITUTO BRASILEIRO DE GEOGRAFIA E ESTATÍSTICA. *Produção agropecuária*. Brasília: IBGE, 2016. Disponível em: https://www.ibge.gov.br/explica/producao-agropecuaria/coco-da-baia/pa. Acesso em: 13 ago. 2023.

IBGE – INSTITUTO BRASILEIRO DE GEOGRAFIA E ESTATÍSTICA. *Produção agropecuária*. Brasília: IBGE, 2023. Disponível em: https://www.ibge.gov.br/explica/producao-agropecuaria/coco-da-baia/pa. Acesso em: 13 ago. 2023.

IRHO – INSTITUT DE RECHERCHES POUR LES HUILES ET OLÉAGINEUX. Rapport d'activité. *Oléagineux*, v. 44, n. 4, p. 1-22, 1989.

JARRELL, W. M.; BEVERLY, R. B. The diluition effect in plant nutrition studies. *Advances in Agronomy*, v. 34, p. 197-224, 1981.

JONES, C. A. Proposed modifications of the diagnosis and recommendation integrated system (DRIS) for interpreting plant analysis. *Communications Soil Science Plant Analysis*, v. 12, p. 785-794, 1981.

LETZSCH, W. S.; SUMNER, M. E. Effect of population sizeand yield level in selection of diagnosis and recommendation integrated system (DRIS) norms. *Communications Soil Science Plant Analysis*, v. 15, p. 997-1006, 1984.

LINS, P. M. P.; FARIAS NETO, J. T.; MULLER, A. A. Avaliação de híbridos de coqueiro (Cocos nucifera L.) para produção de frutos e de albúmen sólido fresco. *Revista Brasileira de Fruticultura*, v. 25, n. 3, p. 468-470, 2003.

LINS, P. M. P. *Resposta do coqueiro a adubação com N, P, K, Mg nas condições edafoclimáticas de Moju-Pa*. 2000. 81 f. Dissertação (Mestrado) – Faculdade de Ciências Agrárias do Pará, Belém, PA, 2000.

LINS, P. M. P.; VIÉGAS, I. J. M. *Adubação do coqueiro no Pará*. Belém: Embrapa Amazônia Oriental, 2008. (Documentos, 350).

LINS, P. M. P.; VIÉGAS, I. J. M. Coqueiro. In: BRASIL, E. C.; CRAVO, M. S.; VIÉGAS, I. J. M. *Recomendações de calagem e adubação para o estado do Pará*. 2 ed. Brasília: Embrapa, p. 347-349, 2020.

LINS, P. M. P.; VIÉGAS, I. J. M.; FERREIRA, E. V. O. Nutrition and production of coconut palm cultivated with mineral fertilization in the state of Pará. *Revista Brasileira de Fruticultura*, v. 43, n. 3, p. 1-15, 2021.

MAGAT, S. S. Fertilizer recommendations for coconut based on soil and left analyses. *Philippine Journal of Coconut Studies*, v. 16, n. 2, p. 25-29, 1991.

MALAVOLTA, E. *Manual da nutrição mineral de plantas*. 2 ed. São Paulo: Agronômica Ceres, 638 p., 2006.

MALAVOLTA, E.; VITTI, G. C.; OLIVEIRA, S. A. *Avaliação do estado nutricional das plantas*. Piracicaba: Potafos, 329 p., 1997.

MANCIOT, R. *Instalação de uma plantação de coqueiros híbridos no Brasil*. Relatório de atividades apresentado à Sococo. Moju, Pará, 98 p., 1979.

MANCIOT, R,; OLLAGNIER, M.; OCHS, R. Nutrition minérale et fertilisation du cocotier dans le monde. *Oleagineux*, v. 35, p. 3-55, 1980.

MENON, K. P.; PANDALAI, K. M. *The Coconut Palm, A Monograph*. Kerala, India: Indian Central Coconut Committee, 1958. Link: https://www.cabdirect.org/cabdirect/abstract/19601604549

MOHANDAS, S. Effect of NPK Fertilizer Levels on Mineral Nutrition and Yield of Hybrid (Tall x Dwarf) Coconut. *Madras Agricultural Journal*, v. 99, n. 1-3, p. 87-91, 2012.

NAMPOOTHIRI, K. U. K.; KRISHNAKUMAR, V.; THAMPAN, P. K.; NAIR, M. A. *The Coconut Palm* (Cocos nucifera L.) – Research and Development Perspectives. Singapore: Springer Nature Pte Ltda., 834 p., 2018.

OLLIVIER, J. Les symptômes de carence en potassium du cocotier. *Oléagineux*, v. 48, n. 11, p. 483-486, 1993.

OUVRIER, M. Exportation par la récolte du cocotier PB – 121 en function de la fumure potassique et magnésienne. *Oléagineux*, v. 39, n. 5, p. 263-271, 1984.

PASSOS, E. E. Morfologia. In: FERREIRA, J. M. S.; WARWICK, D. R. N.; SIQUEIRA, L. A. *A cultura do coqueiro no Brasil*. 3 ed. rev. e ampl. Brasília, DF: Embrapa, 508 p., 2018.

PILLAI, N. G.; DAVIS, T. A. Exhaust of macro-nutrients by the coconut palm: a preliminary study. *Indian Coconut Journal*, v. 16, n. 2, p. 81-87, 1963.

PRADO, R. M. *Nutrição de plantas*. 2 ed. Jaboticabal: Editora Unesp, 416 p., 2020.

PRADO, R. de M.; ROZANE, D. E.; VALE, D. W. do; CORREIA, M. A. R.; SOUZA, H. A. de. *Nutrição de plantas*: diagnose foliar em grandes culturas. Jaboticabal: FCAV, Capes/Fundunesp, 301 p., 2008.

REIS JÚNIOR, R. A.; CORRÊA, J. B.; CARVALHO, J. G.; GUIMARÃES, P. T. G. Estabelecimento de normas DRIS para o cafeeiro no Sul de Minas Gerais: 1ª aproximação. *Ciência Agrotecnológica*, Lavras, v. 26, n. 2, p. 269-282, abr./jun. 2002.

ROGNON, F. Cocotier. In: MARTIN-PRÉVEL, P.; GAGNARD, J.; GAUTIER, P. L'analyse végétale dans le contrôle de l'alimentation des plantes tempérées et tropicales. Paris: Tec&Doc, p. 447-57, 1984.

SALDANHA, E. C. M.; SILVA JÚNIOR, M. L. D.; LINS, P. M. P.; FARIAS, S. C. C.; WADT, P. G. S. Nutritional diagnosis in hybrid coconut cultivated in northeastern Brazil through diagnosis and recommendation integrated system (DRIS). *Revista Brasileira de Fruticultura*, v. 39, n. 1, p. 1-9, 2017.

SALDANHA, E. C. M.; SILVA JUNIOR, M. L. D.; OKUMURA, R. S.; WADT, P. G. S. Normas DRIS para a Cultura do Coqueiro Híbrido no Estado do Pará. *Revista Caatinga (on-line)*, v. 28, p. 99-109, 2015.

SANTOS, A. L. dos; MONNERAT, P. H.; CARVALHO, A. J. C. C. Estabelecimento de normas DRIS para o diagnóstico nutricional do coqueiro-anão verde na região Norte Fluminense. *Revista Brasileira de Fruticultura*, v. 26, p. 330-334, 2004.

SOBRAL, L. F.; FREITAS, J. A. D.; HOLANDA, J. S.; FONTES, H. R.; CUENCA, M. A. G.; RESENDE, R. S. Coqueiro-anão verde. *In*: CRISÓSTOMO, L. A.; NAUMOV, A. (org.). *Adubando para alta produtividade e qualidade*: fruteiras tropicais do Brasil. Fortaleza: Embrapa Agroindústria Tropical, 2009.

SOBRAL, L. F. Nutrição e adubação do coqueiro. *In*: FERREIRA, J. M. S.; WARWICK, D. R. N.; SIQUEIRA, L. A. *A cultura do coqueiro no Brasil*. 2 ed. Brasília: Embrapa-SPI; Aracaju: Embrapa/CPATC, p. 129-157, 1998.

SOBRAL, L. F.; SANTOS, Z. G. *Sistema de recomendações de fertilizantes para o coqueiro (Cocos nucifera L.) com base na análise foliar*. Brasília, DF: Embrapa-DDT, 23 p., 1987. (Documentos, 7).

TAFFIN, G. *Le cocotier*. Le technicien d'agriculture tropicale. L'academie d'Agriculture de France. Editions Maisonneuve et Larose. 1993. Tradução de Crisóstomo, L. A. Fortaleza: Embrapa Agroindústria Tropical, p. 89-103, 2009. (Boletim n° 18).

VELOSO, C. A. C.; BOTELHO, S. M.; VIÉGAS, I. J. M.; RODRIGUES, J. E. L. F. Amostragem e diagnose foliar. *In*: BRASIL, E. C.; CRAVO, M. S.; VIÉGAS, I. J. M. (ed.). *Recomendações de calagem e adubação para o estado do Pará*. Brasília: Embrapa, p. 65-72, 2020.

WADT, P. G. S. Análise foliar como ferramenta para recomendação de adubação. *In*: CONGRESSO BRASILEIRO DE CIÊNCIA DO SOLO, 32., 2009, Fortaleza. *Anais...* Fortaleza: Sociedade Brasileira de Ciência do Solo, 50 p., 2009. (CD-ROM).

WADT, P. G. S. Loucos em terras de doidos. *Sociedade Brasileira de Ciência do Solo*, Viçosa, MG, v. 24, p. 15-19, 1999. (Boletim Informativo).

WALWORTH, J. L.; SUMNER, M. E. The diagnosis and recommendation integrated system (DRIS). *Advance in Soil Science*, v. 6, p. 149-188, 1987.

4

NUTRIÇÃO DO DENDEZEIRO

*Ismael de Jesus Matos Viégas, Eric Victor de Oliveira Ferreira,
Gilson Sérgio Bastos de Matos, Milton Garcia Costa*

A palma-de-óleo ou dendezeiro (*Elaeis guineensis* Jacq.) é uma palmeira oleaginosa originária da África que foi introduzida no continente americano a partir do século XV, e hoje tem importância mundial, com alto potencial na produção de óleo (4 t ha^{-1} ano^{-1}) (Costa et al., 2018). O óleo produzido por essa cultura, conhecido como azeite de dendê, é utilizado na indústria de alimentos, cosméticos, higiene e limpeza, agroenergia e biocombustíveis (Sedap, 2021).

O Brasil ocupa a nona posição na produção de óleo de palma no mundo (Sedap, 2021), e na região amazônica se encontram as maiores áreas de cultivo de dendezeiro do País (Nahum; Santos; Santos, 2020). O Pará é o maior produtor nacional dessa oleaginosa: em 2019, o Estado foi responsável por 98,5% da produção, com destaque para os municípios de Tailândia e Tomé-Açu. No mesmo ano, o Estado dispôs de 164.410 ha de área plantada, produziu 2.543.814 t, obteve 15,50 t ha^{-1} de rendimento médio e R$ 636.696,00 de valor de produção (Sedap, 2021). O cultivo dessa palmeira na região gera emprego e renda, melhor qualidade de vida aos trabalhadores, aceleração do comércio local, fixação do homem no campo e produção de biocombustível (Borges; Collicchio; Campos, 2016).

Os principais fatores que afetam a produção dessa planta são o clima e o solo (Santos, 2010). No Pará, há predominância de Latossolos e Argissolos (Gama et al., 2020), solos com baixa fertilidade química natural, notadamente em P, K e saturação por bases (Gama et al., 2020); no entanto, se manejados corretamente, a partir da aplicação de fertilizantes e correção da acidez, eles podem ter essa limitação sanada. A demanda por fertilizantes minerais nas plantações de dendezeiros pode alcançar 60% dos custos variáveis de produção da cultura (Matos et al., 2017), salientando a necessidade de uso racional desses insumos. O dendezeiro é a cultura que mais utiliza fertilizantes na região amazônica, com um consumo estimado de 130 mil toneladas em 2016, conforme Homma e Rebello (2020). Entretanto, segundo os mesmos autores, o uso está aquém das exigências do solo e da planta. A correta aplicação de fertilizantes é essencial ao manejo nutricional do dendezeiro, e o baixo uso desses insumos pode causar perdas de produtividade (Woittiez et al., 2018).

Assim, a ausência de nutrição adequada é apontada como um fator limitante ao pleno desenvolvimento da cultura, propiciando baixa produtividade média dos dendezais (Homma; Rebello, 2020). Viégas et al. (2019) indicam que o alto potencial produtivo do dendezeiro faz essa palmeira requerer elevada extração de nutrientes para suprir sua demanda nutricional, exigindo grandes quantidades de N, P e K, além de Mg e B (Woittiez et al., 2017). Na Amazônia, o P é considerado o nutriente que mais influencia o desenvolvimento da cultura (Rodrigues, 1993), e há constatação de aumento de crescimento ou produtividade da cultura em função da aplicação de P e K (Padilha, 2005; Rodrigues, 1993; Viégas et al., 2019), além de Mg (Oliveira et al., 2019). Por essa razão, em função da análise do solo e da exportação de nutrientes, recomendam-se adubação e calagem para o dendezeiro cultivado nas condições paraenses (Franzini et al., 2020), objetivando melhor nutrição e otimização da produtividade da cultura.

Além da descrição botânica do dendezeiro, neste capítulo serão abordados aspectos relacionados a extração e exportação de nutrientes, diagnose visual e diagnose foliar, com o intuito de reunir informações relevantes ao manejo nutricional dessa cultura na região amazônica.

4.1 Classificação e morfologia da cultura

O dendezeiro é uma angiosperma pertencente à família Arecaceae Schultz Sch. e ao gênero *Elaeis* Jacq. (Lorenzi, 2020). Além do dendezeiro, essa família inclui, como exemplos de espécies cultivadas, o açaizeiro (*Euterpe oleracea* Mart.) e o coqueiro (*Cocos nucifera*). Há duas espécies de dendezeiro de interesse comercial: a *Elaeis guineenses* Jacq., variedade africana e de principal importância nos plantios comerciais, e a *Elaeis oleifera*, também conhecida como caiaué, espécie nativa da Amazônia (Alves, 2011). O cruzamento dessas duas espécies deu origem ao híbrido O × G (*E. oleifera* × *E. guineenses*).

As plantações de dendezeiro têm um ciclo de vida médio de 25 anos, dos quais 21 a 23 são produtivos (Woittiez et al., 2017). Alves (2011) descreve as características das principais variedades de dendezeiro plantadas pelas empresas no Pará, Estado responsável por grande parte da produção nacional da oleaginosa.

Lorenzi (2020) apresenta uma descrição geral do dendezeiro (*Elaeis guineenses* Jacq.): caule ereto de 35 cm a 40 cm de diâmetro e 15 m a 20 m de altura, com folhas penadas e numerosas (3 m a 4 m de comprimento), inseridas na ráquis em diversos planos, e pecíolo com espinhos curvos nas margens. As inflorescências masculinas e femininas são separadas na mesma planta, dispostas na axila das folhas. Os frutos estão em cachos densos e são ovoides lisos, brilhantes, pretos no ápice e vermelhos na base, com polpa grossa, amarela e oleosa. De acordo com Borges, Collicchio e Campos (2016), a espessura do endocarpo define três tipos de plantas: Dura (frutos com endocarpo espesso e pouca polpa), Psífera (frutos sem endocarpo) e Tenera (frutos com endocarpo fino, maior proporção de polpa e maior produção de óleo). Segundo os mesmos autores, dessa palmeira, são extraídos o óleo de palma (azeite de dendê), retirado do mesocarpo do fruto, e o óleo de palmiste, obtido da amêndoa do fruto. A variedade Tenera, a mais plantada no mundo, é um híbrido intraespecífico oriundo do cruzamento dos tipos Dura e Psífera (Alves, 2011).

O sistema radicular do dendezeiro é fasciculado e apresenta as raízes dispostas em todas as direções no solo de maneira mais superficial (Borges; Collicchio; Campos, 2016). As raízes se desenvolvem a partir do bulbo, localizado na base do estipe, a 40 cm a 50 cm de profundidade; as raízes primárias emitem as secundárias, as quais geram as terciárias que, por sua vez, emitem as quaternárias. Estas duas últimas exercem a função de absorção de água e nutrientes, visto que as raízes do dendezeiro não possuem pelos absorventes, mas contam com pneumatóforos para armazenamento e renovação do ar no seu interior (Müller; Andrade, 2010). Uma descrição detalhada da arquitetura e desenvolvimento do sistema radicular do dendezeiro é feita por Jourdan e Rey (1997).

Uma planta adulta produz aproximadamente 35 a 50 folhas, cada uma medindo 5 m a 7 m de comprimento (Borges; Collicchio; Campos, 2016). Há duas espirais de folhas: uma composta por oito folhas em uma direção e outra por treze folhas em outra direção, sendo as folhas numeradas do centro para a periferia da coroa foliar (Müller; Andrade, 2010). O cacho do dendezeiro é ovoide e seu peso médio, na idade adulta, varia entre 15 kg e 20 kg, e o número médio de frutos por cacho é de 1.500, representando 60% a 70% do peso do cacho. O fruto é uma drupa séssil de forma variável, mede entre 2 cm e 5 cm de comprimento e pesa entre 3 g e 30 g (Borges; Collicchio; Campos, 2016).

4.2 Extração e exportação de nutrientes

A extração de nutrientes é capaz de expressar as exigências nutricionais das plantas cultivadas, pois indica a quantidade de nutrientes extraídos do solo para atender a todas as fases de desenvolvimento das plantas (Prado, 2020). Compreender o acúmulo de nutrientes nos diferentes órgãos vegetais em diferentes estádios fenológicos é condição essencial para entender a origem dos problemas nutricionais, viabilizando a recomendação adequada dos nutrientes no estádio fenológico correto de forma a garantir a manutenção do potencial produtivo da cultura (Viégas *et al.*, 2019).

O dendezeiro é uma palmeira oleaginosa extremamente produtiva, com elevada extração de nutrientes para suprir as suas exigências nutricionais.

Estudo pioneiro realizado por Viégas (1993) na Amazônia oriental avaliou a extração e exportação de nutrientes nessa cultura: os macronutrientes em plantas de oito anos de idade foram extraídos na ordem N > K > Ca > Mg > P > S e exportados na ordem K > N > Ca > Mg > P > S.

Segundo esse estudo, o dendezeiro é capaz de extrair 500,5 kg ha^{-1} de N, 43,7 kg ha^{-1} de P, 473,4 kg ha^{-1} de K, 232,2 kg ha^{-1} de Ca, 80,0 kg ha^{-1} de Mg e 42,5 kg ha^{-1} de S, ocorrendo maior acúmulo de macronutrientes nos órgãos na ordem estipe > folíolo > pecíolo > raque > flechas > *cabbage* (Fig. 4.1). Para a exportação de nutrientes, verifica-se 85,5 kg ha^{-1} de N, 15,0 kg ha^{-1} de P, 133,4 kg ha^{-1} de K, 54,3 kg ha^{-1} de Ca, 23,2 kg ha^{-1} de Mg e 10,3 kg ha^{-1} de S, na seguinte ordem: frutos > espigueta > inflorescência masculina > pedúnculo (Fig. 4.1). Em plantios comerciais de dendezeiro, a recomendação de adubação baseia-se na reposição de nutrientes exportados; para uma produtividade esperada de 25 t ha^{-1} de cachos, sugere-se 187 kg ha^{-1} de N, 143 kg ha^{-1} de P_2O_5, 336 kg ha^{-1} de K_2O, 112 kg ha^{-1} de Mg e 33 kg ha^{-1} de S (Franzini et al., 2020).

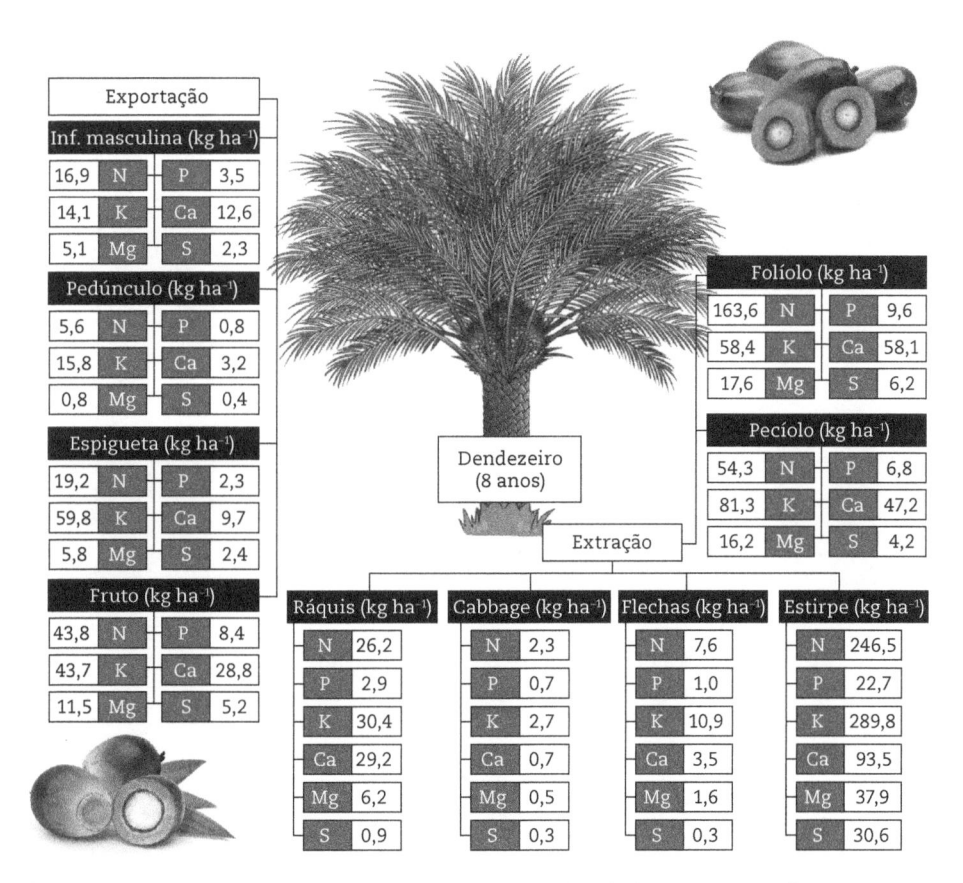

Fig. 4.1 Extração e exportação de macronutrientes em plantios de dendezeiro com oito anos de idade na Amazônia oriental

Fonte: adaptado de Viégas (1993).

Para os micronutrientes, a ordem de extração foi Cl > Fe > B > Mn > Zn > Cu e a de exportação, Cl > Fe > Mn > Zn > B > Cu (Viégas, 1993). As quantidades extraídas de micronutrientes em plantas de dendezeiro foram 790,9 g ha^{-1} de B, 272.200,00 kg ha^{-1} de Cl, 388,8 g ha^{-1} de Cu, 15.277,4 g ha^{-1} de Fe, 6.392,6 g ha^{-1} de Mn e 1.560,1 g ha^{-1} de Zn, na ordem estipe > folíolo > pecíolo > raque > flechas > *cabbage* (Fig. 4.2). Por outro lado, as quantidades exportadas de micronutrientes foram 149,4 g ha^{-1} de B, 48.300,0 g ha^{-1} de Cl, 86,1 g ha^{-1} de Cu, 1.751,4 g ha^{-1} de Fe, 447,2 g ha^{-1} de Mn e 194,0 g ha^{-1} de Zn nos órgãos, cuja ordem foi frutos > espiguetas > inflorescência masculina > pedúnculo (Fig. 4.2).

Exportação

Fruto (g ha^{-1})					
56,5	B		Cl	15.800	
33,3	Cu		Fe	998,0	
229,1	Mn		Zn	110,0	

Inf. masculina (g ha^{-1})					
29,9	B		Cl	5.800	
18,3	Cu		Fe	114,7	
107,8	Mn		Zn	32,4	

Espigueta (g ha^{-1})					
47,8	B		Cl	21.000	
23,5	Cu		Fe	544,8	
94,8	Mn		Zn	38,8	

Pedúnculo (g ha^{-1})					
15,2	B		Cl	5.700	
11,0	Cu		Fe	93,9	
15,5	Mn		Zn	12,8	

Dendezeiro (8 anos)

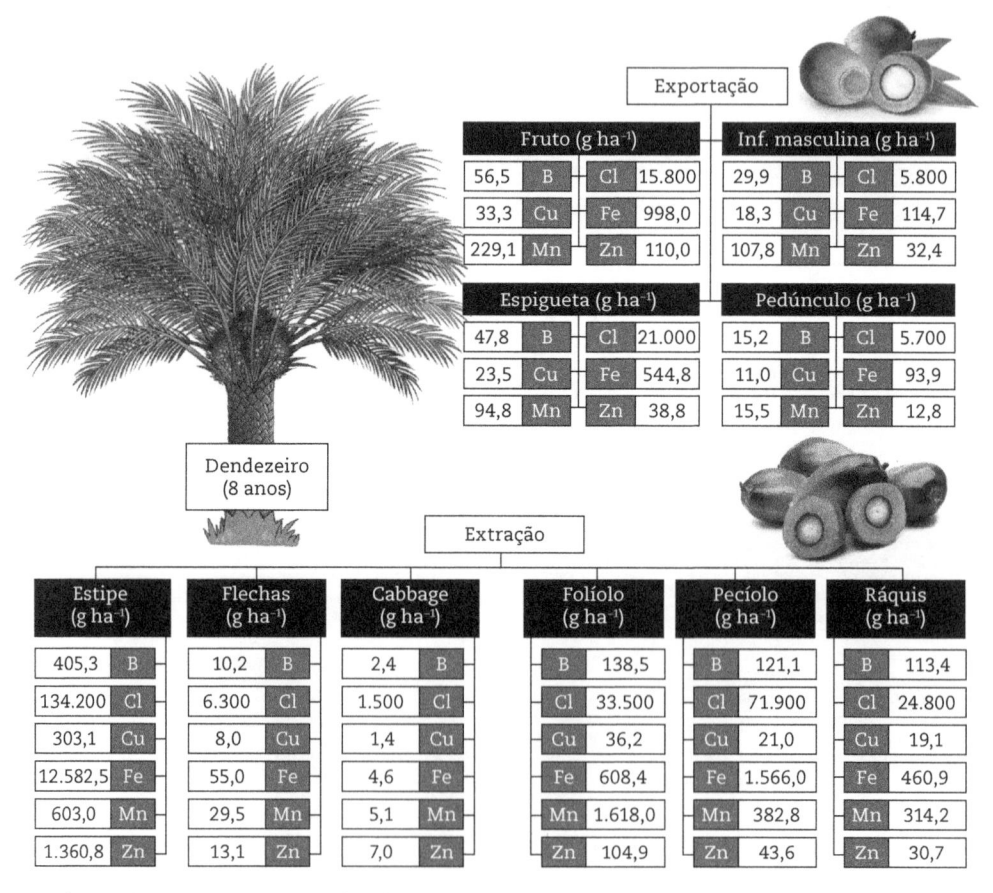

Extração

Estipe (g ha^{-1})	
405,3	B
134.200	Cl
303,1	Cu
12.582,5	Fe
603,0	Mn
1.360,8	Zn

Flechas (g ha^{-1})	
10,2	B
6.300	Cl
8,0	Cu
55,0	Fe
29,5	Mn
13,1	Zn

Cabbage (g ha^{-1})	
2,4	B
1.500	Cl
1,4	Cu
4,6	Fe
5,1	Mn
7,0	Zn

Folíolo (g ha^{-1})	
B	138,5
Cl	33.500
Cu	36,2
Fe	608,4
Mn	1.618,0
Zn	104,9

Pecíolo (g ha^{-1})	
B	121,1
Cl	71.900
Cu	21,0
Fe	1.566,0
Mn	382,8
Zn	43,6

Ráquis (g ha^{-1})	
B	113,4
Cl	24.800
Cu	19,1
Fe	460,9
Mn	314,2
Zn	30,7

Fig. 4.2 Extração e exportação de micronutrientes em plantios de dendezeiro com oito anos de idade na Amazônia oriental
Fonte: adaptado de Viégas (1993).

4.3 Diagnose visual

4.3.1 Nitrogênio

O sintoma visual característico da deficiência de N em dendezeiro é o amarelecimento dos folíolos das folhas mais velhas (Fig. 4.3A). Nos casos mais acentuados, a ráquis e o pecíolo ficam mais amarelados e pode ocorrer necrose dos tecidos afetados. A deficiência de N também provoca redução na altura da planta e no número e tamanho das folhas. Em plantas adultas deficientes, o teor de N se encontra abaixo de 25 g kg^{-1} nos folíolos.

As principais razões da deficiência de N em cultivo de dendezeiro na Amazônia são os solos arenosos, pobres em matéria orgânica ou mal drenados, além da adubação nitrogenada inadequada, severa competição com gramíneas e exportação do nutriente. Nos plantios de dendezeiro onde está estabelecida a *Pueraria phseoloides* como cobertura do solo, até o quinto ano, não têm sido observados

Fig. 4.3 Sintomas visuais de deficiência de (A) nitrogênio, (B) fósforo, (C,D,E) potássio, (F,G) magnésio e (H) enxofre
Fonte: (A,B,G) Maria do Rosário Lobato Rodrigues e (C,D,E,F,H) Ismael Viégas.

sintomas visuais de deficiência de N. A contribuição da *Pueraria phaseoloides* como fornecedora de N para plantas de dendezeiro de dois a oito anos de idade foi pesquisada por Viégas et al. (2021a). Os autores constataram que essa leguminosa chega a acumular 445 kg ha^{-1} de N no segundo ano, ocorrendo decréscimo com o decorrer da idade, devido ao sombreamento proporcionado pelas plantas de dendezeiro.

No Estado do Pará, os sintomas visuais de deficiência de N em dendezeiro têm sido mais observados em plantios de pequenos produtores nos municípios de Santa Izabel do Pará, Igarapé-Açu e Santo Antônio do Tauá. A razão principal é a competição com plantas indesejáveis, principalmente pelo fato de esses produtores não utilizarem a *Pueraria phaseoloides* como cobertura do solo, e sim o consórcio com outras culturas.

Em diagnose foliar do dendezeiro de dois a oito anos de idade em plantio comercial no município de Tailândia (PA), os teores de N variaram de 20,4 a 25,5 g kg^{-1} (Viégas, 1993). Esses teores não são satisfatórios ao comparar com o valor de 27,5 g kg^{-1} de N obtido por Matos, Fernandes e Wadt (2016) na diagnose foliar de plantas de dendezeiro em condições da Amazônia oriental.

4.3.2 Fósforo

A característica principal de deficiência visual de P, observada em condições de campo em área experimental, é a redução acentuada no desenvolvimento das palmeiras, o estipe no formato de cone (Fig. 4.3B), o menor número de folhas e cachos e o secamento prematuro das folhas. Redução acentuada em crescimento por omissão de P também foi observada em pesquisa desenvolvida em casa de vegetação (Viégas; Botelho, 2000). Os resultados do estudo de Viégas et al. (2023a) indicam que a aplicação de fertilizantes de fósforo, potássio e magnésio aumenta significativamente a produção de dendezeiros na região nordeste do Pará, com destaque para o uso do superfosfato triplo até o oitavo ano de idade das plantas e do fosfato natural a partir do nono ano.

A diagnose foliar de P em uma plantação comercial de dois a oito anos de idade situada em Tailândia (PA) variou de 1,1 a 1,4 g kg^{-1}, de acordo com Viégas et al. (2021c), valor abaixo do padrão de 1,7 g kg^{-1} encontrado por Matos, Fernandes e Wadt (2016). As principais causas da deficiência de P nos dendezais estabelecidos na Amazônia são o baixo teor de P disponível na solução do solo em razão da sua grande fixação pelos solos tropicais, a aplicação inadequada do nutriente e a remoção pela cultura, além da erosão das camadas superficiais do solo.

4.3.3 Potássio

Os sintomas visuais de deficiência de K em plantas de dendezeiro surgem como pequenos pontos amarelados nos folíolos das folhas mais velhas, que podem se unir com a intensidade da deficiência e formar manchas maiores (Figs. 4.3C,D). A Fig. 4.3C mostra deficiência severa de K em BRS Manicoré, híbrido interespecífico *Elaeis guineenses* × *Elaeis oleifera* que, a partir de observações de campo, demonstra ser mais sensível à deficiência de K do que o Tenera (Dura × Psífera). Não confundir esses pontos amarelados causados pela deficiência de K com os manifestados pelo fungo Cercospora; na deficiência de K, os pontos amarelados não apresentam pontos escuros necróticos inseridos no centro.

A deficiência de K também pode se manifestar como sintoma de coloração difusa (que reflete quando iluminada) dos folíolos iniciais, de verde-amarelado para amarelo-palha com necrose principalmente no ápice. A Fig. 4.3E mostra a deficiência acentuada de K em área experimental sem reposição em Latossolo Amarelo de textura média.

Solos arenosos ou muito ácidos, excesso de Ca ou de Mg, exportação de K pelos cachos e aplicação inadequada de K são algumas causas da ocorrência da deficiência desse nutriente. Tem-se observado que a deficiência de K em dendezeiro cultivado no Pará se manifesta com teores foliares inferiores a 0,6 g kg^{-1}. Um levantamento realizado sobre o estado nutricional do dendezeiro em plantações de pequenos produtores nos municípios de Santa Izabel do Pará e Santo Antônio do Tauá, com nutrição deficiente em K, indicou teor abaixo de 10 g kg^{-1} de K. A diagnose foliar de K nas folhas do dendezeiro obtida por Matos, Fernandes e Wadt (2016) foi de 7,0 a 7,5 g kg^{-1}.

4.3.4 Cálcio

Tradicionalmente, não têm sido observados sintomas visuais de deficiência de Ca nos plantios de dendezeiro na Amazônia brasileira. Entretanto, levantamento recente no Pará indicou o Ca como o nutriente com maior frequência de deficiência nos talhões de dendezeiros (Matos et al., 2017). Embora haja utilização constante de fontes fosfatadas que contêm Ca, a deficiência do nutriente pode ocorrer sobretudo porque, segundo Homma e Rebello (2020), ainda não é prática comum a aplicação de calcário na maioria dos dendezais paraenses.

Por outro lado, em algumas plantações comerciais e de pequenos produtores, foram verificados altos teores foliares de Ca, considerando o nível crítico foliar de 6 g kg^{-1} desse nutriente, principalmente porque os teores acima de 10 g kg^{-1} têm reduzido a absorção de K e Mg em plantas de dendezeiro. Nessa situação, é conveniente substituir a fonte do adubo fosfatado que contenha Ca por outra sem esse nutriente em sua composição, por exemplo o fosfato monoamônico (MAP) ou o fosfato diamônico (DAP).

Sintomas visuais de deficiência de Ca em mudas de viveiro foram descritos por Bull (1961) como folhas curtas, estreitas e rígidas com nervuras mais proeminentes.

4.3.5 Magnésio

Os sintomas visuais de deficiência de Mg se caracterizam pelo amarelecimento dos folíolos nas extremidades das folhas mais velhas e, com o aumento da intensidade, ocorre o secamento, permanecendo a raque com coloração verde por um período mais prolongado (Fig. 4.3F). Na deficiência de Mg, os folíolos que estão mais expostos ao sol ficam amarelados, enquanto os sombreados permanecem verdes, no chamado "efeito sombra" (Fig. 4.3G). São bastante nítidos os sintomas de deficiência de Mg em plantas de dendezeiro localizadas às margens de estradas, com folhas mais expostas ao sol.

As mudas com sintomas visuais de deficiência de Mg apresentam teor foliar de 1,0 g kg^{-1} de Mg, e aquelas sem esses sintomas, teor de 2,5 g kg^{-1} de Mg. A deficiência do nutriente em plantios de dendezeiro na Amazônia é comum, tanto em áreas comerciais como em pequenas propriedades, considerando o nível crítico desse nutriente de 2,4 g kg^{-1}. A faixa crítica de Mg, indicada por Matos, Fernandes e Wadt (2016) para o dendezeiro cultivado em condições paraenses, é de 2,1 a 2,4 g kg^{-1} de Mg.

O tipo de material genético tem influência na sensibilidade à deficiência de Mg. Na estação experimental do rio Urubu da Embrapa Amazônia Ocidental, os híbridos de caiaué × dendê-africano e as linhagens C1901A e C0528 em plantios comerciais em Tailândia (PA) mostram maior sensibilidade a essa deficiência (Viégas; Botelho, 2000).

As principais causas da deficiência de Mg em plantas de dendezeiro na Amazônia brasileira são os baixos teores disponíveis do nutriente na maioria dos solos, o antagonismo com Ca e K, os altos índices de pluviosidade que propiciam maior lixiviação do nutriente, principalmente em solos arenosos, a aplicação inadequada de Mg e a sua exportação pelos cachos.

4.3.6 Enxofre

Os sintomas visuais de deficiência de S são semelhantes aos da deficiência de N, porém ocorrem primeiro nas folhas mais novas. Em pesquisa desenvolvida em condições de casa de vegetação, as mudas de dendezeiro com deficiência de S apresentaram folíolos de coloração verde-clara e, com a intensidade da carência, coloração mais amarelada e em toda a planta (Fig. 4.3H). Os teores de S nos folíolos com sua deficiência são de 0,8 g kg^{-1} e, nos que não mostram sintoma visual, de 1,8 g kg^{-1} (Viégas; Botelho, 2000).

A deficiência visual de S em dendezais na Amazônia não tem sido observada. Entretanto, no levantamento do estado nutricional em áreas de produtores nos municípios de Santa Izabel do Pará, Santo Antônio do Tauá e Igarapé-Açu, constataram-se teores foliares abaixo da faixa ótima de 2,5 a 4,0 g kg^{-1} de S (Uexkull; Fairhust, 1991). Teores abaixo de 2,0 g kg^{-1} de S são considerados deficientes em plantas adultas, e Matos, Fernandes e Wadt (2016) obtiveram o nível crítico foliar de 1,2 g kg^{-1} de S. Teores de S variando de 0,8 a 2,9 g kg^{-1} foram observados em plantio comercial no município de Tailândia (PA) (Viégas; Botelho, 2000). Estudo realizado por Viégas *et al.* (2023b) evidenciou que, à medida que a idade da planta avança, a eficiência no uso do enxofre aumenta e ocorrem modificações na dinâmica de imobilização, reciclagem e exportação de S, com maior acumulação do nutriente no estipe e nos frutos em plantas mais velhas. Além disso, a quantidade de S imobilizada e reciclada é maior do que a exportada em dendezeiros.

4.3.7 Boro

O B é o micronutriente mais limitante ao dendezeiro, e sua deficiência é comum nos dendezais da Amazônia. De acordo com Viégas e Botelho (2000), os principais sintomas visuais da deficiência são: (i) bandas brancas, faixas brancas no limbo no sentido longitudinal dos folíolos; (ii) baioneta ou ponta-de-gancho, que são deformações nas extremidades dos folíolos com as pontas dobradas, assemelhando-se à letra Z (Fig. 4.5A); (iii) folíolos enrugados, limbo foliar plissado à semelhança de ondas contíguas e folhas encurtadas (Fig. 4.5B). Em casos de deficiência severa de B, a planta deixa de emitir a flecha e pode morrer. Em plantas jovens de dendezeiro, a deficiência de B tem sido mais frequente nos primeiros anos de idade e na época do verão, quando ocorre déficit hídrico, dificultando a mineralização da matéria orgânica e, consequentemente, o seu fornecimento.

A diagnose foliar em plantas adultas deficientes acusa cerca de 10 mg kg^{-1} de B e, em mudas de dendezeiro com omissão no suprimento do nutriente, cerca de 9,6 mg kg^{-1} de B. Nas plantas que não apresentam deficiência, o teor foliar é de 24,3 mg kg^{-1} de B, o qual inclusive é o nível crítico obtido em pesquisa realizada na Amazônia (Matos; Fernandes; Wadt, 2016). Por outro lado, a toxidez de B pode ser visualizada em aplicação foliar em doses elevadas, provocando morte celular dos tecidos das folhas (Fig. 4.4).

Avaliando a diagnose foliar em plantação comercial localizada no município de Tailândia (PA), Viégas (1993) constatou teores foliares de B variando de 16,2 a 23,5 mg kg^{-1}, o que indica certa deficiência nutricional, considerando o nível crítico obtido por Matos, Fernandes e Wadt (2016). Em plantações nas áreas de produtores nos municípios de Santa Izabel do Pará e Santo Antônio do Tauá no Pará, a maioria das áreas também é deficiente em B, em relação ao nível crítico (Matos; Fernandes; Wadt, 2016), revelando a necessidade de maior atenção ao suprimento desse nutriente na região.

As principais causas da deficiência de B em plantios de dendezeiro são a baixa disponibilidade do nutriente no solo (< 0,3 mg kg^{-1} de B), o baixo teor de matéria orgânica, a elevada exportação do nutriente pela cultura, a aplicação de doses elevadas de KCl e o manejo incorreto dos fertilizantes na aplicação do

Fig. 4.4 Toxidez de boro em plantações de dendezeiro após aplicação foliar do nutriente
Fonte: Gilson Sanchez Chia (2022).

nutriente, além das altas taxas de pluviosidade e períodos de estiagem entre os períodos chuvosos.

4.3.8 Cobre

Sintomas de deficiência desse micronutriente foram descritos pela primeira vez na Amazônia em mudas de dendezeiro por Pacheco, Barnwell e Tailliez (1986) como consequência do excesso da adubação fosfatada. Os autores observaram inicialmente a ocorrência de pequenas manchas branco-amareladas em pequenos pontos sucessivos ao longo das nervuras secundárias das folhas mais jovens. Com a gravidade dos sintomas, houve o secamento das extremidades das folhas e o amarelecimento progressivo do limbo (Fig. 4.5C,D). O teor foliar de Cu obtido em plantas com deficiência foi de 2 mg kg^{-1} na diagnose foliar realizada por Pacheco, Barnwell e Tailliez (1986) e, para mudas de viveiro, considerando as folhas 2 a 5, foi de 4,5 mg kg^{-1}. Atualmente não têm sido verificados sintomas visuais de deficiência de cobre em plantios de dendezeiro.

O estado nutricional de cobre em plantio comercial de dendezeiro com dois a oito anos de idade no município de Tailândia (PA) foi avaliado por Viégas (1993); o autor constatou variação de 3,7 a 8,0 mg kg^{-1} de cobre nas folhas da cultura. Os plantios do terceiro ao quinto ano apresentaram teores foliares de Cu abaixo do nível crítico de 5,0 mg kg^{-1} estabelecido na Amazônia por Matos, Fernandes e Wadt (2016), enquanto os plantios do segundo, sexto e sétimo anos de idade encontravam-se com estado nutricional satisfatório para esse nutriente.

Fig. 4.5 Sintomas visuais de deficiência de (A,B) boro, (C,D) cobre, (E) cloro, (F) ferro, (G) manganês e (H) zinco
Fonte: (A,B) Maria do Rosário Lobato Rodrigues, (C,D) Pacheco, Barnwell e Tailliez (1986) e (D-H) Viégas e Botelho (2000).

A deficiência de cobre em cultivos de dendezeiro na Amazônia é consequência das adubações excessivas com fertilizantes nitrogenados e, principalmente, fosfatados, tratando-se, portanto, de deficiência induzida. Outras causas da deficiência do nutriente são a baixa disponibilidade do nutriente na solução do solo, a elevada concentração de matéria orgânica e a exportação do nutriente pela cultura.

4.3.9 Cloro

A ocorrência de deficiência de Cl em plantios de dendezeiro na Amazônia é pouco provável, devido às adubações potássicas utilizarem o cloreto de potássio como fonte de fertilizante. Por isso, Viégas e Botelho (2000) conduziram pesquisa em casa de vegetação com a técnica do elemento faltante em mudas de dendezeiro, na qual foi possível observar sintomas visuais de deficiência de Cl. A deficiência se inicia, segundo os autores, com uma leve clorose ao longo dos folíolos, que se difunde por toda a lâmina foliar; com a severidade da deficiência, ocorre o bronzeamento generalizado dos folíolos e a posterior necrose (Fig. 4.5E).

A faixa foliar ótima de Cl considerada por Uexkull e Fairhust (1991) é de 5,0 a 7,0 mg kg^{-1}. Em plantio comercial no município de Tailândia (PA), Viégas et al. (2020) realizaram diagnose foliar em dendezeiros de dois a oito anos de idade e encontraram teor de Cl variando de 3,2 a 5,2 g kg^{-1} na folha 17. Com base nessa faixa ótima considerada, somente as plantas na idade de cinco e oito anos encontravam-se com a nutrição adequada em Cl. Por outro lado, o estado nutricional de Cl em plantios de pequenos produtores nos municípios de Santa Izabel do Pará e Santo Antônio do Tauá foi satisfatório (Viégas; Botelho, 2000).

4.3.10 Ferro

Rognon (1984) sugere que os teores foliares normais de Fe estariam contidos na faixa de 50 a 250 mg kg^{-1}. Ocorrência de deficiência de Fe em dendezeiro foi relatada por Wanasuria et al. (1999) na Sumatra, onde definiram o nível crítico de 50 mg kg^{-1} na folha 17 da cultura. Na Amazônia oriental, segundo Matos, Fernandes e Wadt (2016), o nível crítico foliar de Fe é de 86,9 mg kg^{-1} para plantas jovens e de 85,8 mg kg^{-1} para plantas adultas.

Os sintomas visuais de deficiência de Fe citados por Wanasuria et al. (1999) em plantas de nove anos foram clorose internerval nas folhas mais novas de números 1 a 3 e, com o agravamento da deficiência, o total embranquecimento dos folíolos e o amarelecimento de muitas folhas velhas, que também se tornaram quebradiças e secas; por fim, houve paralisação do crescimento e morte da planta. Os autores ainda afirmaram que, o intervalo entre os primeiros sintomas de deficiência de Fe e a morte da planta em geral é de um ano.

De acordo com uma avaliação do estado nutricional de Fe em plantio comercial de dendezeiro com dois a oito anos de idade, a diagnose na folha 17 variou de 40 a 85,7 mg kg^{-1} de Fe (Viégas, 1993), portanto, à exceção do segundo ano, as plantas estavam com satisfatória nutrição em Fe pelas indicações de Rognon (1964) e Wanasuria et al. (1999), porém deficientes pela pesquisa realizada por Matos, Fernandes e Wadt (2016).

Em estudo desenvolvido por Viégas e Botelho (2000) em casa de vegetação, os sintomas de deficiência de Fe em mudas de dendezeiro com 12 meses de idade se caracterizaram por clorose entre as nervuras, com reticulado fino dos folíolos das folhas mais novas (Fig. 4.5F).

4.3.11 Manganês

Os sintomas visuais de deficiência de Mn em mudas de dendezeiro foram observados em pesquisa desenvolvida por Dufour e Quencez (1979), em que o teor foliar de Mn nas plantas com deficiência foi de 22 mg kg^{-1} e, nas plantas sem deficiência, de 235 mg kg^{-1}. Em condições de casa de vegetação, foram observados sintomas visuais de deficiência de Mn em mudas de dendezeiro caracterizados por clorose entre as nervuras das folhas mais novas com reticulado grosso, seguida de branqueamento e pontuações brancas entre as nervuras (Fig. 4.5G).

Ainda não está bem-definido o nível crítico foliar do Mn no dendezeiro. Rognon (1984) sugere que o teor foliar de 50 mg kg^{-1} desse nutriente é suficiente, e os teores obtidos em plantação comercial de dendezeiro no município de Tailândia (PA) variaram de 159,2 a 240,2 mg kg^{-1} de Mn (Viégas, 1993). Nas condições da Amazônia oriental, Matos, Fernandes e Wadt (2016) indicaram o nível crítico de 258 mg kg^{-1} de Mn para dendezeiros jovens e de 244 mg kg^{-1} de Mn para plantas adultas. Os teores disponíveis do nutriente em Latossolo Amarelo foram avaliados por Singh (1984) utilizando vários extratores, e o autor constatou que eles variaram de 0,37 a 0,97 mg kg^{-1} de Mn, concluindo que esse tipo de solo, em geral, é deficiente desse íon. Há evidências de que baixos teores de Mn no solo favorecem a incidência da fusariose no dendezeiro (Viégas; Botelho, 2000).

4.3.12 Zinco

Os primeiros sintomas de deficiência de Zn em dendezeiro foram observados na Companhia de Dendê do Amapá (Codepa), por vezes associados aos de cobre (Viégas; Botelho, 2000). Nas mudas, os sintomas se caracterizaram pelo encurtamento das folhas e dos folíolos, que se apresentaram amarelados, porém sua base permaneceu verde por mais tempo (Fig. 4.5H).

Os teores foliares na faixa de 12 a 20 mg kg^{-1} de Zn foram indicados como satisfatórios à cultura (Rognon, 1964; Uexkull; Fairhust, 1991). Nas condições da Amazônia oriental, Matos, Fernandes e Wadt (2016) indicaram o nível crítico de 15,4 mg kg^{-1} de Zn. Em plantação comercial estabelecida no município de Tailândia (PA), os teores foliares variaram de 6,7 a 15,2 mg kg^{-1} de Zn (Viégas, 1993), e somente do quinto ao oitavo ano os teores encontravam-se situados na faixa indicada, porém se mostraram deficientes em Zn pela definição de Matos, Fernandes e Wadt (2016). Em pesquisas realizadas sobre a disponibilidade de Zn na Amazônia utilizando vários extratores, os teores médios obtidos em Latossolo Amarelo variaram de 0,05 a 0,24 mg kg^{-1} de Zn (Singh; Moller; Ferreira, 1983), e o nutriente foi considerado de baixa disponibilidade (Cravo; Brasil, 2020).

As aplicações de doses elevadas de adubos fosfatados e os baixos teores de Zn na maioria dos solos da Amazônia têm sido as principais causas da sua deficiência em alguns cultivos na região. No caso do dendezeiro, essa deficiência não é comum, o que pode ser explicado pelo fornecimento de Zn a partir da matéria orgânica proveniente sobretudo da leguminosa *Pueraria phaseoloides*, além da ciclagem de nutrientes na plantação com a reposição do nutriente, principalmente pela deposição das folhas senescentes na área do plantio.

4.4 Diagnose foliar

A diagnose foliar consiste em realizar a análise química dos teores foliares para avaliar o estado nutricional da planta. O conhecimento do estado nutricional de uma plantação, da sua exigência em termos de macro e micronutrientes, é de fundamental importância para estabelecer um programa de adubação mais preciso e econômico. A diagnose foliar também tem outras aplicações, como em pesquisas sobre absorção, transporte e redistribuição, extração e exportação de nutrientes, determinação do nível crítico foliar, caracterização de excessos e sintomas de deficiências dos nutrientes. Para uma correta interpretação dos resultados obtidos de teores foliares dos elementos, é preciso que a amostragem seja realizada com rigor, seguindo critérios predefinidos por pesquisas específicas para cada espécie. As particularidades da amostragem para o dendezeiro serão descritas a seguir.

4.4.1 Escolha da folha

A folha amostrada deve ser adulta, funcional e de fácil acesso. Pesquisas sugerem a folha 17 nas plantas adultas e a folha 9 nas plantas jovens com dois a três anos de idade, ou em adultas cuja folha 17 tenha sido danificada.

O dendezeiro apresenta uma filotaxia bem característica, com folhas dispostas na coroa formando ângulos de mais ou menos 135° entre si, situadas numa espiral com giros para esquerda ou para direita (Fig. 4.6). O técnico responsável pela coleta primeiro deve se posicionar em frente ao dendezeiro, buscando visualizar a folha mais próxima da flecha e com a maioria dos folíolos, cerca de 70% – essa folha será considerada como de posição número 1.

A partir da folha número 1, as demais são dispostas na coroa em forma de espiral (Fig. 4.6). As folhas de número 4 e 6 localizam-se sempre ao redor da folha 1, formando ângulos de 45°, e a folha 9 se localiza logo abaixo da folha 1, porém um pouco deslocada em relação à folha 4. Esse deslocamento é fundamental para conhecer o sentido em que a espiral gira. Se a folha 4 se posicionar à esquerda do observador, a espiral gira para a esquerda e, se estiver à direita, o giro é para a direita. Identificada a folha 1 e conhecido o sentido da espiral, torna-se fácil determinar a folha número 17, pois o dendezeiro contém

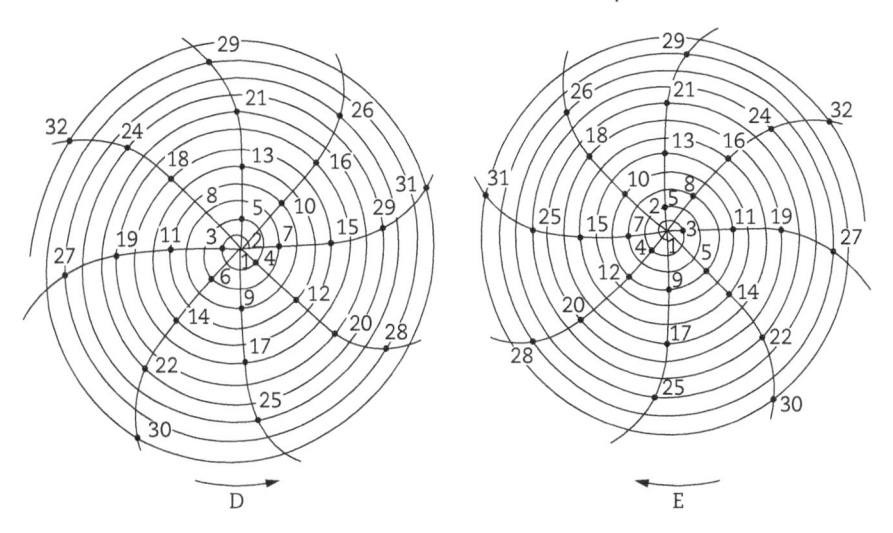

Fig. 4.6 Filotaxia do dendezeiro. D = giro para direita e E = giro para esquerda
Fonte: adaptado de Ochs e Olivin (1977).

oito espirais e a numeração das folhas na mesma espiral segue de oito em oito, portanto, as bases das folhas número 1, 9, 17 e 25 se localizam na mesma linha da espiral.

4.4.2 Época de amostragem

A época mais propícia para realizar a coleta dos folíolos é o período menos chuvoso do ano, pelo fato de ocorrer menor variação dos teores dos nutrientes. No caso do K, por exemplo, a deficiência geralmente se manifesta na estação seca.

Para realizar uma boa amostragem, alguns cuidados devem ser tomados, visando uma diagnose foliar mais exata possível:

- executar a coleta entre 7h e 11h, para evitar possíveis variações nos teores foliares ao longo do dia, causadas principalmente pela insolação;
- em caso de chuvas acima de 20 mm, fazer a coleta dos folíolos 36 horas após as chuvas, em razão da possível lixiviação dos nutrientes nas folhas;
- realizar a coleta sempre na mesma época do ano, para que os resultados possam ser comparados anualmente, permitindo constatar a ocorrência de variações dos nutrientes.

4.4.3 Número de amostras

Os teores de nutrientes podem variar de uma planta para outra, mesmo em um solo aparentemente homogêneo. Desse modo, uma amostra deve ser coletada por folíolos retirados de um determinado número de plantas, visando diminuir essa variação. Resultados de pesquisas recomendam, para áreas mais homogêneas, amostrar 25 plantas a cada 100 hectares e, para as menos homogêneas, 25 plantas a cada 50 hectares.

Definidas as áreas a serem amostradas, escolher em cada parcela as plantas representativas em termos de crescimento, aspectos sanitários e estado nutricional. Na parcela, selecionam-se ao acaso duas linhas contíguas no sentido norte-sul. Realizar a amostragem coletando os folíolos de plantas alternadas no sentido das linhas: iniciando a coleta a partir da segunda planta, não se coleta a terceira planta e sim a quarta planta, pular a quinta planta e coletar a sexta, e assim sucessivamente. Não coletar os folíolos da primeira e última planta da linha, visto que não são plantas competitivas.

Para manter controle do estado nutricional da plantação, é essencial identificar as áreas amostradas, pois os resultados do ano da realização da amostragem devem ser comparados com os dos anos anteriores. Deve-se coletar anualmente os folíolos das mesmas plantas amostradas; dessa forma, indica-se colocar identificação nas extremidades das linhas onde é realizada a coleta dos folíolos e etiquetar as plantas amostradas, para facilitar a coleta nos anos posteriores e propiciar maior segurança ao controle periódico, resultando em uma recomendação de adubação mais adequada e econômica.

Caso sejam observados, durante a realização da coleta das amostras, sintomas visuais de deficiências nutricionais, realizar a descrição desses sintomas e o número de plantas que os apresentam, para formar uma "amostra especial".

4.4.4 Coleta e preparo das amostras

Identificadas e selecionadas as plantas amostradas, realiza-se a coleta dos folíolos das folhas de números 9 e 17, a depender da idade da plantação — folha número 9 para plantas jovens, e número 17 para plantas adultas. Os folíolos são coletados na parte central da folha, a parte onde a raque é achatada, retirando-se três folíolos de ambos os lados direito e esquerdo. Os folíolos devem estar livres de pragas, sintomas de doenças e outras lesões.

Finalizada essa etapa, os folíolos coletados em cada parcela selecionada para representar o estado nutricional são reunidos e amarrados ou presos por uma liga de borracha, na qual se coloca etiqueta de papelão com a identificação da parcela. Essa etiqueta deve acompanhar a amostra em todo o processo de preparo dela, até que seja enviada ao laboratório para a realização das análises químicas foliares. Na etiqueta, inserir as seguintes informações: nome da propriedade e do proprietário, material genético, idade das plantas, identificação da parcela, número de plantas amostradas, número da folha coletada e data da amostragem.

A preparação dos folíolos para envio ao laboratório deve ser iniciada logo após sua retirada, pois, com o decorrer das horas, eles vão desidratando e podem enrolar, o que dificulta o trabalho de limpeza. Com uma tesoura ou terçado, os folíolos são cortados na sua parte central com 10 cm a 20 cm de comprimento. Posteriormente, retiram-se 1 mm a 2 mm das bordas e a nervura central (talo), restando somente a parte da lâmina foliar responsável pelo acúmulo de nutrientes e, portanto, a parte analisada que fornecerá os resultados do estado nutricional das plantas.

Retiradas as nervuras, as bandas dos folíolos devem ser limpas com algodão embebido em água destilada, visando eliminar a poeira que pode adulterar os resultados das análises. Depois, os folíolos são colocados em sacos de papel *Kraft* e postos para secagem em estufa (70 °C), com cuidado para não ultrapassar 80 °C e, assim, evitar a perda de N. Os folíolos são retirados secos quando apresentarem tonalidade acinzentada e se tornarem quebradiços com uma leve pressão dos dedos.

Cada amostra, depois de seca, deve ser acondicionada em saco de papel, limpo e identificado. Essa amostra deve ser dividida em duas subamostras: enviar uma delas ao laboratório e guardar a outra até o recebimento dos resultados das análises. Esse procedimento é recomendado por segurança, caso uma amostra seja extraviada durante o envio ao laboratório ou, ainda, ocorra perda de resultados e novas análises sejam necessárias, se houver dúvidas, para a validação dos resultados.

4.5 Métodos de interpretação dos resultados

Após a obtenção dos resultados de laboratório dos teores foliares dos nutrientes, deve-se fazer a sua correta interpretação na diagnose foliar. Para o dendezeiro, essa técnica é considerada eficiente na avaliação do estado nutricional (Rodrigues, 1993). A diagnose foliar baseia-se na relação entre as concentrações dos nutrientes no tecido vegetal e a produtividade das plantas (Prado, 2020) e tem como princípio a comparação de tais concentrações nas folhas da cultura a ser avaliada com os padrões de referência da literatura, oriundos de plantas que apresentam em seus tecidos os nutrientes em teores e proporções adequadas e altas produções (Cantarutti et al., 2007). Em relação ao dendezeiro, pesquisas têm avaliado a sua nutrição na região amazônica (Matos et al., 2018, 2019; Viégas et al., 2020, 2021b), contribuindo com a geração de padrões para o manejo sustentável da cultura.

Existem diferentes métodos de interpretação dos teores nutricionais nas plantas, tais como chance matemática, diagnose da composição nutricional e DRIS, além do nível crítico e da faixa de suficiência, e todos eles já foram aplicados em pesquisas com o dendezeiro no Pará (Matos; Fernandes; Wadt, 2016; Matos et al., 2017). O nível crítico é o teor do nutriente na planta associado a 90% da produtividade; trata-se de um método de interpretação muito simples e, por isso, muito utilizado (Cantarutti et al., 2007). Assim, para o manejo nutricional do dendezeiro na região amazônica, a interpretação dos teores nutricionais nos folíolos da folha 9 (plantas jovens) ou da folha 17 (plantas adultas) é feita com base no nível crítico ou nas faixas de suficiência (Veloso et al., 2020).

Observa-se uma variação nos teores críticos dos nutrientes nas folhas de dendezeiro de acordo com a literatura apresentada na Tab. 4.1, em função de diferenças na folha avaliada e na idade e produtividade das plantas, além do genótipo e região de cultivo. Em relação às condições específicas do Pará, pesquisa recente de Matos, Fernandes e Wadt (2016) determinou os teores críticos para plantas jovens de dendezeiro: 27,5 g kg^{-1} de N; 1,7 g kg^{-1} de P; 7,5 g kg^{-1} de K; 8,6 g kg^{-1} de Ca; 2,4 g kg^{-1} de Mg; 1,2 g kg^{-1} de S; 24,3 mg kg^{-1} de B; 5,2 mg kg^{-1} de Cu; 87 mg kg^{-1} de Fe; 258 mg kg^{-1} de Mn; e 15,4 mg kg^{-1} de Zn. Para as plantas adultas da espécie, de acordo com a mesma literatura, os níveis críticos foliares são de 27,8 g kg^{-1} de N; 1,7 g kg^{-1} de P; 7,0 g kg^{-1} de K; 7,4 g kg^{-1} de Ca; 2,1 g kg^{-1} de Mg; 1,2 g kg^{-1} de S; 22,7 mg kg^{-1} de B; 5,0 mg kg^{-1} de Cu; 86 mg kg^{-1} de Fe; 244 mg kg^{-1} de Mn; e 15,5 mg kg^{-1} de Zn (Tab. 4.1).

Como já mencionado, o estado nutricional das plantas pode variar em função de idade da folha, época do ano, clima, espaçamento, solo, concentração de outros nutrientes e práticas culturais, além da incidência de pragas e patógenos (Malavolta; Vitti; Oliveira, 1997; Viégas; Botelho, 2000). Também existem

Tab. 4.1 Níveis críticos de nutrientes em folhas de dendezeiro de diferentes idades cultivado em diferentes locais

N	P	K	Ca	Mg	S	B	Cu	Fe	Mn	Zn	Referência
g kg^{-1}						mg kg^{-1}					
27,5	1,7	7,5	8,6	2,4	1,2	24,3	5,2	87	258	15,4	Matos, Fernandes e Wadt (2016): valores obtidos pelo método da distribuição normal reduzida (DNR) na folha 17 de plantas jovens (< 6 anos) de híbridos, em Moju e Tomé-Açu (PA)
27,8	1,7	7,0	7,4	2,1	1,2	22,7	5,0	86	244	15,5	Matos, Fernandes e Wadt (2016): valores obtidos pelo método DNR na folha 17 de plantas adultas (> 6 anos) de híbridos, em Moju e Tomé-Açu (PA)
25,0	1,5	10,0	2,4	6,0	2,2	12	–	50	–	–	Viégas e Botelho (2000): informações obtidas de Ochs e Olivin (1977) para a folha 17
27,0	1,6	12,5	5,0	2,3	2,1	12,0	10	50	50	18,0	Malavolta, Vitti e Oliveira (1997): teores na folha 9
25,0	1,5	10	6,0	2,4	2,1	12,0	10	50	50	18,0	Malavolta, Vitti e Oliveira (1997): teores na folha 17
22,2	1,3	5,3	7,3	2,0	1,7	15,7	3,4	–	–	8,4	Rodrigues (1993): limites inferiores das faixas críticas dos teores na folha 9 ou 17 de híbridos de Tenera avaliados até os sete anos, em Manaus (AM)

Tab. 4.1 (continuação)

N	P	K	Ca	Mg	S	B	Cu	Fe	Mn	Zn	Referência
\multicolumn{6}{c}{g kg^{-1}}	\multicolumn{5}{c}{mg kg^{-1}}	
26,0	1,6	11,0	5,0	3,0	2,5	15,0	5,0	–	–	12,0	Uexkull e Fairhurst (1991): limites inferiores das faixas críticas dos teores na folha 9 de plantas jovens
24,0	1,5	9,0	5,0	2,5	2,5	15,0	5,0	–	–	12,0	Uexkull e Fairhurst (1991): limites inferiores das faixas críticas dos teores na folha 17 de plantas adultas; esses valores são apresentados em Veloso *et al.* (2020)

padrões nutricionais distintos em função de diferentes genótipos de dendezeiro, como encontrado na região amazônica entre o Tenera e o híbrido interespecífico O × G (Matos *et al.*, 2019). Entretanto, havendo uma padronização dos fatores citados, os valores dos teores críticos apresentados para a interpretação na diagnose foliar (Tab. 4.1) servirão como referência para o monitoramento nutricional do dendezeiro e, se necessário, a realização de ajustes no programa de adubação da cultura.

4.6 Sistema integrado de diagnose e recomendação (DRIS)

O sistema integrado de diagnose e recomendação (DRIS) tem sido uma ferramenta importante no manejo nutricional do dendezeiro (Behera *et al.*, 2016; Matos *et al.*, 2018). O cálculo do DRIS leva em consideração informações e normas nutricionais que podem ser obtidas em cultivos comerciais (*vide* seção 1.6).

Para o dendezeiro em diferentes idades, uma primeira aproximação de normas DRIS foi proposta por Matos *et al.* (2017) considerando dados nutricionais e produtividade de talhões comerciais no nordeste paraense (Tabs. 4.2 e 4.3). Para o DRIS, é essencial que as normas sejam específicas de acordo com a fase da palmeira, pois existem diferenças na demanda nutricional conforme a idade do cultivo.

Aplicando-se o diagnóstico com essas normas em 144 talhões comerciais da região, constatou-se que o Ca foi o nutriente com maior frequência de deficiência nas áreas, o que foi relacionado à comum ausência da prática da calagem nos palmares. Essa situação tem relevância também pelo fato de o Ca ser o terceiro nutriente mais exportado pelos cachos do dendezeiro (Franzini *et al.*, 2020). O aprimoramento das normas DRIS anteriores para o dendezeiro mediante a aplicação de logaritmo (log-transformadas) foi feito no trabalho de Wadt *et al.* (2021) e pode ser utilizado para diagnósticos nesse cultivo.

Outra ferramenta de diagnóstico nutricional consiste no DRIS multivariado, denominado diagnose da composição nutricional (CND). Nessa metodologia, em substituição às relações bivariadas, são consideradas as relações multivariadas

Tab. 4.2 Média (X), desvio-padrão (S) e coeficiente de variação (CV em %) dos teores e das relações nutricionais (macronutrientes) de populações de referência com plantas jovens (≤ 6 anos após o plantio) e adultas (> 6 anos após o plantio) de dendezeiro no nordeste paraense

	Plantas jovens			Plantas adultas		
	X	S	CV	X	S	CV
N	26,9	2,33	9	26,9	2,66	10
N/P	15,91	2,46	15	16,74	2,85	17
N/K	3,82	1,11	29	4,06	0,74	18
N/Ca	3,18	0,50	16	3,60	0,82	23
N/Mg	11,68	2,50	21	13,21	2,35	18
N/S	20,45	7,29	36	21,92	6,34	29
N/B	1,19	0,27	23	1,20	0,22	18
N/Cu	5,44	1,20	22	5,35	1,57	29
N/Fe	0,31	0,07	22	0,32	0,07	23
N/Mn	0,10	0,03	26	0,11	0,02	20
N/Zn	1,66	0,36	22	1,76	0,39	22
P	1,77	0,27	15	1,73	0,25	14
P/K	0,24	0,06	23	0,25	0,05	21
P/Ca	0,20	0,03	14	0,22	0,05	22
P/Mg	0,74	0,13	18	0,80	0,14	18
P/S	1,32	0,49	37	1,34	0,41	30
P/B	0,08	0,02	22	0,07	0,02	24
P/Cu	0,35	0,08	24	0,33	0,14	41
P/Fe	0,02	0,01	26	0,02	0,004	20
P/Mn	0,01	0,00	26	0,01	0,002	24
P/Zn	0,11	0,03	30	0,11	0,03	28
P/N	0,06	0,01	14	0,06	0,01	17
K	8,14	1,45	18	7,37	1,49	20
K/Ca	0,88	0,25	28	0,91	0,21	24
K/Mg	3,15	0,62	20	3,34	0,75	23
K/S	5,84	2,59	44	5,57	1,86	33
K/B	0,33	0,10	30	0,31	0,09	29
K/Cu	1,50	0,44	29	1,39	0,61	44
K/Fe	0,09	0,03	31	0,08	0,03	30
K/Mn	0,03	0,01	31	0,03	0,01	27
K/Zn	0,48	0,18	37	0,46	0,15	33
K/N	0,28	0,06	23	0,26	0,05	21
K/P	4,37	1,01	23	4,22	0,86	20
Ca	8	1,82	23	7,53	1,67	22
Ca/Mg	3,71	0,74	20	3,80	0,86	23
Ca/S	6,64	2,57	39	6,27	2,03	32

Tab. 4.2 (continuação)

	Plantas jovens			Plantas adultas		
	X	S	CV	X	S	CV
Ca/B	0,38	0,10	27	0,35	0,07	22
Ca/Cu	1,76	0,50	28	1,62	0,79	49
Ca/Fe	0,10	0,03	31	0,09	0,02	25
Ca/Mn	0,03	0,01	25	0,03	0,01	22
Ca/Zn	0,54	0,18	33	0,52	0,17	33
Ca/N	0,32	0,05	16	0,29	0,07	22
Ca/P	5,06	0,67	13	4,81	1,06	22
Ca/K	1,22	0,31	26	1,16	0,27	23
Mg	2,64	0,51	19	2,29	0,43	19
Mg/S	1,87	0,76	41	1,72	0,59	34
Mg/B	0,11	0,03	30	0,09	0,02	23
Mg/Cu	0,49	0,15	32	0,42	0,15	36
Mg/Fe	0,03	0,01	33	0,02	0,01	21
Mg/Mn	0,01	0,002	24	0,01	0,00	20
Mg/Zn	0,15	0,05	36	0,14	0,04	28
Mg/N	0,09	0,02	21	0,08	0,01	16
Mg/P	1,40	0,25	18	1,29	0,23	18
Mg/K	0,33	0,07	21	0,31	0,06	20
Mg/Ca	0,28	0,06	20	0,28	0,07	25
S	1,34	0,55	41	1,34	0,54	40
S/B	0,07	0,03	51	0,06	0,02	37
S/Cu	0,30	0,12	39	0,27	0,12	45
S/Fe	0,02	0,01	44	0,02	0,01	41
S/Mn	0,01	0,003	51	0,01	0,003	47
S/Zn	0,09	0,03	30	0,09	0,03	38
S/N	0,06	0,02	37	0,05	0,02	39
S/P	0,90	0,42	47	0,85	0,35	41
S/K	0,22	0,12	55	0,21	0,09	43
S/Ca	0,18	0,08	44	0,18	0,06	35
S/Mg	0,67	0,37	55	0,68	0,32	46

Fonte: Matos et al. (2017).

Tab. 4.3 Média (X), desvio-padrão (S) e coeficiente de variação (CV em %) dos teores e das relações nutricionais (micronutrientes) de populações de referência com plantas jovens (≤ 6 anos após o plantio) e adultas (> 6 anos após o plantio) de dendezeiro no nordeste paraense

	Plantas jovens			Plantas adultas		
	X	S	CV	X	S	CV
B	24,7	5,68	23	24,2	4,6	19
B/Cu	4,69	0,96	21	4,61	1,59	34

Tab. 4.3 (continuação)

	Plantas jovens			Plantas adultas		
	X	S	CV	X	S	CV
B/Fe	0,27	0,07	25	0,27	0,07	26
B/Mn	0,09	0,03	38	0,09	0,02	26
B/Zn	1,51	0,59	39	1,49	0,35	23
B/N	0,89	0,24	27	0,86	0,15	17
B/P	13,94	3,14	23	14,27	3,16	22
B/K	3,33	0,98	29	3,49	0,91	26
B/Ca	2,82	0,83	30	3,04	0,70	23
B/Mg	10,23	2,61	26	11,27	2,66	24
B/S	18,52	8,28	45	18,67	6,30	34
Cu	5,71	1,17	20	5,98	1,41	24
Cu/Fe	0,06	0,02	29	0,07	0,02	38
Cu/Mn	0,02	0,01	34	0,02	0,01	35
Cu/Zn	0,32	0,10	32	0,35	0,11	30
Cu/N	0,19	0,04	22	0,20	0,05	26
Cu/P	3,04	0,70	23	3,39	1,06	31
Cu/K	0,72	0,21	29	0,82	0,26	31
Cu/Ca	0,61	0,17	28	0,75	0,30	40
Cu/Mg	2,25	0,70	31	2,67	0,87	32
Cu/S	3,91	1,61	41	4,44	1,86	42
Cu/B	0,22	0,05	21	0,25	0,09	36
Fe	88	24,28	28	91,5	19,8	22
Fe/Mn	0,34	0,11	32	0,36	0,11	29
Fe/Zn	5,62	1,60	29	5,72	1,70	30
Fe/N	3,42	0,80	23	3,25	0,71	22
Fe/P	54,66	18,22	33	53,61	12,46	23
Fe/K	13,20	5,87	44	13,10	3,42	26
Fe/Ca	10,99	3,72	34	11,48	2,83	25
Fe/Mg	39,92	12,39	31	42,10	8,29	20
Fe/S	68,66	24,83	36	69,99	22,07	32
Fe/B	3,99	1,19	30	3,87	0,93	24
Fe/Cu	18,62	6,59	35	17,54	6,83	39
Mn	275	80	29	24,5	67	273
Mn/Zn	17,66	5,98	34	16,34	4,03	25
Mn/N	10,48	2,37	23	9,36	1,82	19
Mn/P	165,8	41,8	25	156,1	38,98	25
Mn/K	39,50	12,90	33	37,79	9,48	25
Mn/Ca	32,97	8,02	24	33,07	7,54	23
Mn/Mg	119,9	29,02	24	122,01	25,61	21

Tab. 4.3 (continuação)

	Plantas jovens			Plantas adultas		
	X	S	CV	X	S	CV
Mn/S	212,5	78,74	37	203,67	63,72	31
Mn/B	12,54	4,30	34	11,21	2,66	24
Mn/Cu	57,62	20,13	35	50,37	18,95	38
Mn/Fe	3,23	1,06	33	3,00	0,82	27
Zn	16,6	4,4	27	17,5	4,7	27
Zn/N	0,64	0,16	26	0,59	0,13	23
Zn/P	10,31	3,70	36	10,03	3,23	32
Zn/K	2,56	1,37	54	2,44	0,83	34
Zn/Ca	2,06	0,72	35	2,17	0,83	38
Zn/Mg	7,71	3,51	46	7,86	2,25	29
Zn/S	12,72	6,13	48	12,81	4,47	35
Zn/B	0,78	0,32	42	0,71	0,17	25
Zn/Cu	3,50	1,33	38	3,12	0,95	31
Zn/Fe	0,20	0,07	34	0,19	0,06	33
Zn/Mn	0,07	0,03	49	0,07	0,02	29

Fonte: Matos et al. (2017).

entre os nutrientes. A partir de dados nutricionais de materiais genéticos mais utilizados no Pará, os híbridos comerciais Tenera (palma-africana, *Elaeis guineenses*) e os híbridos interespecíficos (*Elaeis oleifera* × *Elaeis guineenses*), Matos et al. (2019) determinaram as normas CND mostradas na Tab. 4.4. Nos diagnósticos realizados com esses padrões e as faixas nutricionais "clássicas" propostas por Uexkull e Fairhurst (1991), os nutrientes com maior frequência de deficiência nos dendezais da região foram o S e o B.

Tal como visto no Cap. 1, faixas ótimas de nutrientes foliares podem ser derivadas dos índices DRIS. Nesse sentido, Matos, Fernandes e Wadt (2016) apresentaram uma primeira aproximação de intervalos nutricionais adequados que podem ser usados como referências nos cultivos de dendezeiro da Amazônia, comparados às faixas de suficiência já existentes (Tab. 4.5). Nesses resultados, foi importante a inclusão das fases de desenvolvimento da palmeira e dos intervalos de valores para Fe e Mn.

Tab. 4.4 Normas CND para nutrientes e matéria seca (MS) provenientes de talhões com dendezeiros acima de seis anos de idade cultivados no Pará

	VMSs*	VN	VP	VK	VCa	VMg	VS	VB
X	5,3	1,31	-1,4	0,17	0,28	-1,03	-1,69	-5,73
S	0,06	0,08	0,07	0,12	0,15	0,2	0,2	0,28

*Variável multinutriente (V) na matéria seca e nutrientes.
X: média; S: desvio-padrão.

Tab. 4.5 Faixas nutricionais ótimas na folha número 17 de plantas jovens (< 6 anos) e adultas (> 6 anos) de dendezeiro

Nutriente	Uexkull e Fairhurst (1991)[1]		Matos, Fernandes e Wadt (2016)[2] – DRIS		Viégas (1993)[3]	Rodrigues (1993)[4]
	< 6 anos	> 6 anos	< 6 anos	> 6 anos		
N	26,0-29,0	24,0-28,0	25,6-30,7	25,9-30,1	22,8-27,5	22,2-27,0
P	1,6-1,9	1,5-0,18	1,6-2,0	1,6-1,9	1,2-1,6	1,3-1,76
K	11,0-13,0	9,0-12,0	7,1-9,0	6,1-8,9	6,8-16,7	5,25-13,46
Ca	5,0-7,0	5,0-7,5	7,6-10	6,9-8,9	5,2-11,9	7,28-10,8
Mg	3,0-4,5	2,5-4,0	2,2-2,9	1,9-2,5	2,1-2,8	2,01-3,69
S	2,5-4,0	2,5-3,5	1,1-1,7	1,1-1,6	1,6-2,1	1,65-2,06
Cl	5,0-7,0	5,0-7,0			3,3-6,5	3,42-7,53
B	15,0-25,0	15,0-25,0	22,5-27,5	21-27	17,2-25,3	15,7-26,7
Cu	5,0-8,0	5,0-8,0	4,7-6,2	5,1-6,8		3,4-7,0
Zn	12,0-18,0	12,0-18,0	14,1-20,0	14,5-19,9		8,4-12,9
Fe			81,0-107	79-104		
Mn			248-322	228-285		

[1] Uso internacional.
[2,3] Obtidas no Estado do Pará.
[4] Obtidas no Estado do Amazonas.
Fonte: adaptado de Matos, Fernandes e Wadt (2016).

4.7 Reflexões

Há vários estudos sobre a nutrição do dendezeiro no âmbito de vários países, incluindo o Brasil, onde se observam resultados de pesquisas consistentes na Amazônia. No Pará, as primeiras pesquisas com nutrição do dendezeiro foram realizadas em 1968 no município de Benevides (PA), atual munícipio de Santa Bárbara do Pará, que estudaram as respostas da cultura à aplicação de doses de N, P, K e Mg, além de fontes fosfatadas. Na década de 1980, com a expansão da cultura para outras áreas, foram desenvolvidas novas pesquisas, cujos resultados garantiram suporte às primeiras recomendações de adubação ao dendezeiro no Pará.

De forma geral, o dendezeiro é considerado uma palmeira de elevada exigência em nutrientes, em função da sua alta produtividade. Nesse sentido, salienta-se a nutrição potássica, o nutriente mais exportado em todas as fases de desenvolvimento da cultura, além da aplicação regular e bem calibrada de B. Ao manejo nutricional, também é indicada a correção do solo para melhoria da disponibilidade de nutrientes, bem como o fornecimento mais adequado de Ca e Mg ao dendezeiro, principalmente pelo fato de o Ca ter se tornado o nutriente com maior frequência de deficiência nos cultivos na região amazônica.

Recentemente, foram desenvolvidas pesquisas sobre extração e exportação de nutrientes (Tenera = Dura × Psífera) e sobre DRIS, gerando ajustes mais adequados no manejo da adubação e na determinação dos níveis críticos dos nutrientes para as condições da Amazônia. Ainda são necessários avanços de pesquisas em diferentes condições de solo, de adubação e com novos genótipos utilizados na dendeicultura amazônica, sobretudo os híbridos interespecíficos (*Elaeis guineenses* × *Elaeis oleifera*) resistentes ao amarelecimento fatal do dendezeiro. Entretanto, as pesquisas com dendezeiro são onerosas, por demandarem amplo período de avaliação do desenvolvimento e produtividade das palmeiras, além da necessidade de financiamentos por parte do poder público (estadual e federal) e das empresas que se dedicam à dendeicultura.

Referências bibliográficas

ALVES, S. A. O. *Sustentabilidade da agroindústria de palma no estado do Pará*. 161 p. Tese (Doutorado em Recursos Florestais) – Universidade de São Paulo, Piracicaba, SP, 2011.

BEHERA, S. K.; SURESH, K.; RAO, B. N.; MANOJA, K. Soil nutrient status and leaf nutrient norms in oil palm (*Elaeis guineensis* Jacq.) plantations grown on southern plateau of India. *Proceedings of the National Academy of Sciences*, India Section B: Biological Sciences, v. 86, n. 3, p. 691-97, 2016.

BORGES, A. J.; COLLICCHIO, E.; CAMPOS, G. A. A cultura da palma de óleo (*Elaeis guineenses* Jacq.) no Brasil e no mundo: aspectos agronômicos e tecnológicos – uma revisão. *Revista Liberato*, v. 17, n. 27, p. 101-118, 2016.

BULL, R. A. Studies on the deficiency diseases of the oil palm. 2. Macronutrient deficiency symptoms in oil palm seedlings grown in sand culture. *J. West African Inst. Oil Palm Res.*, v. 3, p. 265-272, 1961.

CANTARUTTI, R. B.; BARROS, N. F.; MARTINEZ, H. E.; NOVAIS, R. F. Avaliação da fertilidade do solo e recomendação de fertilizantes. In: NOVAIS, R. F.; ALVAREZ, V. H.; BARROS, N. F.; FONTES, R. L. F.; CANTARUTTI, R. B.; NEVES, J. C. L. (ed.). *Fertilidade do solo*. Viçosa: SBCS, p. 769-850, 2007.

COSTA, S. J.; ERASMO, E. A. L.; SILVA, J.; OLIVEIRA, T. C. Desempenho de híbridos de dendezeiro (*Elaeis guineenses* Jacq.) nas fases de pré-viveiro e viveiro. *Revista de Agricultura Neotropical*, v. 5, n. 4, p. 34-39, 2018.

CRAVO, M. S.; BRASIL, E. C. Interpretação dos resultados da análise do solo. In: BRASIL, E. C.; CRAVO, M. S.; VIÉGAS, I. J. M. (ed.). *Recomendações de calagem e adubação para o estado do Pará*. 2 ed. Brasília: Embrapa, 2020.

DUFOUR, F.; QUENCEZ, P. Trace element nutrition of oil palm and coconut grown in nutrient solutions. *Oleagineux*, v. 34, n. 7, p. 323-330, 1979.

FRANZINI, V. I.; MATOS, G. S. B.; MACHADO, D. N.; ASSUNÇÃO, E. A.; VIÉGAS, I. J. M.; BOTELHO, S. M. Palma de óleo (dendezeiro). In: BRASIL, E. C.; CRAVO, M. S.; VIÉGAS, I. J. M. (ed.). *Recomendações de calagem e adubação para o estado do Pará*. 2 ed. Brasília: Embrapa, p. 279-282, 2020.

GAMA, J. R. N. F.; VALENTE, M. A.; OLIVEIRA JUNIOR, C.; CRAVO, M. S.; CARVALHO, E. J. M.; RODRIGUES, T. E. *Solos do Estado do Pará*. In: BRASIL, E. C.; CRAVO, M. S.; VIEGAS, E. J. M. (ed.). *Recomendações de adubações e calagem para o estado do Pará*. 2 ed. Brasília: Embrapa, p. 25-46, 2020.

HOMMA, A. K.; REBELLO, F. K. Aspectos econômicos da adubação e da calagem na Amazônia. In: BRASIL, E. C.; CRAVO, M. S.; VIEGAS, E. J. M. (ed.). *Recomendações de adubações e calagem para o estado do Pará*. 2 ed. Brasília: Embrapa, p. 185-204, 2020.

JOURDAN, C.; REY, H. Architecture and development of the oil-palm (*Elaeis guineensis* Jacq.) root system. *Plant and Soil*, v. 189, p. 33-48, 1997.

LORENZI, H. *Elaeis*. Flora do Brasil, Jardim Botânico do Rio de Janeiro, 2020. Disponível em: http://floradobrasil.jbrj.gov.br/reflora/floradobrasil/FB22138. Acesso em: 06 mai. 2021.

MALAVOLTA, E.; VITTI, G. C.; OLIVEIRA, S. A. *Avaliação do estado nutricional das plantas: princípios e aplicações*. 2 ed. São Paulo: Potafos, 319 p., 1997.

MATOS, G. S. B.; FERNANDES, A. R.; WADT, P. G. S.; FRANZINI, V. I.; SOUZA, E. M. C.; RAMOS, H. M. N. DRIS calculation methods for evaluating the nutritional status of oil palm in the Eastern Amazon. *Journal of plant nutrition*, v. 41, n. 10, p. 1240-1251, 2018.

MATOS, G. S. B.; FERNANDES, A. R.; WADT, P. G. S. Níveis críticos e faixas de suficiência de nutrientes derivados de métodos de avaliação do estado nutricional da palma-de-óleo. *Pesquisa Agropecuária Brasileira*, v. 51, n. 9, p. 1557-1567, 2016.

MATOS, G. S. B.; FERNANDES, A. R.; WADT, P. G. S.; PINA, A. J. A.; FRANZINI, V. I.; RAMOS, H. M. N. The use of DRIS for nutritional diagnosis in oil palm in the State of Pará. *Revista Brasileira de Ciência do Solo*, v. 41, e0150466, 2017.

MATOS, G. S. B.; RODRIGUES, G. R.; GAMA, M. A. P.; GALVÃO, J. R.; VIÉGAS, I. J. M.; MACEDO NETO, A. A. L. Compositional nutrient diagnosis in two oil palm genetic materials. *Revista Ibero Americana de Ciências Ambientais*, v. 10, n. 6, p. 1-5, 2019.

MÜLLER, A. A.; ANDRADE, E. B. Aspectos gerais sobre a fenologia da cultura da palma de óleo. In: RAMALHO FILHO, A.; MOTTA, P. E. F.; FREITAS, P. L.; TEIXEIRA, W. G. (ed.). *Zoneamento agroecológico, produção e manejo para a cultura da palma de óleo na Amazônia*. Rio de Janeiro: Embrapa Solos, p. 81-90, 2010.

NAHUM, J. S.; SANTOS, L. S.; SANTOS, C. B. Formação da dendeicultura na Amazônia paraense. *Revista Mercator*, v. 19, p. 1-14, 2020.

OCHS, R.; OLIVIN, J. Le diagnostic foliaire pour le controle de la nutrition des plantations de palmiers à huile: Prelevement des echantillion foliares. *Oleagineux*, v. 32, n. 5, p. 211-216, 1977.

OLIVEIRA, S. S.; SALDANHA, E. C. M.; SANTA BRÍGIDA, M. R. S.; CORDEIRO, N. K.; ROCHA, H. G. A.; ARAÚJO, J. L. S.; ALMEIDA, G. M.; LOBATO, W. T. S. Effect of different doses of magnesium sulphate monohydrate on productivity of oil palm. *Journal of Experimental Agriculture International*, v. 29, n. 1, p. 1-9, 2019.

PACHECO, A. R.; BARNWELL, I. M.; TAILLIEZ, B. J. Des cas deficience em cuivre em pépiniere de palmiers à huile en Amazonie bresilienne. *Oléagineux*, v. 41, n. 11, p. 4830-4839, 1986.

PADILHA, W. *Efeito da adubação fosfatada, potássica e magnesiana sobre a produção e teor de nutrientes em dendezeiros (Elaeis guineensis Jacq.) nas condições edafoclimáticas do município de Tailândia- Pará*. 97 p. Dissertação (Mestrado em Agronomia) – Universidade Federal Rural da Amazônia, Belém, PA, 2005.

PRADO, R. M. *Nutrição de plantas*. 2 ed. Jaboticabal: Editora Unesp, 416 p., 2020.

RODRIGUES, M. *Resposta do dendezeiro (Elaeis guineensis Jacq.) à aplicação de fertilizantes nas condições do Médio Amazonas*. 81 f. Dissertação (Mestrado em Agronomia) – Escola Superior de Agricultura "Luiz de Queiroz", Universidade de São Paulo, Piracicaba, 1993.

ROGNON, F. *Analyse vegetable dans controle de l'alimentation des plantes. Palmier à huile*. Paris, p. 426-446, 1984.

SANTOS, E. A. Caracterização de dendezeiros subespontâneos com base na produção de frutos e cachos. 74 p. Dissertação (Mestrado em Produção Vegetal) – Universidade Estadual de Santa Cruz, Ilhéus, BA, 2010.

SEDAP – SECRETARIA DE ESTADO DE DESENVOLVIMENTO AGROPECUÁRIA E DA PESCA. Dados agropecuários. *Dendê*. Sedap, 2021. Disponível em: https://www.sedap.pa.gov.br/boletim-cvis. Acesso em: 05 maio 2021.

SINGH, R. *Disponibilidade de micronutrientes em classes dominantes de solos do trópico úmido brasileiro. II. Manganês*. Belém: Embrapa/CPATLt, 1984. (Boletim de Pesquisa, 62).

SINGH, R.; MOLLER, M. R. F.; FERREIRA, W. de A. Características da sorção do fósforo relacionadas com propriedades selecionadas de solos dos trópicos úmidos da Amazônia. *Revista Brasileira de Ciência do Solo*, São Paulo, v. 7, p. 233-41, 1983.

UEXKULL, H. R.; FAIRHURST, T. H. *The oil palm*: fertilizing for high yield and quality. Bern: IPI, 79 p., 1991. (IPI Bulletin, 12).

VELOSO, C. A. C.; BOTELHO, S. M.; VIÉGAS, I. J. M.; RODRIGUES, J. E. L. F. *Amostragem e diagnose foliar*. In: BRASIL, E. C.; CRAVO, M. S.; VIÉGAS, I. J. M. (ed.). Recomendações de calagem e adubação para o estado do Pará. 2 ed. Brasília: Embrapa, 2020. p. 65-72.

VIÉGAS, I. J. M.; BOTELHO, S. M. Nutrição e adubação do dendezeiro. In: VIÉGAS, I. J. M.; MÜLLER, A. A. (ed.). *A cultura do dendezeiro na Amazônia brasileira*. Belém: Embrapa Amazônia Oriental; Manaus: Embrapa Amazônia Ocidental, p. 229-273, 2000.

VIÉGAS, I.; COSTA, M.; FERREIRA, E.; PERÉZ, N.; BARATA, H.; GALVÃO, J.; CONCEIÇÃO, H.; ESPÍRITO SANTO, S. Contribution of *Pueraria phaseoloides* L. in the cycling of macronutrients in oil palm plantations. *Journal of Agricultural Studies*, v. 9, n. 3, p. 1-13, 2021a.

VIÉGAS, I. J. M.; COSTA, M. G.; FERREIRA, E. V. O.; LIMA, E. V.; SILVA JÚNIOR, M. L.; SILVA, D. A. S. Micronutrients concentrations in leaves of oil palm trees fertilized with phosphorus, potassium, and magnesium. *Journal of Agricultural Studies*, v. 9, n. 1, p. 377-393, 2021b.

VIÉGAS, I. J. M. *Crescimento do dendezeiro (Elaeis guineensis Jacq.), concentração, conteúdo e exportação de nutrientes nas partes de plantas com 2 a 8 anos de idade, cultivadas em Latossolo Amarelo distrófico, Tailândia-Pará*. Tese (Doutorado) – Escola Superior de Agricultura "Luiz de Queiroz", Universidade de São Paulo, Piracicaba, 1993.

VIÉGAS, I. J. M.; FARIAS, M. do N.; FERREIRA, E. V. de O.; BARATA, H. da S.; CONCEIÇÃO, H. E. O. da.; GALVÃO, J. R.; SIVA, D. A. S. Phosphorus in Oil Palm Cultivated in the Oriental Amazon. *Journal of Agricultural Studies*, v. 9, n. 3, p. 43- 63, 2021c.

VIÉGAS, I. J. M.; GALVÃO, J. R.; SILVA, A. O.; CONCEIÇÃO, H. E. O.; PACHECO, M. J. B.; VIANA, T. C.; FERREIRA, E. V. O.; OKUMURA, R. S. Chlorine nutrition of oil palm tree (*Elaeis Guinq* Jacq.) in Eastern Amazon. *Journal of Agricultural Studies*, v. 8, n. 3, p. 704-720, 2020.

VIÉGAS, I. J. M.; PIMENTEL, M. J. O.; GALVÃO, J. R.; SILVA, D. A. S.; FERREIRA, E. V. O.; SILVA JÚNIOR, M. L.; YAKUWA, T. K. M.; LIMA, S. K. S. Adubação mineral na fase produtiva da palma óleo (*Elaeis guineenses* Jacq.) cultivada na região Amazônica. *Revista Ibero-Americana de Ciências Ambientais*, v. 10, n. 6, p. 274-286, 2019.

VIEGAS, I. J. M.; SANTOS, L. D.; COSTA, M. G.; FERREIRA, E. V. O.; BARATA, H. S.; SILVA, D. A. S. Production of oil palm under phosphorus, potassium and magnesium fertilization. *Revista Ceres*, v. 70, p. 112-123, 2023a.

VIEGAS, I. J. M.; SILVA, W. D. S.; FERREIRA, E. V. O.; COSTA, M. G.; CONCEIÇÃO, H. E. O.; BARATA, H. S.; BRITO, A. E. A.; OLIVEIRA NETO, C. F. Cultivation age of oil palm plants alters the dynamics of immobilization, recycling, and export of sulfur and increases its use efficiency. *International Journal of Agriculture & Biology*, v. 29, p. 74-82, 2023b.

WADT, P. G. S.; MATOS, G. S. B.; FRANZINI, V. I.; FERNANDES, A. R. Recomendação de Calagem e Adubação do Dendezeiro (Palma de Óleo) na Amazônia. In: SILVA, L. M.; WADT, P. G. S.; BURITY, K. T. L.; HONORE, E. A. D.; PEREIRA, M. G. (org.). *Caminhos da Produção Agroflorestal na Amazônia*. 1 ed. Porto Velho, RO: Núcleo Regional Noroeste da SBCS, v. 1, p. 131-152, 2021.

WANASURIA, S. et al. Iron deficiency of oil palm in Sumatra. *Better Crops International*, v. 13, n. 1, p. 33-35, 1999.

WOITTIEZ, L. S.; SLINGERLAND, M.; RUKAIYAH, R.; GILLER, K. E. Nutritional imbalance in smallholder oil palm plantations in Indonesia. *Nutrient Cycling in Agroecosystems*, v. 111, p. 73-86, 2018.

WOITTIEZ, L. S.; WIJK, M. T.; SLINGERLAND, M.; NOORDWIJK, M.; GILLER, K. E. Yield gaps in oil palm: A quantitative review of contributing factors. *European Journal of Agronomy*, v. 83, p. 57-77, 2017.

5

Nutrição do feijoeiro-caupi

Dágila Melo Rodrigues, Ismael de Jesus Matos Viégas, Milton Garcia Costa

O feijoeiro-caupi (*Vigna unguiculata* (L.) Walp.) é uma cultura nativa do continente africano que foi trazida para as Américas pelos espanhóis em meados do século XVII, por conta principalmente do tráfico de escravos (Freitas, 2006). Ele pode ser reconhecido pelas denominações populares feijão-macáçar, feijão-de-corda ou feijão-fradinho, e está entre as culturas agrícolas com mais rusticidade e melhor adaptação às diferentes condições de clima e solo brasileiro, sendo amplamente cultivado na região amazônica, sobretudo no Estado do Pará (Andrade Júnior, 2000; Onofre, 2008).

No início, a cultura foi designada apenas para fins de subsistência nas regiões Norte e Nordeste, entretanto, atualmente alcança destaque em produtividade em várias regiões do País. O feijoeiro-caupi é considerado uma cultura com bons valores proteicos, de carboidratos, de fibras e de vitaminas (Oliveira; Dantas, 1984; Freitas, 2006), e está entre os grãos com grande chance de combater a escassez alimentar, em especial nas regiões com deficiências desses compostos nutritivos. Porém, para o alcance dessa conjuntura nutritiva, deve ser levada em consideração uma adequada adubação que permita o pleno desenvolvimento da espécie e, por consequência, sua produtividade, dado que o feijoeiro-caupi necessita de boa nutrição para que os componentes bioquímicos e fisiológicos possam favorecer a produtividade das plantas.

No aspecto econômico, o feijoeiro-caupi contribui com a renda de pequenos e médios produtores. Além disso, é uma cultura alternativa na entressafra das *commodities* agrícolas, com destaque para o Estado do Mato Grosso. De acordo com um levantamento da Conab em 2020 (Maliszewski, 2021), o Brasil é o terceiro maior produtor de feijoeiro-caupi, com 686 mil toneladas na safra 2019/2020, e o Mato Grosso lidera o *ranking* nacional com 237 mil toneladas nas safras 2017/2018 e 2019/2020, o que corresponde a 30% de toda a produção brasileira dessa espécie. Na sequência, aparecem o Ceará e a Bahia, com 115 e

100 mil toneladas, respectivamente. Da região Norte, os Estados do Tocantins e Pará possuem a maior produção, com 35,4 e 17,3 mil toneladas, respectivamente (CNA/SENAR, 2020). Com relação ao destino da produção, os Estados do Centro-Oeste comercializam os grãos de feijão-caupi para o mercado internacional, em especial o europeu e asiático. Já os Estados do Norte e Nordeste têm preferência pela comercialização nacional, já que o feijão-caupi é recorrente na culinária dessas regiões.

Apesar do cenário promissor, nos últimos anos é evidente a baixa produtividade do feijoeiro-caupi, com média de apenas 770 kg ha^{-1} no norte do Brasil, e entre as causas desse problema estão os fatores nutricionais. O estado nutricional de um vegetal desencadeia sua taxa de desenvolvimento, crescimento e, consequentemente, suas características morfológicas e fisiológicas (Malavolta, 2006). A importância da nutrição na produção das plantas não pode ser dispensada, pois o desempenho da cultura depende do fornecimento equilibrado de todos os nutrientes, mesmo aqueles exigidos em quantidades relativamente pequenas (Costa *et al*., 2021; Salimpour *et al*., 2010).

Nessa conjuntura, a construção da fertilidade do solo em áreas de cultivos do feijoeiro-caupi é a base do sucesso da lavoura, por proporcionar melhores condições radiculares e, como consequência, ampliar a absorção de água e nutrientes pelas plantas. Em condições de solos da Amazônia, a calagem é uma prática indispensável, capaz de complexar o Al^{3+}, aumentar a disponibilidade de nutrientes e incrementar a produtividade (Sousa; Miranda; Oliveira, 2007). Estudo realizado na Amazônia oriental evidenciou incremento de duas vezes na produtividade do feijoeiro-caupi com a aplicação do calcário (Costa *et al*., 2021). Adicionalmente, estudos têm demonstrado que a inoculação de sementes com rizóbios melhora o estado de N nas plantas e promove ganhos em produtividade na cultura (Costa *et al*., 2021; Ferreira *et al*., 2019). Também há constatação de resposta linear em produtividade do feijoeiro-caupi à aplicação de doses de P (Leite; Leite; Cravo, 2020).

Muitas pesquisas científicas sobre o feijoeiro-caupi têm explorado sua fertilidade e nutrição mineral, o que está tornando essa cultura agrícola competitiva no cenário do agronegócio. Tal fato possibilitou conhecimento para uma adubação eficiente, já que é possível saber quais os nutrientes mais extraídos e exportados em algumas cultivares após o plantio e, assim, fazer uma reposição adequada, como já relatado por alguns pesquisadores da área. Por exemplo, estudos mais recentes verificaram que a adubação de plantio do feijoeiro-caupi em solo com P (10 mg dm^{-3}), K (71 mg dm^{-3}), Na (3 mg dm^{-3}), Ca (1,3 cmol$_c$ dm^{-3}), Mg (1,4 cmol$_c$ dm^{-3}) e Al (0,3 cmol$_c$ dm^{-3}), em Latossolo Amarelo de textura média, proporcionou aumento do conteúdo de sacarose e aminoácidos (6,2 mg g^{-1} e 0,3 mg g^{-1} aos 60 e 55 dias após a emergência, respectivamente), evidenciando respostas positivas da cultura à pratica de adubação (Machado *et al.*, 2017; Rodrigues *et al.*, 2017).

Nesse cenário, fica evidente que o adequado manejo nutricional das plantas do feijoeiro-caupi é essencial ao incremento da produtividade da cultura e ao sucesso da lavoura. Devido à importância dessa cultura para o mercado nacional, este capítulo traz informações sobre aspectos do manejo nutricional que contribuem para a qualidade e a produção do feijão-caupi, como informações e resultados sobre a classificação e estrutura botânica, extração e exportação de nutrientes, diagnose foliar e visual, interpretação da análise foliar, sistema integrado de diagnose foliar e recomendação, além de reflexões.

5.1 Classificação e morfologia da cultura

O feijoeiro-caupi (*Vigna unguiculata* (L.) Walp.) é uma eudicotiledônea pertencente à família Fabaceae Lind. e ao gênero *Vigna* Savi (Snak; Salinas, 2020). A espécie apresenta uma elevada diversidade genética, o que justifica a sua tardia classificação no gênero *Vigna* Savi – antes disso, perpassou pelos gêneros *Phaseolus* L. e *Dolichos* L. (Freire Filho, 2011).

A morfologia externa do feijoeiro-caupi é descrita por Snak e Salinas (2020): possui caule com crescimento volúvel, folhas com estípula prolongada abaixo do ponto de inserção com base calcarada e folíolos ovados. A flor do feijoeiro-caupi expressa coloração lilás, cálice laciniado, simetria da corola zigomorfa e pétalas da carena planas. Os frutos apresentam forma de legume linear e indumento glabro, enquanto as sementes têm coloração castanha, enegrecida ou branca, conforme a cultivar (Snak; Salinas, 2020).

Nos últimos anos, o feijoeiro-caupi tem passado por diversos processos de melhoramento genético, esforços coletivos de instituições públicas e privadas de pesquisa (Freire Filho *et al.*, 2011). Tais esforços resultaram em 19 cultivares adaptadas às condições edafoclimáticas da região amazônica (Tab. 5.1), capazes de produzir grãos com elevados teores de proteínas, ferro, zinco e fibras.

O ciclo de vida do feijoeiro-caupi depende da cultivar e pode ser: superprecoce (até 60 dias), precoce (61-70 dias), médio (71-90 dias), médio precoce (71-80 dias), médio tardio (81-90 dias) e tardio (acima de 90 dias) (Andrade Júnior *et al.*, 2002). O feijoeiro-caupi pode apresentar quatro tipos de porte, conforme descrito por Andrade Júnior *et al.* (2002):

- *Ereto:* o ramo primário e os secundários dispõem de comprimentos curtos, e os secundários se encontram dispostos em ângulos de agudo a reto em relação ao ramo principal.
- *Semiereto:* o ramo primário e os secundários apresentam comprimentos de curtos a médios, e os ramos secundários estão dispostos em ângulo reto ao ramo principal.

- *Semiprostrado:* o ramo principal e os secundários dispõem de comprimentos médios, encontrando-se os ramos secundários dispostos parcialmente sobre a superfície do solo.
- *Prostrado:* o ramo principal e os secundários apresentam comprimentos longos e dispostos sobre a superfície do solo.

Tab. 5.1 Cultivares melhoradas de feijoeiro-caupi indicadas para a região amazônica, lançadas comercialmente por diferentes instituições entre 1981 e 2009

Cultivar	Instituição	Ano do lançamento	Estado de adaptação
Manaus	Embrapa Amazônia Ocidental	1981	AM
BR2 Bragança	Embrapa Amazônia Oriental	1985	PA
BR3 Tracuateua	Embrapa Amazônia Oriental	1985	PA
BR4 Rio Branco	Embrapa Acre	1985	AC
BR5 Cana-verde	Embrapa Acre	1985	AC
BR8 Caldeirão	Embrapa Amazônia Ocidental	1986	AM
Amapá	Embrapa Amapá	1997	AP
BRS Mazagão	Embrapa Amapá	2000	AP
BRS Urubuquara	Embrapa Amazônia Oriental	2005	PA
BRS Milênio	Embrapa Amazônia Oriental	2005	PA
BRS Novaera	Embrapa Meio-Norte	2007	RO, RR, PA, AP, AM
BRS Xiquexique	Embrapa Meio-Norte	2008	RR, AM, PA, AP
BRS Cauamé	Embrapa Meio-Norte	2009	RO, RR, AP, AM, PA
BRS Tumucumaque	Embrapa Meio-Norte	2009	RO, AM, RR, PA, AP
BRS Pajeú	Embrapa Meio-Norte	2009	RR
BRS Potengi	Embrapa Meio-Norte	2009	RO, RR, AM
BRS Itaim	Embrapa Meio-Norte	2009	RR, PA, TO
BRS Juruá	Embrapa Meio-Norte	2009	RR, PA, TO
BRS Aracê	Embrapa Meio-Norte	2009	RR, PA, TO

5.2 Extração e exportação de nutrientes

O conhecimento da quantidade de nutrientes na planta fornece importantes informações que podem auxiliar no programa de adubação da cultura do feijoeiro-caupi. Alguns estudos com a planta ressaltam essa temática e colaboram com o programa de adubação eficiente pela obtenção dos níveis de nutrientes extraídos e exportados das diversas partes do feijoeiro-caupi (Freire Filho *et al.*, 2006; Souza *et al.*, 2012; Vera *et al.*, 2019).

Para determinar a extração de nutrientes no feijoeiro-caupi, faz-se uso do método de "marcha de absorção de nutrientes". Esse método acompanha todos os estádios fenológicos da cultura, assim, permite definir a exigência dos nutrientes requeridos em cada estágio e, além disso, estimar a exportação desses nutrientes pela colheita e o quanto é necessário retornar ao solo (Vera et al., 2019). Por suas características fenotípicas, as variedades de feijoeiro-caupi se distinguem entre si quanto ao ciclo precoce, médio e longo, com reflexo nas necessidades nutritivas. Em sua maioria, a extração é mais visível nos macronutrientes, na ordem N > K > Ca > P > Mg > S, ocorrendo entre os períodos fenológicos 28, 35, 42, 49 e 56 DAE (dias após a emergência) no solo (Vera et al., 2019).

Avaliando os efeitos da nutrição mineral nas cultivares de feijão-caupi BR3 Tracuateua e BRS Guariba, Santos (2018) verificou que a primeira possui a tendência de acumular os nutrientes na parte aérea na ordem K > N > Ca > Mg > P > S para os macronutrientes e Mn > B > Fe > Zn > Cu para os micronutrientes. Por outro lado, a tendência da BRS Guariba é de promover maior extração dos nutrientes seguindo a ordem K > N > P > Ca > Mg > S para os macronutrientes e Fe > Zn > B > Cu para os micronutrientes aos 50 e 60 dias após a emergência. Nesse mesmo estudo, foi observada interação entre os nutrientes e as cultivares; a BRS Guariba respondeu positivamente à interação N/K, enquanto a BR3 Tracuateua apresentou resposta por P/Zn. Essa pesquisa mostra que cada cultivar de feijoeiro-caupi manifesta demandas nutricionais distintas, as quais necessitam de atenção no momento da recomendação da adubação. Na Tab. 5.2, reúnem-se os valores de extração de macro e micronutrientes encontrados para a cultura do feijoeiro-caupi por Santos (2018).

Sampaio e Brasil (2009) verificaram que a maior extração de N (113 kg ha^{-1}) ocorre até os 40 DAE. O K é o segundo nutriente mais extraído no gênero Vigna, com média de 73 kg ha^{-1} aos 40 DAE, seguido pelo P com 12 kg ha^{-1} aos 25 DAE. O Ca apresenta tendência de ser extraído a partir de 40 até 57 DAE com 84 kg ha^{-1},

Tab. 5.2 Valores extraídos de macro e micronutrientes em função da idade na parte aérea (folhas + ramos) das cultivares de feijão-caupi BR3 Tracuateua e BRS Guariba

Cultivar	N	P	K	Ca	Mg	S
	g planta^{-1}					
BRS Tracuateua	1,39**	0,15*	2,28**	0,58*	0,03*	0,03*
BRS Guariba	1,58*	1,13*	1,55**	0,29*	0,03*	0,08*

Cultivar	B	Cu	Fe	Mn	Zn	Na	Al
	g planta^{-1}						
BRS Tracuateua	1,78*	0,17*	1,50*	2,29**	1,37*	23,26*	0,27*
BRS Guariba	1,71*	0,08*	2,11*	4,51*	2,08*	8,61*	0,26*

* Valores referentes a 50 dias após a colheita.

** Valores referentes a 60 dias após a colheita.

enquanto o Mg tem uma curva de absorção em torno de 17 kg ha^{-1} entre 25 e 45 DAE. Para a exportação, a ordem é N > K > Ca > P > Mg > S para as cultivares BRS Guariba, BRS Tracuateua, BRS Bragança, BRS Gurgueia, BRS Urubuquara e BRS Milênio (Carvalho et al., 2012; Randall et al., 2006). A Fig. 5.1 mostra as quantidades de nutrientes extraídas e exportados pelo feijoeiro-caupi (Magalhães et al., 2017; Vera et al., 2019).

Parte aérea

Média de extração de macronutrientes parte aérea (kg ha^{-1})
- N: 51,4
- P: 5,1
- K: 27,6
- Ca: 27,1
- Mg: 8,2
- S: 5,1

Média de extração de macronutrientes parte aérea e grãos (kg ha^{-1})
- N: 96
- P: 92
- K: 37
- Ca: 17
- Mg: 14
- S: 10

Grãos

Exportação pelo grão kg ha^{-1}
- P: 58
- N: 55
- K: 43
- Mg: 40
- S: 38
- Ca: 17

Extração de macronutrientes em dias → 28, 35, 42, 49, 56 (DAE)

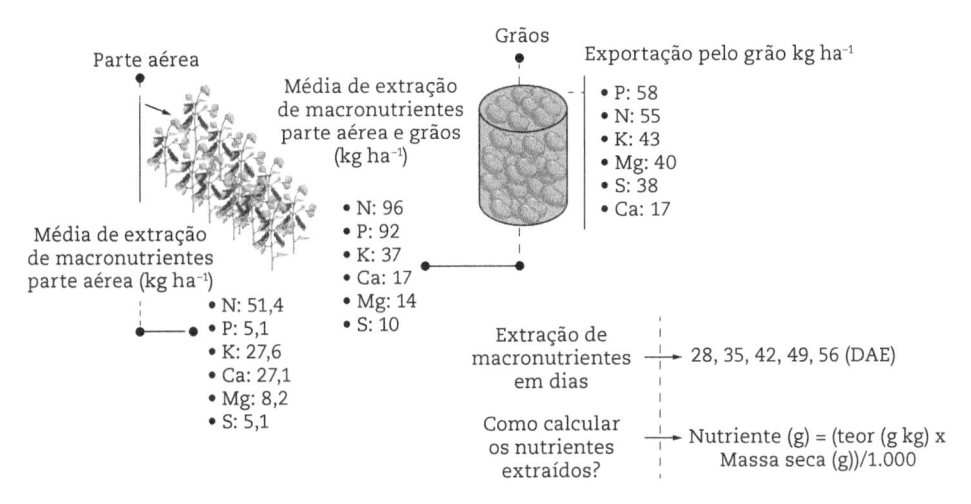

Como calcular os nutrientes extraídos? → Nutriente (g) = (teor (g kg) x Massa seca (g))/1.000

Fig. 5.1 Representação esquemática da dinâmica de extração e exportação de macronutrientes pelo feijoeiro-caupi

Alguns estudos apontam a relação dos micronutrientes com o desempenho do feijoeiro-caupi e sugerem que a produção de massa seca e de grãos está diretamente relacionada às doses desses micronutrientes. Cultivares de feijão-caupi BR3 Tracuateua e Canapu adubadas de acordo com a recomendação de Cravo e Souza (2020) para a região Norte, nas doses (mg kg^{-1}) de 40 de N, 80 de P, 150 de K, 50 de Ca, 60 de Mg, 30 de S, 2 de Mn, 3 de Zn e 0,7 de B, tiveram respostas diferentes em relação ao suprimento com Cu, segundo Conceição (2021). Nesse estudo, houve aumento da massa seca total (17 g) na cultivar BR3 Tracuateua devido ao aumento das doses de Cu até 2,5 mg kg^{-1}. No entanto, ocorreu toxidez nas cultivares Canapu e BR3 Tracuateua em maiores doses de Cu (30 e 60 mg kg^{-1}), ocasionando perdas na massa seca dos grãos.

Dessa forma, esses estudos mostram a importância do fornecimento adequado de micronutrientes de acordo com cada cultivar de feijoeiro-caupi, além do conhecimento de quanto é extraído de cada componente dessa espécie para, com isso, fazer suas devidas reposições no solo. Pesquisas com micronutrientes na cultura do feijoeiro-caupi ainda são escassas na literatura, mas todas mostram a dependência desses elementos de forma diferenciada para cada cultivar de feijão. Por isso, é essencial atentar para as divergências nutricionais da espécie e, assim, fazer as devidas reposições de forma a garantir a produtividade da cultura.

5.3 Diagnose visual

A descrição dos sintomas visuais de deficiências nutricionais em feijoeiro-caupi é feita com base no trabalho desenvolvido por Oliveira e Dantas (1984). Na Fig. 5.2 podem ser observados os sintomas de deficiência dos macronutrientes e, na Fig. 5.3, dos micronutrientes.

5.3.1 Nitrogênio

Devido à alta mobilidade do nutriente, os sintomas visuais iniciais de deficiência de N ocorrem nas folhas mais velhas, com clorose uniforme amarelo-esverdeada e, posteriormente, amarelo-esbranquiçada, que se estende às folhas novas. Com a intensidade da deficiência, o número de folhas, a área foliar e o crescimento das plantas são reduzidos.

5.3.2 Fósforo

O P é móvel no floema, então os sintomas visuais de sua deficiência se manifestam inicialmente nas folhas mais velhas como manchas cloróticas verde-limão. Com a maior intensidade da deficiência, as folhas mais novas passam a apresentar cor verde-azulada, caule pouco desenvolvido e fino, e área foliar e número de folhas reduzidos.

5.3.3 Potássio

Os sintomas visuais da deficiência de K ocorrem nas folhas mais velhas como consequência da alta mobilidade do nutriente no floema, manifestando-se como manchas necróticas castanho-escuras do ápice até a parte central das folhas, além da redução do crescimento do caule, do número de folhas e da área foliar.

5.3.4 Cálcio

Com relação ao Ca, os sintomas visuais de sua deficiência se manifestam nas folhas mais novas, que ficam encurvadas e quebradiças, com redução do crescimento das raízes, morte do broto terminal e não florescimento das plantas.

5.3.5 Magnésio

Os sintomas visuais característicos da deficiência de Mg se iniciam pelas folhas mais velhas na forma de manchas irregulares, verde-claras e distribuídas no limbo das folhas; com o desenvolvimento das plantas, as folhas tornam-se amarelas.

Fig. 5.2 Sintomatologia de deficiência de (A) nitrogênio, (B) fósforo, (C) potássio, (D) magnésio e (E) enxofre em folhas de feijoeiro-caupi
Fonte: (A-C) TNAU Agriculture Portal (2015) e Farmnest (2017) e (D,E) Nascimento *et al.* (2013).

Fig. 5.3 Sintomatologia de deficiência de (A) boro, (B) ferro, (C) manganês e (D) zinco em folhas de feijoeiro-caupi
Fonte: Tnau Agriculture Portal (2015) e Farmnest (2017).

5.3.6 Enxofre

Os sintomas característicos da deficiência de S se iniciam nas folhas mais novas como manchas irregulares, verde-claras e distribuídas no limbo das folhas. Com o desenvolvimento das plantas, as folhas ficam amareladas.

5.3.7 Boro

Os sintomas de deficiência de B se iniciam pelos folíolos das folhas próximas ao broto terminal, que apresentam coloração alaranjada a partir da base em direção às margens e ao ápice. Com a maior intensidade da deficiência, o broto terminal morre e as plantas não atingem o florescimento. As folhas superiores deficientes em B apresentam-se coriáceas e quebradiças, com bordos recurvados para baixo, e o sistema radicular é reduzido.

5.3.8 Cobre

Com relação à deficiência de cobre, as folhas medianas apresentam área foliar reduzida e os folíolos, coloração verde-azul intensa. As plantas, apesar de se desenvolverem com aspecto normal, produzem um número reduzido de vagens.

5.3.9 Ferro

Os sintomas visuais de deficiência de Fe se iniciam pelas folhas próximas ao broto terminal, que apresentam clorose generalizada, com as nervuras mantendo sua coloração verde normal, mas com crescimento reduzido das raízes e do caule. As plantas não atingem o florescimento.

5.3.10 Manganês

Na deficiência de Mn, as folhas mais novas manifestam clorose entre as nervuras e coloração verde-pálida nas nervuras. Com a maior intensidade dos sintomas, o limbo foliar fica enrugado e os bordos das folhas se recurvam para baixo. O ápice do caule fica alongado, chegando a secar.

5.3.11 Zinco

Os sintomas de deficiência de Zn se iniciam nas folhas mais novas, com clorose internerval e pontuações escuras. As plantas sofrem redução do crescimento, do número de folhas e da área foliar e não apresentam frutificação.

5.4 DIAGNOSE FOLIAR

A diagnose foliar é uma das maneiras de determinar se o manejo adotado no solo (calagem e adubação) proporciona a resposta desejada nas plantas (Ribeiro, 2019). O uso adequado da análise das folhas requer a compreensão das relações entre o crescimento vegetal (ou produtividade) e a concentração do nutriente no tecido da planta (Taiz *et al.*, 2017).

A diagnose é definida a partir da avaliação do estado nutricional de uma planta tomando-se uma amostra de um tecido vegetal e comparando-a com seu padrão preestabelecido (Prado, 2020). Diagnosticar o estado nutricional das plantas envolve tanto a avaliação como a interpretação do resultado da análise foliar (Fontes, 2016). É uma técnica determinante que, além de identificar o estado nutricional da planta, relaciona o envolvimento de fatores como absorção, translocação e utilização dos nutrientes para buscar evidências sobre deficiência e/ou toxidez (Prado, 2020).

Assim, como qualquer outra técnica, a diagnose foliar possui exigências a serem adotadas, relacionadas a período de coleta, escolha da folha correta, número de folhas amostradas, procedimentos laboratoriais a serem aplicados nas folhas e armazenamento das amostras (Cruz *et al.*, 2019). São normas a serem seguidas, uma vez que diversos fatores influenciam na concentração de nutrientes no tecido vegetal, como os bióticos (idade da planta, parte da planta amostrada, genótipo da espécie, incidência de doenças e pragas), os abióticos (temperatura, pluviosidade, fotoperíodo e horário de coleta das amostras) e os edáficos (práticas culturais) (Caione *et al.*, 2018).

A cultura do feijoeiro-caupi está entre as espécies de interesse comercial para as quais já se dispõem de parâmetros para detecção da folha-diagnose. Prado (2020) recomenda coletar a primeira folha amadurecida a partir da ponta do ramo, no início da floração. Algumas pesquisas têm evidenciado que a diagnose foliar do feijoeiro-caupi pode ser realizada coletando-se a terceira folha após o ápice, no estádio de pleno florescimento (Boaretto *et al.*, 2009; Fontes, 2016; Souza *et al.*, 2011).

Em ambas as situações, a coleta deve ser representada por, em média, 30 folhas ha^{-1} quando cultivadas no campo e/ou um número de folhas proporcional quando cultivadas em vaso. Na Fig. 5.4, encontram-se resumidamente os procedimentos a serem adotados para a coleta da folha-diagnose e suas etapas laboratoriais antes da moagem do material.

Após a coleta, as amostras foliares devem ser encaminhadas ao laboratório de análise para determinação das concentrações dos nutrientes. De acordo com pesquisas de Campos *et al.* (2016), após a coleta da folha-diagnose, ela necessita passar por alguns procedimentos, resumidos no Quadro 5.1.

Após a secagem do material vegetal, as amostras devem ser trituradas e armazenadas em embalagens para posterior análise. Dependendo do tipo de análise a ser realizada, toma-se como modelo a metodologia (protocolos de laboratório) que mais se adéque ao laboratório onde as amostras se encontram. Caso o produtor e/ou pesquisador deseje analisar compostos de cunho

Estádio reprodutivo

R1 - surgimento do primeiro botão floral localizado no ramo principal

a Campo ou casa de vegetação

Botão floral

3º Folha amadurecida

(Campos et al., 2016)

Preparo das amostras e procedimentos laboratoriais

b Coleta da folha-diagnose

c Coletar a terceira folha amadurecida a partir da ponta do ramo, no início da floração.

d Amostrar 30 folhas por ha

Laboratório

1º Lavar a folha em água corrente;
2º Solução de detergente a 0,1%;
3º Lavar em água, de preferência destilada;
4º Secar em estufa a 65 °C por 72 horas, dependendo do material vegetal;
5º Armazenar em embalagem apropriada.

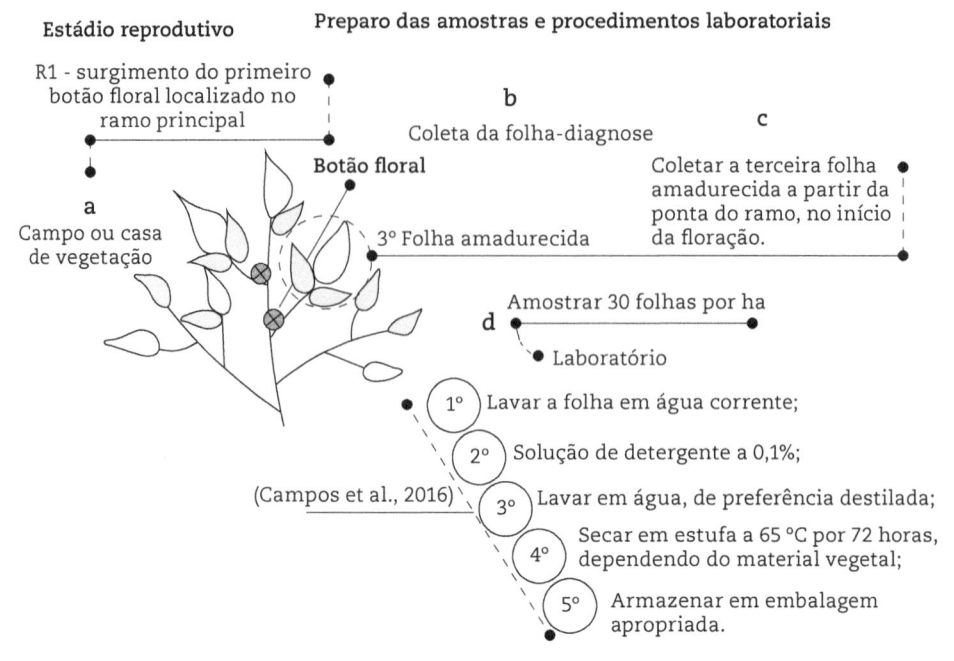

Fig. 5.4 Amostragem foliar para diagnose nutricional e procedimentos laboratoriais adotados na cultura do feijoeiro-caupi

Fonte: adaptado de Campos *et al.* (2016).

Quadro 5.1 Etapas laboratoriais (enxágue, secagem e moagem do tecido vegetal) de diagnose foliar do feijoeiro-caupi

Etapas	Procedimentos
1ª	As folhas precisam ser enxaguadas em água corrente.
2ª	Em um recipiente (bandeja), acrescentar a solução de detergente a 0,1% para cada 1 litro de água, de preferência destilada. "Massagear" levemente a superfície foliar para retirada de impurezas vindas do local de cultivo.
3ª	Na sequência, em outro recipiente (bandeja), enxaguar as folhas novamente em água destilada para retirada do detergente.
4ª	Com o auxílio de papel-toalha, fazer uma pré-secagem para retirada do excesso de água. Realizar o depósito das folhas em saco de papel e levar à estufa com ventilação forçada de ar (65 °C por 72 horas).
5ª	Com armazenamento em embalagens apropriadas, as amostras conseguem obter maior tempo de conservação. É necessário realizar a moagem do material vegetal para dar prosseguimento às análises laboratoriais de diagnóstico nutricional.

Fonte: adaptado de Campos *et al.* (2016).

fisiológico, como clorofila, as amostras, quando vindas do campo, necessitam passar por todas as etapas de assepsia, porém não devem passar pelo processo de secagem. Nessas situações, as amostras de tecidos devem ser armazenadas em solução de FAA (fixador composto de formaldeído, ácido acético e álcool 50%; 5:5:90, respectivamente) para conservação de todas as suas estruturas celulares até o momento de realização das análises.

Ressalta-se que cada pesquisador possui características de avaliação diferentes, e que o campo de análise dessas propriedades sempre está em constante avaliação para os ajustes científicos. Durante as análises, é natural ocorrer erros, porém o laboratório precisa fornecer um resultado satisfatório e com credibilidade. Por isso, as análises das amostras, de acordo com Fontes (2016), necessitam de exatidão ou acurácia e precisão. É recomendado realizá-las em triplicatas, uma vez que a comparação entre as amostras determinará a eficácia da diagnose foliar, unificando esses fatores.

5.5 Métodos de interpretação dos resultados

Entre os objetivos dos métodos de interpretação de resultados dos teores foliares, encontra-se a promoção de um programa de adubação correta, garantindo a sustentabilidade no cultivo e, ao mesmo tempo, aumentando a lucratividade. Os resultados das concentrações das amostras são expressos em quantidade de nutrientes por unidade de massa seca. Segundo Fontes (2016), para os macronutrientes, recomenda-se expressar essas concentrações em g kg^{-1} e, para os micronutrientes, em mg kg^{-1}. Na Tab. 5.3 estão listados os teores foliares de macro e micronutrientes obtidos no feijoeiro-caupi por alguns pesquisadores.

A análise do tecido vegetal é um diagnóstico de interpretação do estado nutricional da planta (Maia, 2012) e, para realizá-lo, utiliza-se o nível crítico ou a faixa de suficiência. O nível crítico de determinado nutriente na planta é definido como o valor da concentração que separa a zona de deficiência da zona de suficiência (Martinez et al., 2003), ou seja, o nível crítico identificado indica que,

Tab. 5.3 Faixa adequada de teores foliares dos nutrientes na cultura do feijoeiro-caupi

N	P	K	Ca	Mg	S	Referência
g kg^{-1}						
30-50	2,5-4,0	20-24	10-25	2,5-5,0	2,0-3,0	Raij et al. (1997)
18-22	1,2-1,5	30-35	50-55	5,0-8,0	1,5-2,0	Malavolta, Vitti e Oliveira (1997)
30-35	4,0-7,0	27-35	25-35	3,0-6,0	1,3-2,8	Ribeiro, Guimarães e Alvarez (1999)
30-50	2,5-4,0	20-25	10-25	2,5-5,0	2,0-3,0	Sousa e Lobato (2004)
B	Zn	Mn	Fe	Cu	Mo	Referência
mg kg^{-1}						
15-26	18-50	15-100	4,0-140	4,0-20	0,5-1,5	Raij et al. (1997)
150-200	40-50	400-425	700-900	10-30	0,2-0,3	Malavolta, Vitti e Oliveira (1997)
100-150	45-55	200-300	300-500	8,0-10	-	Ribeiro, Guimarães e Alvarez (1999)
30-60	20-100	30-300	100-450	10-20	0,4-1,0	Sousa e Lobato (2004)

na época em que as folhas são amostradas, os frutos ainda não apresentam acentuada atividade de dreno, e confirma a fase compreendida entre o florescimento e a primeira fase de expansão rápida dos frutos.

De acordo com Malavolta, Vitti e Oliveira (1997) e Prado e Campos (2018), os tecidos das plantas devem conter quantidades adequadas de nutrientes, porém os autores ressaltam que esses teores somente serão encontrados de forma padronizada quando a planta estiver em uma condição ecofisiológica apropriada. Por essa razão, é recomendado pela literatura, na hora de obter os dados, adotar sistemas de diagnose e recomendação, tais como o DRIS, que possuem alta relação entre fatores nutricionais e questões fisiológicas em qualquer cultura agrícola.

5.6 Sistema integrado de diagnose e recomendação (DRIS)

O sistema integrado de diagnose e recomendação (DRIS – Beaufils, 1973) foi desenvolvido com objetivo de fornecer um diagnóstico mais exato do estado nutricional de plantas cultivadas, para auxílio na recomendação de adubação para culturas agrícolas (Fontes, 2016). De maneira geral, é uma técnica baseada na comparação de índices de nutrientes calculados por meio das relações entre estes na amostra, com razões já estabelecidas como modelo (Malavolta; Vitti; Oliveira, 1997; Mourão Filho, 2004; Prado, 2020). Ou seja, o método faz uso da análise nutricional foliar pelas médias das plantas mais produtivas para chegar às interpretações nutricionais (Fontes, 2016; Prado; Campos, 2018).

De acordo com Fontes (2016), já são aplicados alguns modelos matemáticos, como análise multivariada, chance matemática (ChM), análise vetorial, perfil de nutrição, análise Grey e redes neurais, cujos resultados processados se equiparam aos do DRIS. Apesar disso, o DRIS tem a vantagem de poder ser desenvolvido em glebas comerciais de qualquer cultura agrícola, próximo das condições reais de cultivo utilizadas pelo produtor, sendo considerado um método multivariado, diferente da faixa adequada (univariada) (Prado, 2020).

Mesmo sendo um método que exige tempo, esforços e interferências ecofisiológicas, o DRIS pode apresentar eficiência na obtenção do estado nutricional da cultura do feijoeiro-caupi, dadas as vantagens destacadas. Entretanto, ele ainda não foi realizado para essa cultura, o que evidencia a necessidade de novas pesquisas aplicando a técnica à cultura.

5.7 Reflexões

O feijoeiro-caupi esbanja grande importância socioeconômica nas regiões Norte e Nordeste do Brasil. No entanto, a cultura ainda apresenta baixa produtividade em razão da falta de conhecimento das exigências nutricionais das cultivares utilizadas, fato que interfere no manejo nutricional e na adubação, muitas vezes inadequada.

Adicionalmente, a baixa quantidade de pesquisas realizadas sobre a dinâmica dos nutrientes nos agroecossistemas da Amazônia, que geralmente possuem solos de baixa fertilidade natural, também contribui para a baixa produtividade da cultura. O Latossolo Amarelo de textura média, onde há predominância do cultivo do feijoeiro-caupi, apresenta baixa disponibilidade de nutrientes como N, P, K, Ca, Mg e micronutrientes, o que indica a necessidade de suprimento equilibrado dos nutrientes pela adubação.

Com base nesse cenário, o grande desafio é aumentar a produtividade do feijoeiro-caupi, buscando melhorar as ferramentas de manejo nutricional das plantas, o que irá refletir diretamente na produtividade e lucratividade do feijoeiro nos sistemas de produção amazônicos. As informações sobre as quantidades de nutrientes extraídas e exportadas, a diagnose visual e foliar, são essenciais ao monitoramento nutricional da cultura e ao manejo racional de sua adubação. Portanto, ressalta-se a necessidade de determinar normas DRIS para o feijoeiro-caupi na região, as quais serão de grande utilidade.

Referências bibliográficas

MALISZEWSKI, E. Brasil deve colher menos feijão-caupi. *Agrolink*, 7 jan. 2021. Disponível em: https://www.agrolink.com.br/noticias/brasil-deve-colher-menos-feijao-caupi_444571.html. Acesso em: 24 set. 2021.

ANDRADE JÚNIOR, A. S.; SANTOS, A. A.; SOBRINHO, C. A.; BASTOS, E. A.; MELO, F. B.; VIANA, F. M. P.; FREIRE FILHO, F. R.; SILVA, J. C.; ROCHA, M. M.; CARDOSO, M. J.; SILVA, P. H. S.; RIBEIRO, V. Q. *Cultivo do feijão-caupi* (Vigna unguiculata (L.) Walp). Teresina: Embrapa Meio Norte, 108 p., 2002.

ANDRADE JÚNIOR, A. S. *Viabilidade da irrigação, sob risco climático e econômico, nas microrregiões de Teresina e Litoral Piauiense*. 2000. Tese (Doutorado) – Universidade de São Paulo, 2000.

BEAUFILS, E. R. Diagnosis and recommendations integraded system (DRIS). *Soil Sci. Bull.*, n. 1, Univ. of Natal, South África, 132 p., 1973.

BOARETTO, A. E.; RAIJ, B. V.; SILVA, F. C.; CHITOLINA, J. C.; TEDESCO, M. J.; CARMO, C. A. F. S. Amostragem acondicionamento e preparo de amostras de plantas para análise química. In: SILVA, F. C. (org.). *Manual de análises químicas de solos, plantas e fertilizantes*. Brasília, DF: Embrapa Informação Tecnológica, v. 2, p. 59-86, 2009.

CAIONE, G.; SILVA JÚNIOR, G. B.; SOUZA MARIA, L.; CAMPOS, C. N. S.; PRADO, R. M. Diagnose foliar: importância da amostragem de folhas. In: PRADO, R. M.; CAMPOS, C. N. S. *Nutrição e adubação de grandes culturas*. 1 ed. Jaboticabal, SP: Funep, Cap. 5, p. 59-71, 2018.

CAMPOS, C. N. S.; MINGOTTE, F. L. C.; PRADO, R. M.; LEMOS, L. B. Nutrição e adubação da cultura do feijão-vagem. In: PRADO, R. M.; CECÍLIO FILHO, A. B. (ed.). *Nutrição e adubação de hortaliças*. Jaboticabal: Funep, Cap. 22, p. 579-900, 2016.

CARVALHO, A. F. U.; SOUSA, N. M.; FARIAS, D. F.; ROCHA-BEZERRA, L. C. B.; SILVA, R. M. P.; VIANA, M. P.; GOUVEIA, S. T.; SAMPAIO, S. S.; SOUSA, M. B.; LIMA, G. P. G.; MORAIS, S. M.; BARROS, C. C.; FREIRE FILHO, F. R. Nutritional ranking of 30 Brazilian genotypes of cowpeas including determination of antioxidant capacity and vitamins. *Journal of Food Composition and Analysis*, v. 26, n. 1-2, p. 81-88, 2012.

CNA/SENAR. *Feijão-caupi*. 2020. Disponível em: https://cnabrasil.org.br/cna-pulses/page3.html. Acesso em: 05 set. 2023.

CONCEIÇÃO, E. C. S. *Efeitos do cobre no desenvolvimento e produção de grãos de feijão-caupi em Latossolo Amarelo textura média.* 2021. Monografia (Obtenção do título de Engenheiro-Agrônomo) – Universidade Federal Rural da Amazônia, Capanema, PA, 2021.

COSTA, M. G.; FERREIRA, E. V. O.; OLIVEIRA, T. C. M.; MACIEL, G. P.; DUQUE, F. J. S.; PEREIRA, W. C. Growth and production of cowpea cultivated with liming and nitrogen fertilization in the Eastern Amazon. *Revista Ceres*, v. 68, n. 5, p. 460-470, 2021.

CRAVO, M. S.; SOUZA, B. D. L. Feijão-caupi. *In*: BRASIL, E. C.; CRAVO, M. S.; VIÉGAS, I. J. M. (ed.). *Recomendações de calagem e adubação para o estado do Pará.* Brasília: Embrapa, p. 247-249, 2020.

CRUZ, G. S.; VERA, G. S.; SILVA, K. J. D.; SOUZA, H. A. Diagnóstico foliar para avaliação do estado nutricional do feijão-caupi. *In*: REUNIÃO NORDESTINA DE CIÊNCIAS DO SOLO, 5., 2019, Fortaleza, CE. *Resumo...* Editora UFC, 222 p., 2019.

FARMNEST. Deficiency chart of plant nutrients. *Fórum FarmNest*, jul. 2017. Disponível em: https://discuss.farmnest.com/t/deficiency-chart-of-plant-nutrients/22781. Acesso em: 27 abr. 2022.

FERREIRA, P. A. A.; PEREIRA, J. P. A. R.; OLIVEIRA, D. P.; VALE, H. M. M.; JESUS, E. C.; SOARES, A. L. L.; NOGUEIRA, C. O. G.; ANDRADE, M. J. B.; MOREIRA, F. M. S. New rhizobia strains isolated from the Amazon region fix atmospheric nitrogen in symbiosis with cowpea and increase its yield. *Bragantia*, v. 78, n. 1, p. 38-42, 2019.

FONTES, C. R. *Nutrição mineral de plantas:* anamnese e diagnóstico. 1 ed. Viçosa, MG: Editora UFV, 2016.

FREIRE FILHO, F. R.; DE MOURA ROCHA, M.; BRIOSO, P. S. T.; RIBEIRO, V. Q. BRS Guariba: white-grain cowpea cultivar for the midnorth region of Brazil. *Crop Breeding and Applied Biotechnology*, v. 6, n. 2, 2006.

FREIRE FILHO, F. R. *Feijão-caupi no Brasil:* produção, melhoramento genético, avanços e desafios. Teresina: Embrapa Meio-Norte, 2011.

FREIRE FILHO, F. R.; RIBEIRO, V. Q.; ROCHA, M. M.; SILVA, K. J. D.; NOGUEIRA, M. S. R.; RODRIGUES, E. V. *Feijão-caupi no Brasil:* produção, melhoramento genético, avanços e desafios. Teresina: Embrapa Meio-Norte, 84 p., 2011.

FREITAS, J. B. S. *Respostas fisiológicas ao estresse salino de duas cultivares de feijão-caupi.* [Physiological responses of two contrasting cultivars of cowpea under salt stress]. 135 f. Tese (Doutorado em Bioquímica) – Universidade Federal do Ceará, Fortaleza, 2006.

LEITE, R. C.; LEITE, R. C.; CRAVO, M. S. Second-crop cowpea under residual phosphorus doses in the Brazilian Amazon. *Pesquisa Agropecuária Tropical*, v. 50, e66078, 2020.

MACHADO, M. W. P.; RODRIGUES, D. M.; SILVA, D. A. S.; VIÉGAS, I. J. M.; OLIVEIRA NETO, C. F. Produção de aminoácidos na parte aérea de feijão-caupi *vigna unguiculata* (L.) Walp cultivar BRS-Guariba em função da idade no estado do Pará. *In*: IX ENCONTRO AMAZÔNICO DE AGRÁRIAS, jul. 2017, Belém, PA. *Anais...* Belém, PA: ENAAG, 2017. p. 397-402. Disponível em https://ufraenaag.wixsite.com/enaagoficial/certificados-ix-enaag. Acesso em: 05 out. 2021.

MAGALHÃES, I. P. B.; SEDIYAMA, M. A. N.; SILVA, F. D. B.; VIDIGAL, S. M.; PINTO, C. L. O.; LOPES, I. P. C. Produtividade e exportação de nutrientes em feijão-vagem adubado com esterco de galinha. *Revista Ceres*, Viçosa, v. 64, n. 1, p. 098-107, 2017.

MAIA, C. E. Época de amostragem foliar para diagnóstico nutricional em bananeira. *Revista Brasileira de Ciência do Solo*, v. 36, p. 859-864, 2012.

MALAVOLTA, E. *Manual de nutrição mineral de plantas.* São Paulo: Agronômica Ceres, 2006.

MALAVOLTA, E.; VITTI, G. C.; OLIVEIRA, S. A. *Avaliação do estado nutricional das plantas. princípios e aplicações*. 2 ed. Piracicaba: Associação Brasileira para Pesquisa da Potassa e do Fósforo, 319 p., 1997.

MARTINEZ, H. E. P.; MENEZES, J. F. S.; SOUZA, R. B.; VENEGAS, V. H. A.; GUIMARÃES, P. T. G. Faixas críticas de concentrações de nutrientes e avaliação do estado nutricional de cafeeiros em quatro regiões de Minas Gerais. *Pesquisa Agropecuária Brasileira*, v. 38, n. 6, p. 703-713, 2003.

MOURÃO FILHO, F. A. A. DRIS: concepts and applications on nutritional diagnosis in fruit crops. *Scientia Agricola*, v. 61, n. 5, p. 550-560, 2004.

NASCIMENTO, R. B. T.; JESUS, T. K. S.; ANDRADE, J. A. M.; NASCIMENTO, E. C.; SILVA, E. C. Diagnose de deficiência nutricional em feijão caupi [*Vigna unguiculata* (FABACEA)]. *In*: 64° CONGRESSO NACIONAL DE BOTÂNICA, 2013, Belo Horizonte. *Anais do Congresso Brasileiro de Botânica*. Belo Horizonte, 2013.

OLIVEIRA, I. P.; DANTAS, J. P. *Sintomas de deficiências nutricionais e recomendação de adubação para o caupi*. Embrapa Arroz e Feijão, 1984.

ONOFRE, A. V. C. *Diversidade genética e avaliação de genótipos de feijão-caupi contrastantes para resistência aos estresses bióticos e abióticos com marcadores SSR, DAF e ISSR*. Dissertação (Mestrado) – Universidade Federal de Pernambuco, 2008.

PRADO, R. M. *Nutrição de plantas*. 2 ed. São Paulo: Editora Unesp, 2020.

PRADO, R. M.; CAMPOS, C. N. S. *Nutrição e adubação de grandes culturas*. 1 ed. Jaboticabal, SP: Editora FCAV, 2018.

RAIJ, B. V.; CANTARELLA, H.; QUAGGIO, J.; FURLANI, A. M. C. *Recomendações de adubação e calagem para o Estado de São Paulo*. São Paulo, 1997. (Boletim Técnico, 100).

RANDALL, P. J.; ABAIDOO, R. C.; HOCKING, P. J.; SANGINGA, N. Mineral nutrient uptake and removal by cowpea, soybean and maize cultivars in West Africa, and implications for carbon cycle effects on soil acidfication. *Experimental Agricultural*, Cambridge, v. 42, p. 475-494, 2006.

RIBEIRO, A. C.; GUIMARÃES, P. T. G.; ALVAREZ, V. V. H. (ed.). Recomendações para o uso de corretivos e fertilizantes em Minas Gerais. 5ª aproximação. Viçosa: UFV, 359 p., 1999.

RIBEIRO, T. F. B. *Diagnose foliar na cultura do feijão-caupi em lavoura comercial no município de Palmeirante*. 21 f. Dissertação (Mestrado em Agropecuária Sustentável) – Instituto Federal de Educação Ciência e Tecnologia de Tocantins, Campus de Colinas, TO, 2019.

RODRIGUES, D. M.; SILVA, D. A. S.; OLIVEIRA NETO, C. F.; BRITO, K. S. S.; VIÉGAS, I. J. M. Produção de sacarose na parte aérea de feijão–caupi (*Vigna unguiculata* (L.) Walp) cultivar BRS guariba em função da idade no estado do Pará. *In*: IX ENCONTRO AMAZÔNICO DE AGRÁRIAS, jul. 2017, Belém, PA. Anais... Belém, PA: ENAAG, 2017. p. 397-402. Disponível em: https://ufraenaag.wixsite.com/enaagoficial/certificados-ix-enaag. Acesso em: 05 out. 2021.

SALIMPOUR, S. I. et al. Enhancing phosphorous availability to canola (*Brassica napus* L.) using P solubilizing and sulfur oxidizing bacteria. *Australian Journal of Crop Science*, v. 4, n. 5, p. 330-334, 2010.

SAMPAIO, L. S.; BRASIL, E. C. Exigência nutricional do feijão-caupi. *In*: II CONGRESSO NACIONAL DO FEIJÃO-CAUPI, 2009, Belém, PA. Anais... Belém, PA, p. 573-587, 2009.

SANTOS, F. M. *Nutrição mineral nas cultivares de feijão-caupi, BRS 3 Tracuateua e BRS Guariba em função da idade*. Monografia (Obtenção do título de Engenheiro-Agrônomo) – Universidade Federal Rural da Amazônia, Capanema, PA, 2018.

SNAK, C.; SALINAS, A. O. D. *Vigna. Flora do Brasil*, Jardim Botânico do Rio de Janeiro, 2020. Disponível em: http://floradobrasil.jbrj.gov.br/reflora/floradobrasil/FB83865. Acesso em: 10 mai. 2021.

SOUSA, D. M. G.; LOBATO, E. *Cerrado*: correção do solo e adubação. Planaltina: Embrapa Cerrados. 416 p., 2004.

SOUSA, D. M. G.; MIRANDA, L. N.; OLIVEIRA, S. A. Acidez do solo e sua correção. *In*: NOVAIS, R. F.; ALVAREZ, V. H.; BARROS, N. F.; FONTES, R. L.; CANTURUTTI, R. B.; NEVES, J. C. L. (ed.). *Fertilidade do solo*. Viçosa: SBCS, p. 205-274, 2007.

SOUZA, H. A.; HERNANDES, A.; ROMUALDO, L. M.; ROZANE, D. E.; NATALE, W.; BARBOSA, J. C. Folha diagnóstica para avaliação do estado nutricional do feijoeiro. *Revista Brasileira de Engenharia Agrícola e Ambiental*, v. 15, n. 12. p. 1243-1250, 2011.

SOUZA, T. R.; VILLAS BÔAS, R. L.; QUAGGIO, J. A.; SALOMÃO, L. C.; FORATTO, L. C. Dinâmica de nutrientes na solução do solo em pomar fertirrigado de citros. *Pesquisa Agropecuária Brasileira*, v. 47, p. 846-854, 2012.

TAIZ, L.; ZEIGER, E.; MOLLER, I. M.; MURPHY, A. *Fisiologia e desenvolvimento vegetal*. Artmed Editora, 2017.

TNAU AGRICULTURE PORTAL. Mineral Nutrition: Pulses – Cowpea. 2015. Disponível em: https://agritech.tnau.ac.in/agriculture/plant_nutri/cow_magnes.html. Acesso em: 27 abr. 2022.

VERA, G. S.; CRUZ, G. D.; SOUZA, H. A.; SILVA, K. J. D.; BEZERRA, A. A. C. Acúmulo e marcha de absorção de macronutrientes no feijão-caupi em sistema de cultivo mínimo. *In*: CONAC – CONGRESSO NACIONAL DE FEIJÃO-CAUPI, 5., jun. 2019, Fortaleza, CE. *Anais...* Fortaleza, CE: Universidade Federal do Ceará; Embrapa Meio-Norte, 2019. Disponível em: https://www.alice.cnptia.embrapa.br/alice/handle/doc/1119384. Acesso em: 09 jun. 2021.

Nutrição do jambu

*Italo Marlone Gomes Sampaio, Mário Lopes da Silva Júnior,
Luciana da Silva Borges, Ricardo Falesi de Moraes Palha Bittencourt*

A espécie Acmella oleracea (L.) R.K. Jansen, conhecida popularmente pelo nome de jambu, é cultivada predominantemente na Amazônia brasileira. Essa hortaliça adquiriu grande evidência na região Norte do Brasil, sobretudo no Estado do Pará, de cuja cultura gastronômica faz parte, sendo uma das hortaliças mais consumidas e conhecidas da região (Gusmão; Gusmão, 2013). O sabor marcante do jambu, caracterizado principalmente pela sensação de formigamento na boca e efeito anestésico momentâneo, devido ao composto espilantol, vem conquistando consumidores de várias regiões do Brasil e do mundo (Sampaio et al., 2018).

Ademais, a produção de hortaliças é uma das atividades mais intensivas de cultivo, por causa do ciclo curto das espécies cultivadas (Filgueira, 2013), característica que demanda maior aporte de nutrientes por essa cultura. Portanto, o manejo nutricional é um dos fatores fundamentais para a elevação da sua produtividade e qualidade (Malavolta, 2006).

No caso do jambu, estudos já mostram a necessidade de avanços com pesquisas sobre solução nutritiva hidropônica específica para a espécie (Sampaio et al., 2021) e aporte de nutrientes como o N (Borges et al., 2013; Borges; Goto; Lima, 2013; Costa et al., 2020; Rodrigues et al., 2014), uma vez que tal nutriente promove aumento da produtividade e qualidade da espécie e, por consequência, da rentabilidade dos produtores. Também há constatação de resposta em produção do jambu ao suprimento de P (Rodrigues et al., 2014; Vieira et al., 2021) e K (Castro, 2022; Lélis et al., 2019), por exemplo, mas foi a omissão de N e Ca que proporcionou maior restrição ao crescimento das plantas de jambu.

Mesmo assim, informações sobre a dinâmica nutricional do jambu em face de diferentes sistemas de cultivo e/ou condições edafoclimáticas ainda são incipientes. Portanto, neste capítulo será abordado o uso de ferramentas para conhecimento do manejo nutricional no jambu, de forma a promover melhor eficiência das práticas de adubação e, dessa forma, garantir maior produção e qualidade desta cultura.

6.1 Classificação e morfologia da cultura

O jambu pertence à família Asteraceae e tem como principal espécie cultivada a *Acmella oleracea* (L.) R.K. Jansen. Também é conhecido pelos nomes de agrião-do--pará, agrião-do-norte, agrião-do-brasil, abecedária e jambuassu (Sampaio et al., 2018). A espécie A. *oleracea* possui duas variedades cultivadas, conhecidas pelos nomes de flor-roxa e flor-amarela (Fig. 6.1).

Fig. 6.1 Variedades de jambu comumente encontradas em áreas de cultivo: (A) variedade roxa e (B) variedade amarela
Fonte: Ítalo Marlone Gomes Sampaio.

Entre os materiais genéticos conhecidos da espécie, há apenas uma cultivar melhorada, designada como Nazaré, com material genético resistente ao fungo *Thecaphora spilanthes* Freire & K. Vanky. Esse fungo causa a doença chamada de "carvão", que em tempos passados já promoveu expressivas perdas em áreas produtivas de jambu (Gusmão; Gusmão, 2013; Sampaio et al., 2018).

O jambu adapta-se bem em regiões com alta temperatura e umidade e em locais com redução na radiação direta. A planta apresenta hábito de crescimento rasteiro, porte herbáceo, variando de 50 cm a 70 cm de altura, e suas flores são dispostas em capítulos (inflorescências) que dão origem aos frutos conhecidos como aquênios (Fig. 6.1). A planta é típica de clima tropical úmido, no qual são predominantes a temperatura média anual superior a 25,9 °C e a umidade relativa do ar em torno de 80% (Gusmão; Gusmão, 2013).

O sistema radicular do jambu é do tipo axial, demonstrando intenso enraizamento secundário. A maior densidade radicular da planta se situa na camada de 0 a 20 cm de profundidade do solo. Além disso, a planta apresenta elevada capacidade de emissão de raízes adventícias quando o caule entra em contato com o solo, o que confere ao jambu um maior ciclo de vida, embora ele seja considerado uma planta de ciclo curto (Gusmão; Gusmão, 2013).

6.2 Extração e exportação de nutrientes

Os estudos relacionados à absorção de nutrientes pelas culturas têm grande interesse nas demandas de nutrientes ao longo do ciclo, pois parte dos nutrientes absorvidos acaba por ser utilizada para o crescimento e reprodução da planta (Boas *et al.*, 2008). As taxas de absorção dos nutrientes pelas culturas variam de espécie para espécie e, em geral, são fortemente influenciadas pela fenologia da variedade. Em hortaliças folhosas, durante o primeiro ciclo, a absorção de nutrientes começa lenta e depois, próximo ao período de colheita, seu ritmo vai acelerando (Papadopoulos, 1999).

No caso específico do jambu, este apresenta elevada demanda nutricional, em função do seu curto ciclo vegetativo e rápido desenvolvimento com intensa produção de biomassa (Souto *et al.*, 2018). Além disso, toda a planta do jambu é comercializada, inclusive as raízes no ato de colher, portanto, a exportação de nutrientes é igual à extração. Logo, faz-se necessário conhecer e compreender o comportamento da curva de extração de nutrientes por essa hortaliça, para elevar a eficiência do manejo nutricional mediante a adequação da época, bem como das taxas de aplicação de fertilizantes.

Similar às demais culturas, a extração dos nutrientes pelo jambu não ocorre de forma constante ao longo do seu ciclo de produção. Por isso, a adequação do manejo da adubação ou da solução nutritiva deve levar em consideração essa variabilidade na demanda nutricional. No caso do jambu, por se tratar de uma espécie de ciclo curto, a dinâmica nutricional pode ser segmentada em três períodos: (i) crescimento inicial, (ii) crescimento vegetativo pleno e (iii) floração.

A seguir são apresentados resultados de extração de macro e micronutrientes pelo jambu, os quais devem ser vistos com cautela, uma vez que tal extração e seus níveis adequados variam com a idade da planta, o sistema de cultivo, o tipo de solo e a variedade e/ou cultivar utilizada.

6.2.1 Extração de macronutrientes

De acordo com Grangeiro *et al.* (2018), a extração de macronutrientes na planta de jambu durante o ciclo de produção segue o mesmo padrão da produção de biomassa vegetal. Os autores ainda obtiveram a seguinte ordem de extração de macronutrientes, para as variedades flor-roxa e flor-amarela: K > N > Ca > Mg > P.

Já Borges *et al.* (2013) observaram em plantas de jambu a seguinte ordem de extração de macronutrientes (Fig. 6.2):

- adubação orgânica (folha): N > Ca > P > K > S > Mg;
- adubação mineral (folha): N > Ca > K > P > Mg > S;

✘ adubação orgânica (inflorescência): K > N > P > Ca > Mg > S;
✘ adubação mineral (inflorescência): N > K > P > Ca > Mg > S.

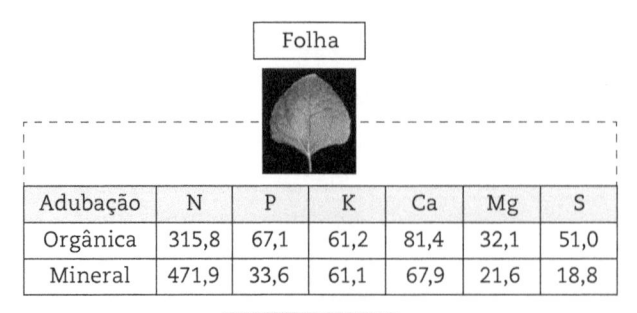

Folha

Adubação	N	P	K	Ca	Mg	S
Orgânica	315,8	67,1	61,2	81,4	32,1	51,0
Mineral	471,9	33,6	61,1	67,9	21,6	18,8

Inflorescência

Adubação	N	P	K	Ca	Mg	S
Orgânica	321,5	64,4	325,9	31,6	26,7	25,0
Mineral	237,4	38,3	204,2	32,6	20,2	14,7

Fig. 6.2 Extração de macronutrientes (mg planta^{-1}) em folhas e inflorescências de jambu cultivado sob adubação orgânica e mineral
Fonte: Borges, Goto e Lima (2013).

A extração de N nas plantas de jambu em sistema hidropônico se apresenta de maneira crescente no decorrer dos dias do ciclo, observando-se valores de 9,58 mg planta^{-1} aos 29 dias após a semeadura, 29,1 mg planta^{-1} aos 34 dias, 84,46 mg planta^{-1} aos 39 dias, 232,45 mg planta^{-1} aos 44 dias, 541,91 mg planta^{-1} aos 49 dias e 579,25 mg planta^{-1} aos 54 dias, momento da colheita. Assim, esses resultados demonstram que há aumento significativo de N extraído entre os dias 44 e 49, o que sugere maior exigência da cultura por esse nutriente nessa fase do ciclo (Fig. 6.3).

As maiores extrações de P pelo jambu ocorrem nos períodos de 18 a 34 dias e 26 a 42 dias após o transplantio, com taxa de extração de 1,9 mg dia^{-1} para variedade a flor-roxa e de 3,0 mg dia^{-1} para a flor-amarela (Souto et al., 2018).

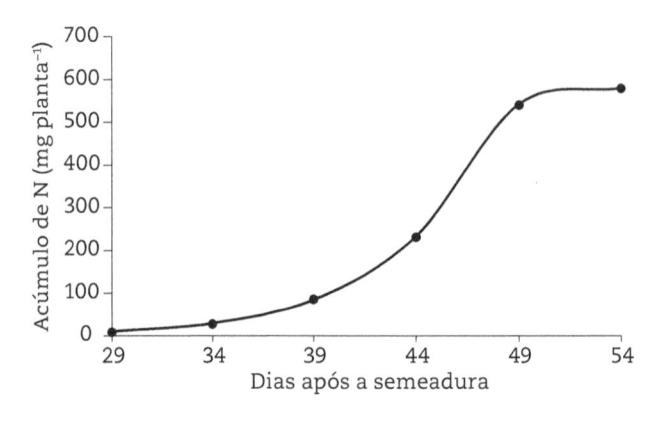

Fig. 6.3 Acúmulo de N em plantas de jambu cultivadas em sistema hidropônico
Fonte: adaptado de Araújo (2019)

Borges et al. (2013) relataram extração de P nas folhas de jambu de 67,1 e 33,6 mg planta^{-1} sob adubação orgânica e mineral, respectivamente. Para Souto et al. (2018), o P é o macronutriente menos absorvido pelas plantas de jambu, porém quantidades adequadas desse elemento devem ser disponibilizadas para que se obtenha elevada produtividade.

O K é o nutriente mais extraído pelo jambu (Borges et al., 2013; Grangeiro et al., 2018) na parte aérea, encontrado em concentrações expressivamente maiores nas folhas. A taxa de extração desse nutriente inicia-se a partir dos 20 dias de idade da planta e se estende até o fim do ciclo da cultura, chegando a valores superiores a 400 mg planta^{-1} de K (Grangeiro et al., 2018). Araújo (2019) constatou que a curva de absorção de K demonstra que no final do ciclo a extração do nutriente aumenta, atingindo 468,51 mg planta^{-1} aos 54 dias após a semeadura em cultivo hidropônico. Borges et al. (2013) verificaram que as extrações de K variam em função das doses e do sistema de cultivo, e observaram extrações médias de 609,03 e 710,02 mg planta^{-1} para jambus sob adubação orgânica e mineral, respectivamente.

Durante o período vegetativo, as plantas de jambu cultivadas em hidroponia apresentam elevado incremento em Ca, com estabilização na extração a partir dos 49 dias após o plantio e extração média de 160,54 mg planta^{-1} (Peçanha et al., 2019). Resultados observados por Grangeiro et al. (2018) mostram que as taxas de extração de Ca no jambu cultivado em sistema orgânico se mantiveram crescentes até os 42 dias após o plantio, com valores médios de 221,56 e 248,66 mg planta^{-1} para os genótipos de flor-roxa e flor-amarela, respectivamente. Peçanha (2017) destaca que a deficiência de Ca é um dos motivos que mais ocasiona redução no crescimento da planta de jambu; com isso, pode-se verificar a importância do equilíbrio no fornecimento do Ca e sua contribuição para a produção da planta.

Em virtude de seu comportamento na planta, a extração de Mg cresce na parte aérea do jambu à medida que a planta inicia seu crescimento vegetativo efetivo, a partir do oitavo dia após o transplantio, estendendo-se até o final do ciclo (Grangeiro et al., 2018). Logo, é importante o fornecimento do nutriente no solo e/ou solução nutritiva, uma vez que a atividade fotossintética, a extração de biomassa e a produção de inflorescências são processos fortemente impactados pela disponibilidade de Mg.

Em ensaio realizado em São Manuel (SP), Borges et al. (2013) observaram exportação média de Mg nas folhas de jambu da ordem de 32,1 e 21,6 mg planta^{-1} para plantas sob adubação orgânica e mineral, respectivamente, aos 90 dias após a semeadura. Já Grangeiro et al. (2018) observaram exportações de 100,49 e 122,60 mg planta^{-1} em plantas de jambu cultivadas em sistema orgânico em Castanhal (PA) para os genótipos flor-roxa e flor-amarela, respectivamente, aos

72 dias após a semeadura. Os autores ainda destacaram que, nesse sistema de cultivo e condições climáticas, a maior demanda de Mg ocorreu nos períodos de 18 a 34 dias para flor-roxa e 26 a 42 dias para flor-amarela após o transplantio, com taxas de extração estimadas de 5,4 e 6,3 mg dia^{-1}. Esses resultados evidenciam que a absorção e exportação desse nutriente no jambu são fortemente afetadas pelas condições climáticas das áreas de cultivo, pelo sistema de cultivo e pela variedade cultivada.

O S contribui bastante para a produção de biomassa da parte aérea e, em algumas culturas, como as crucíferas (cebola e alho), melhora a qualidade pós-colheita (Bloem; Haneklaus; Schnug, 2005). Para o jambu, os efeitos desse nutriente ainda são pouco conhecidos, bem como seus teores e extrações nas diferentes partes da planta. Estudos recentes em sistema hidropônico observaram extração de S de 31,18 mg planta^{-1} aos 54 dias após a germinação na parte aérea (folhas e caules) da planta. Em sistema de cultivo convencional, Borges *et al.* (2013) encontraram maior extração de S nas folhas de jambu fertilizado com adubo orgânico (em média 51,03 mg planta^{-1}), em detrimento da adubação mineral (em média 18,83 mg planta^{-1}). Em relação à extração de S nas inflorescências, foram verificadas médias de 25,04 e 14,73 mg planta^{-1} para plantas que receberam adubação orgânica e mineral, respectivamente.

6.2.2 Extração de micronutrientes

As quantidades de micronutrientes extraídas e exportadas pelo jambu em seus órgãos após serem colhidos (principalmente folhas, caules e inflorescências) variam de acordo com as condições de cultivo, principalmente quanto ao tipo de adubação utilizado. Isso foi constatado por Borges, Goto e Lima (2013), que reportaram maiores extrações de B, Cu, Fe e Zn, independentemente do órgão, em plantas que receberam adubação orgânica, em comparação à adubação mineral. Segundo os autores, para ambos os tipos de adubação, os micronutrientes mais extraídos nas folhas e inflorescências das plantas de jambu são Fe > Mn > B > Zn > Cu (Fig. 6.4).

Pesquisas recentes demonstraram que o jambu, ao longo de seu ciclo, concentra cerca de 2,07 mg planta^{-1} de B, cuja absorção é intensificada a partir dos 34 dias após a semeadura, com seu pico podendo ocorrer entre os 44 e 49 dias após a semeadura (Araújo, 2019). Borges, Goto e Lima (2013) observaram extração na ordem de 1,15 mg planta^{-1} de B em plantas de jambu em cultivo em solo. Para o Cu, a absorção inicial é lenta, entretanto, a partir dos 44 dias após a semeadura, as extrações se elevam de 0,06 para 0,15 mg planta^{-1} aos 49 dias e, a partir desse período, se estabilizam (Araújo, 2019).

Em plantas de jambu cultivadas em sistema hidropônico, a extração de Fe ocorre durante todo o ciclo, independente do estádio fenológico. Contudo, a

Folha					
Adubação	B	Cu	Fe	Mn	Zn
Orgânica	944,2	228,7	8.845,5	1.116,0	306,6
Mineral	434,4	90,2	5.349,0	3.336,2	293,7

Inflorescência					
Adubação	B	Cu	Fe	Mn	Zn
Orgânica	295,3	128,7	8.790,9	430,8	192,2
Mineral	205,8	93,1	3.332,1	1.540,3	188,2

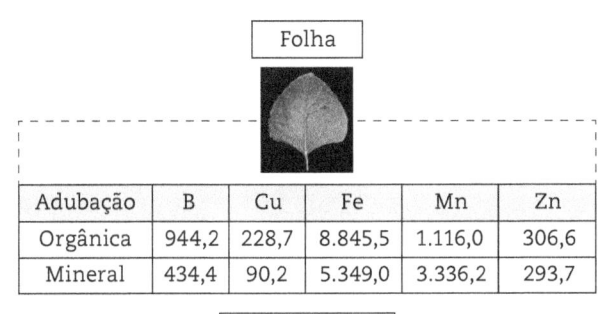

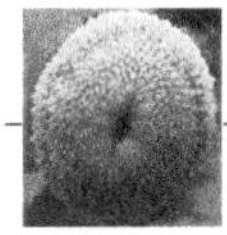

Fig. 6.4 Acúmulo de micronutrientes (µg planta^{-1}) em folhas e inflorescências de jambu cultivado sob adubação orgânica e mineral
Fonte: adaptado de Borges, Goto e Lima (2013).

partir dos 44 dias após a semeadura, a planta passa a extrair esse nutriente de forma mais expressiva, saltando de 0,74 para 2,08 mg planta^{-1} de Fe aos 49 dias após o plantio e extraindo cerca de 2,39 mg planta^{-1} de Fe entre 56 e 70 dias após a semeadura até a colheita (Sampaio et al., 2018). Borges, Goto e Lima (2013), cultivando plantas de jambu em solo sob adubação orgânica e mineral, encontraram valores médios de extração de Fe nas folhas entre 5,35 e 8,85 mg planta^{-1} para os dois tipos de adubação.

Os valores de Mn extraído pelas plantas de jambu, à semelhança de outros nutrientes, se mantêm crescentes ao longo do ciclo da cultura, chegando a 0,96 mg planta^{-1} aos 54 dias após a semeadura, momento da colheita. Quanto à extração de Zn nas folhas de jambu, a maior demanda é observada aos 39 dias após a semeadura, estabilizando-se aos 49 dias, momento que atinge uma extração na ordem de 0,69 mg planta^{-1} (Araújo, 2019).

Diante do exposto, observa-se que, em geral, o fornecimento de macro e micronutrientes para o jambu por meio de adubações deve ser crescente de acordo com a idade da planta, sobretudo quando se deseja a produção exclusiva de inflorescência, já que a planta permanecerá por mais tempo nos locais de cultivo, portanto, demandará cada vez mais nutrientes.

6.3 Diagnose visual

Quando o suprimento de nutrientes no solo ou solução nutritiva é insuficiente para atender à demanda da planta, ocorrem alterações bioquímicas e fisiológicas que se iniciam em nível molecular e evoluem para manifestações visíveis (estádio final), as quais são o objeto de avaliação para a diagnose visual

(Fernandes; Souza; Santos, 2018). Logo, a diagnose visual consiste na avaliação do aspecto morfológico das plantas, principalmente das folhas, em relação ao padrão normal de crescimento e desenvolvimento do órgão. A Fig. 6.5A mostra uma folha de jambu sem deficiência nutricional.

Fig. 6.5 (A) Planta de jambu cultivada em solução nutritiva completa, em comparação a plantas com omissão de (B) nitrogênio, (C) fósforo, (D) potássio, (E) cálcio, (F) magnésio, (G) enxofre, (H) boro, (I) ferro, (J) manganês e (K) zinco
Fonte: Ítalo Marlone Gomes Sampaio.

Para o uso correto do método da diagnose visual, é necessário considerar três princípios básicos:

- *Generalização*: os sintomas de deficiência nutricional devem ocorrer de forma generalizada ou padronizada em toda a área de cultivo, diferente do ataque de pragas, doenças e estresses abióticos, os quais, em geral, não seguem um padrão de área afetada (forma, intensidade e local).

- *Gradiente*: cada nutriente tem uma mobilidade distinta no floema da planta, o que resulta na variabilidade da remobilização, isto é, a translocação de um local de acúmulo para outro em demanda. O local de ocorrência (folhas velhas, folhas jovens ou tecidos meristemáticos), portanto, é uma informação-chave para o diagnóstico visual. Nutrientes como N, P, K, Mg e Cl apresentam alta mobilidade, sendo facilmente redistribuídos; dessa forma, as sintomatologias de deficiência deles, em geral, ocorrem inicialmente em folhas mais velhas e diminuem de intensidade nas folhas mais novas. Em contrapartida, a deficiência de nutrientes como S, Cu, Fe, Mn, Mo, Ni e Zn, que possuem baixa mobilidade, apresenta sintomatologias com maior intensidade em folhas jovens, diminuindo nas mais velhas. Há ainda os casos do Ca e B, os quais são praticamente imóveis, cuja deficiência causa sintomatologias em tecidos meristemáticos e, em alguns casos, em folhas novas.
- *Simetria*: o dano resultante da deficiência de determinado nutriente está diretamente relacionado à sua função no metabolismo vegetal, ocorrendo de forma padronizada, em todos os lados da planta ou em folhas opostas no mesmo ramo ou em ramos opostos. Tal padronização normalmente não é observada nos casos de ataque por pragas, doenças etc.

Considerar esses princípios durante a diagnose visual é indispensável, uma vez que os danos causados por estresses abióticos apresentam algumas semelhanças com os provocados por deficiência nutricional, a exemplo de clorose, necrose e queda de folhas. De fato, cada nutriente possui uma função específica na planta, e os sintomas de sua deficiência vão depender da função desempenhada. Todavia, em geral, as sintomatologias se iniciam com clorose. A falta de um nutriente provoca um estresse na planta, normalmente aumentando a produção de oxigênios reativos, o que causa a degradação dos pigmentos fotossintéticos, como a clorofila. A partir dessa degradação, ocorre a clorose, ou seja, o amarelecimento de pontos nas folhas, levando à perda de sua cor verde. Dependendo do nutriente em falta, há variação da clorose no local onde ela se inicia (nas folhas velhas ou nas novas das plantas) ou na área da folha (ponta, margem lateral, nervura ou entrenervura), caracterizando a sintomatologia de um nutriente específico.

6.3.1 Macronutrientes

Na sequência, são detalhados os sintomas visuais de deficiência de macronutrientes. A título de exemplificação, a Fig. 6.6 e a Tab. 6.1 reúnem teores de macronutrientes em folhas de jambu com omissão de nutrientes e em solução completa, com base na pesquisa de Peçanha *et al.* (2019).

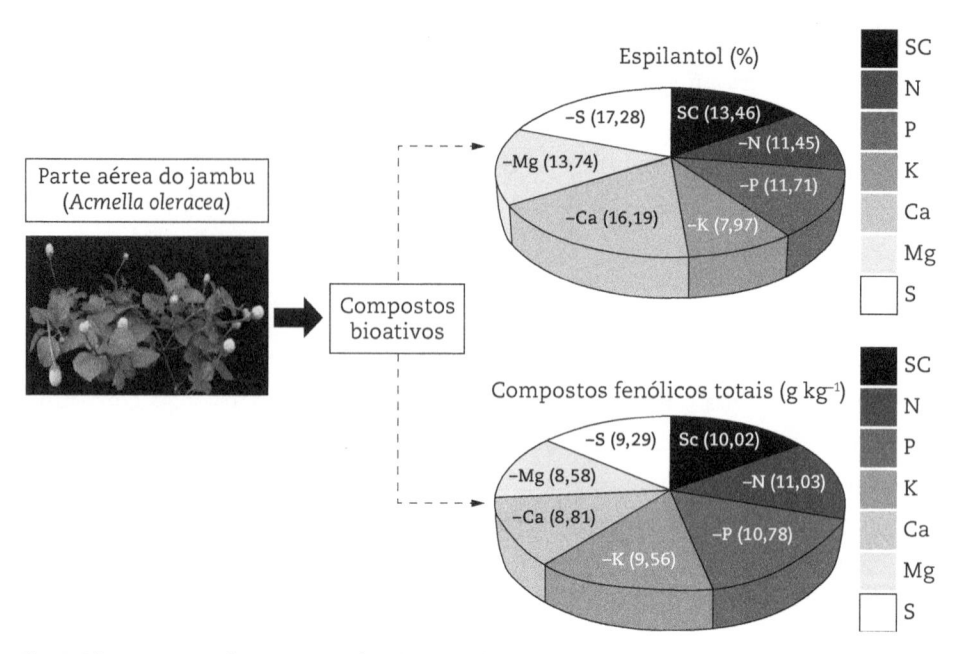

Fig. 6.6 Concentração de compostos fenólicos totais e porcentagem relativa de espilantol na parte aérea (folhas, haste e inflorescências) de plantas de jambu cultivadas em solução completa (SC) e omissão de macronutrientes (N, P, K, Ca, Mg e S)
Fonte: adaptado de Peçanha et al. (2019).

Tab. 6.1 Teores de macronutrientes em folhas velhas de jambu cultivadas em solução completa (SC) e em omissão de N, P, K, Ca, Mg e S

Tratamentos	N	P	K	Ca	Mg	S
	g kg^{-1}					
SC	43,59	6,11	53,39	29,19	11,40	10,81
– N	26,58	5,69	65,69	22,19	8,14	10,13
– P	42,89	2,20	61,42	26,47	10,97	10,86
– K	46,32	8,43	25,17	37,49	18,02	9,59
– Ca	44,95	5,91	58,67	18,42	17,11	10,67
– Mg	46,67	9,46	71,34	36,35	5,22	10,42
– S	40,92	6,36	59,16	33,04	12,73	5,21

Fonte: Peçanha et al. (2019).

Nitrogênio

A deficiência de N no jambu é caracterizada pela clorose nas folhas mais velhas (Fig. 6.5B), principalmente nas folhas do ramo principal, progredindo para todas as demais, caso não haja a correção da deficiência. Ocorre também baixo crescimento vegetativo (nanismo) e reprodutivo da planta de jambu. Além disso, a deficiência de N reduz o conteúdo de espilantol na parte aérea da planta e eleva a concentração de compostos fenólicos totais (Fig. 6.6).

Conforme a Tab. 6.1, plantas com deficiência de N apresentam teores de 26,58 g kg^{-1} do nutriente e, sem deficiência, de 43,59 g kg^{-1}.

Fósforo

A sintomatologia visual de deficiência de P em plantas de jambu pode ser observada em folhas mais maduras da planta, com pontos de escurecimento ou intensificação da coloração verde nessas folhas e posterior necrose das pontas (*dieback*) devida à inibição de rotas metabólicas (Fig. 6.5C). A deficiência de P também promove redução do conteúdo de espilantol na parte aérea das plantas e elevação na concentração de compostos fenólicos totais (Fig. 6.6).

Outra característica importante desse macronutriente em plantas de jambu se relaciona à suplementação na etapa de berçário: quando esta ocorre de forma deficiente, resulta na redução do crescimento das plantas. Contudo, resultados obtidos por Sampaio *et al.* (2019) em estudo de omissão de macronutrientes em jambu revelaram alta eficiência da planta em utilizar o P, uma vez que, mesmo com a ausência do nutriente na solução, a planta conseguiu se desenvolver apenas com a suplementação recebida na etapa do berçário.

Os teores de macronutrientes em folhas de jambu com omissão de P e solução completa estão contidos na Tab. 6.1. Plantas com omissão de P apresentaram teores de 2,20 g kg^{-1} do nutriente e, sem deficiência, de 6,11 g kg^{-1}.

Potássio

A deficiência visual de K se inicia com uma clorose nas bordas das folhas velhas do jambu que avança para o centro (Fig. 6.5D). A princípio, a clorose se apresenta de forma internerval e, conforme se agrava a deficiência, torna-se generalizada, evoluindo para necrose.

Destaca-se que, com a deficiência desse nutriente no jambu, além das reduções no acúmulo de biomassa e no crescimento, a produção de inflorescências também é negativamente afetada (Castro, 2022; Peçanha *et al.*, 2019; Sampaio *et al.*, 2019). As inflorescências são ricas em espilantol (Barbosa *et al.*, 2016) e, com a deficiência de K, as concentrações de compostos bioativos são reduzidas na parte aérea das plantas (Fig. 6.6). Nesse sentido, em plantios que visam à produção de inflorescências, é preciso se atentar para a disponibilidade e reposição desse nutriente.

A Tab. 6.1 reúne os teores de macronutrientes em folhas de jambu com omissão de K e solução completa. Plantas com omissão de K apresentam teores de 25,17 g kg^{-1} do nutriente e, sem deficiência, de 53,39 g kg^{-1}.

Cálcio

Sob deficiência de Ca, as plantas de jambu manifestam lesões necróticas próximas às nervuras das folhas jovens (Fig. 6.5E). Também há uma mudança na arquitetura dessas folhas, as quais apresentam aspecto de murcha. Aumento no conteúdo de espilantol e redução na concentração dos compostos fenólicos totais também ocorrem com a deficiência do nutriente nessas plantas (Fig. 6.5).

Além disso, com a deficiência de Ca, o sistema radicular das plantas de jambu tem seu crescimento restringido por conta da necrose das raízes secundárias, o que compromete a capacidade da planta de absorção de água e nutrientes. De acordo com Peçanha et al. (2019), a deficiência de Ca foi a terceira que mais limitou a floração das plantas de jambu, ficando atrás apenas do N e do K.

Os teores de macronutrientes em folhas de jambu com omissão de Ca e solução completa são mostrados na Tab. 6.1. Plantas com deficiência de Ca manifestam teores de 18,42 g kg^{-1} do nutriente e, sem deficiência, de 29,19 g kg^{-1}.

Magnésio

A planta de jambu cultivada sem fornecimento de Mg apresenta clorose internerval que se inicia nas bordas do limbo foliar das folhas mais maduras e avança para o centro (Fig. 6.5F). A deficiência desse nutriente afeta tanto a produção (redução no número de inflorescências) como a qualidade do jambu, dada a redução na concentração de compostos fenólicos totais (Fig. 6.6). Os teores foliares de Mg encontrados para plantas de jambu cultivadas com omissão do nutriente e em solução completa são de 5,22 e 11,40 g kg^{-1}, respectivamente (Tab. 6.1).

Enxofre

Em relação ao S, a deficiência desse nutriente possui sintomatologia similar à de N na planta de jambu (clorose generalizada); contudo, em virtude da sua menor mobilidade no floema, há a expressão da clorose em folhas mais novas (Fig. 6.5G).

A expressão da sintomatologia é precoce, tornando-se visualmente detectável sob omissão desse nutriente, e, caso não haja fornecimento de S, podem ocorrer perdas significativas de produção do jambu (Sampaio et al., 2019). Além disso, há evidência de que a deficiência de S, de alguma forma, promove o aumento no conteúdo de espilantol na parte aérea das plantas, mas reduz os níveis de compostos fenólicos totais (Fig. 6.6). Plantas de jambu cultivadas com omissão de S apresentam teores foliares de 5,21 g kg^{-1} de S, enquanto plantas em solução nutritiva completa manifestam 10,81 g kg^{-1} (Tab. 6.1).

6.3.2 Micronutrientes

Pouco se conhece sobre o comportamento do jambu em relação aos teores críticos que promovem sintomas de deficiência de micronutrientes durante o cultivo. Também são raras as pesquisas sobre os impactos que tal deficiência pode promover na absorção e assimilação de outros nutrientes e seus reflexos no crescimento, produção e acúmulos de compostos bioativos na cultura. Trata-se, portanto, de um campo para futuros estudos.

Em um ensaio com objetivo de avaliar a sintomatologia de desordens nutricionais do jambu (dados não publicados), verificou-se que as plantas crescidas em solução sem boro apresentaram reduzido crescimento e deformação das folhas novas, principalmente nas ramificações da planta. Além disso, houve retardamento do desenvolvimento das flores (Fig. 6.5H).

Para o ferro, observou-se que sua deficiência é expressa precocemente e tem como sintomatologia a clorose nas folhas jovens: em um primeiro momento, as nervuras se mantêm verdes e, conforme a deficiência continua, elas se tornam cloróticas (Fig. 6.5I). No último estádio, as folhas ficam totalmente cloróticas, com aspecto esbranquiçado. Nesse caso, há o total comprometimento das moléculas de clorofila, o que torna a planta extremamente suscetível aos raios solares, cuja incidência pode causar necroses (Peçanha et al., 2019). O Fe é de extrema importância no metabolismo vegetal, sobretudo em plantas como o jambu, que apresentam alta demanda por N (Sampaio et al., 2021).

Quanto ao manganês, a sintomatologia de sua deficiência se manifesta na forma de clorose internerval nas folhas mais jovens da planta, as quais progridem de verde-claras para amarelas, mantendo-se verde-reticuladas nas nervuras (Fig. 6.5J). Para o zinco, devido à sua imobilidade no floema, os sintomas de sua deficiência se apresentam nas folhas mais novas das plantas, observando-se, em geral, clorose (Fig. 6.5K).

6.4 Diagnose foliar

Entre os métodos de avaliação do estado nutricional vegetal, destaca-se a diagnose foliar, que consiste na análise química dos teores dos nutrientes nas folhas. Esse método tem como principal vantagem a capacidade de detecção de deficiência (visual ou oculta) ou toxidez nutricional de forma precoce, uma vez que a identificação pode ser realizada antes mesmo da expressão da sintomatologia visual (Prado, 2021).

O princípio técnico que norteia o método da diagnose foliar é a comparação com o padrão da espécie. Entende-se como padrão os teores apresentados por uma planta ou população de plantas da mesma espécie que detenham uma elevada produção e desenvolvimento morfofisiológico. Vale ressaltar que, para o jambu, embora já se verifiquem na literatura informações quanto à utilização da diagnose visual, há certa carência sobre a diagnose foliar, havendo, portanto, uma lacuna significativa no que diz respeito aos teores adequados de macro e micronutrientes para o bom crescimento e desenvolvimento do jambu. Mesmo que não existam informações específicas sobre o padrão nutricional do jambu a título de comparação, a diagnose foliar ainda pode ser realizada para verificar os teores de nutrientes. A seguir, descreve-se uma etapa de suma importância para esse método, a amostragem.

6.4.1 Amostragem

A amostragem para análise de tecido vegetal, tal como para análise de solo, consiste na etapa mais importante no procedimento de diagnose, uma vez que uma amostra coletada de forma equivocada automaticamente leva a um diagnóstico de baixa solidez e confiabilidade, refletindo na tomada de decisão final.

A composição nutricional da planta varia de acordo com o órgão amostrado, isto é, a concentração de nutrientes em folhas jovens é diferente da encontrada em folhas maduras, por exemplo. Por isso, foram estabelecidos critérios de amostragem para algumas culturas visando a análise foliar, como o estádio fenológico, o local de coleta (tipo de ramo, folha diagnóstica ou parte específica da folha) e a amplitude da amostragem (quantidade de plantas amostradas por área).

No caso do jambu, ainda não foram definidos critérios específicos, como folhas e ramos diagnósticos. Contudo, sugere-se considerar como folhas diagnósticas as folhas recém-maduras, que geralmente se localizam no terço médio no terceiro par, no sentido do ápice para a base. Além disso, deve-se marcar como estádio de amostragem para diagnose o momento em que a planta inicia seu florescimento. A amostragem nesse estádio tem como intuito identificar se o estado nutricional da planta é suficiente para subsidiar o pleno florescimento da cultura, uma vez que as flores de jambu são produtos de elevado valor agregado, pois são as partes da planta que mais acumulam espilantol.

Deve-se destacar, ainda, que alguns critérios gerais devem ser atendidos antes de realizar o procedimento da amostragem foliar. A coleta deve ocorrer no período da manhã, obedecendo uma janela de horário de 7h às 11h, intervalo em que a planta apresenta seu máximo desempenho fisiológico. Em caso de pulverização de fertilizantes ou defensivos, deve-se esperar pelo menos 15 dias para a coleta, para evitar seu efeito residual nas análises.

6.4.2 Procedimentos de coleta das amostras

Para realizar a coleta de amostras, segundo Malavolta, Vitti e Oliveira (1997), deve-se dividir os canteiros de plantio de forma homogênea, levando em consideração estádio fenológico (idade do plantio), aspecto morfológico e tratos culturais (espaçamento e adubação). Com as áreas divididas, percorrer a área em zigue-zague e coletar as folhas do terceiro par no sentido do ápice para a base, amostrando pelo menos 30 plantas – 50 a 100 folhas por amostra composta. Depois, misturar as folhas coletadas, armazená-las em sacos de papel higienizados e identificá-las com etiqueta contendo informações-chave, como espécie, idade da planta e marcação da área amostrada. As amostras coletadas devem ser enviadas para análise imediatamente. Caso não seja possível, as amostras devem ser aclimatadas em estufa improvisada (isopor contendo lâmpada incandescente de 150 W) por no máximo 72 horas, para pré-secagem (Veloso et al., 2020).

Os resultados advindos do laboratório serão expressos em g kg^{-1} para os macronutrientes e em mg kg^{-1} para os micronutrientes. Em posse desses resultados, procede-se à próxima etapa da diagnose foliar, a interpretação dos teores foliares dos nutrientes. A comparação deve ser feita com os níveis críticos ou faixas de suficiência dos teores dos nutrientes da espécie a ser avaliada. Como ainda não se dispõe de tais informações para o jambu, podem ser utilizados, como referência, os teores foliares de plantas bem-desenvolvidas da espécie, ou seja, aquelas cultivadas na solução nutritiva completa (Tab. 6.1; Peçanha et al., 2019). Dessa forma, como uma primeira aproximação, os níveis foliares adequados dos macronutrientes em jambu (g kg^{-1}) são de 43,59 de N, 6,11 de P, 53,39 de K, 29,19 de Ca, 11,40 de Mg e 10,81 de S.

Salienta-se que os teores de nutrientes nas plantas variam de acordo com vários fatores, tais como genótipo, tipo de folha, época de amostragem, sistema de cultivo e manejo, entre outros (Malavolta; Vitti; Oliveira, 1997). Assim, embora úteis, tais informações de níveis críticos considerados devem ser utilizadas com cautela. Ressalta-se também a necessidade de desenvolvimento de pesquisas para a determinação dos teores críticos de nutrientes em plantas de jambu.

6.5 Reflexões

O jambu é uma hortaliça considerada como planta alimentícia não convencional (PANC) da região amazônica, com expressivo potencial econômico devido à presença de espilantol, substância com inúmeras aplicações nas indústrias de fármacos, cosméticos e alimentos. Com esse potencial de aplicação do espilantol somado ao sabor exótico do jambu, há forte evidência de que essa cultura terá elevado crescimento em produção e área plantada na Amazônia, sobretudo no Estado do Pará, podendo contribuir para a promoção de uma economia mais sustentável para região (bioeconomia) e garantindo, assim, a manutenção da floresta e da biodiversidade de substâncias biologicamente ativas.

Apesar disso, ainda há uma insuficiência de literatura acerca dos aspectos técnicos de cultivo do jambu, principalmente sobre a nutrição e sua relação com o aumento de compostos bioativos da cultura. Torna-se fundamental, portanto, investir recursos e esforços no desenvolvimento de pesquisas e informações que possibilitem maior eficiência produtiva da cultura, tendo por base o ambiente, o sistema produtivo e o manejo adotado. Nesse cenário, aspectos relacionados à nutrição do jambu são essenciais ao seu manejo sustentável, com destaque para a diagnose foliar, a partir da geração de faixas críticas de nutrientes, e as normas DRIS, ainda inexistentes para essa hortaliça.

Referências bibliográficas

ARAÚJO, J. M. *Marcha de absorção em plantas de jambu* (Spilanthes oleracea L.) *cultivadas em sistema hidropônico*. 57 f. Trabalho de Conclusão de Curso (Bacharelado em Engenharia Agronômica) – Universidade Federal Rural da Amazônia, 2019.

BARBOSA, A. F.; CARVALHO, M. G.; SMITH, R. E.; SABAA-SRUR, A. U. O. Spilanthol: occurrence, extraction, chemistry and biological activities. *Revista Brasileira de Farmacognosia*, v. 26, p. 128-133, 2016.

BLOEM, E.; HANEKLAUS, S.; SCHNUG, E. Influence of nitrogen and sulfur fertilization on the alliin content of onions and garlic. *Journal of Plant Nutrition*, v. 27, p. 1827-1839, 2005.

BOAS, R. L. V.; BACKES, C.; SOUZA, T. R.; MOTA, P. R. D. *Manejo da fertirrigação de hortaliças*. 2008. Disponível em: http://www.abhorticultura.com.br/eventosx/trabalhos/ev_1/mini05.pdf. Acesso em: 25 maio 2021.

BORGES, L. S.; GOTO, R.; LIMA, G. P. P. Exportação de nutrientes em plantas de jambu, sob diferentes adubações. *Semina: Ciências Agrárias*, v. 34, p. 107-116, 2013.

BORGES, L. S.; GUERRERO, A. C.; GOTO, R.; LIMA, G. P. P. Produtividade e acúmulo de nutrientes em plantas de jambu, sob adubação orgânica e mineral. *Semina: Ciências Agrárias*, v. 34, n. 1, p. 83-94, 2013.

CASTRO, B. M. L. M. *Fornecimento de potássio no cultivo de jambu [Acmella oleracea (L.) R.K Jansen] em sistema hidropônico*: influência na produção, nutrição e fisiologia. 50 f. Trabalho de Conclusão de Curso (Graduação) – Curso de Agronomia, *campus* Capitão Poço, Universidade Federal Rural da Amazônia, 2022.

COSTA, V. C. N.; SILVA JÚNIOR, M. L.; SAMPAIO, I. M. G.; BITTENCOURT, R. F. P. M.; FIGUEIREDO, S. P. R.; SANTOS, G. A. M.; SOUZA, L. R. OLIVEIRA, E. S. Nitrogen fertilization and liming improves grotwth, production, gas exchange and post-harvest quality of yellow flower jambu. *Journal of Agricultural Studies*, v. 8, n. 3, p. 756-774, 2020.

FERNANDES, M. S.; SOUZA, S. R.; SANTOS, L. A. *Nutrição mineral de plantas*. 2 ed. Viçosa, MG: SBCS, 670 p., 2018.

FILGUEIRA, F. A. R. *Novo manual de olericultura*: agrotecnologia moderna na produção e comercialização de hortaliças. Viçosa, MG: Editora UFV, 421 p., 2013.

GRANGEIRO, L. C.; SOUTO, G. C.; SOUSA, V. F. L.; CARNEIRO, J. V.; SILVA, J. L. A.; SANTOS, J. P. Growth and accumulation of nutrients in organic jambu. *Comunicata Scientiae*, v. 9, n. 2, 2018.

GUSMÃO, M. T. A.; GUSMÃO, S. A. L. *Jambu da Amazônia: Acmella oleracea [(L.) R. K. Jansen]*: características gerais, cultivo convencional, orgânico e hidropônico. Belém: Edufra, 135 p., 2013.

LÉLIS, A. da T. et al. Efeito de diferentes doses de potássio na produção de matéria fresca e seca no jambu (*Acmella oleracea*) em sistema NFT (Nutrient Film Technique). In: CONGRESSO INTERNACIONAL DAS CIÊNCIAS AGRÁRIAS – COINTER, PDVAgro, 2019.

MALAVOLTA, E. *Manual de nutrição mineral de plantas*. São Paulo: Agronômica Ceres, 638 p., 2006.

MALAVOLTA, E.; VITTI, G. C.; OLIVEIRA, S. A. *Avaliação do estado nutricional das plantas*: princípios e aplicações. 2 ed. Piracicaba: Associação Brasileira para Pesquisa da Potassa e do Fósforo, 319 p., 1997.

PAPADOPOULOS, I. Tendências da fertirrigação. In: FOLEGATTI, M. V. (coord.). *Fertirrigação*: citrus, flores e hortaliças. Guaíba: Agropecuária, p. 11-155, 1999.

PEÇANHA, D. A. *Deficiência de nutrientes minerais em Acmella oleracea*: teores minerais, sintomas visuais, espilantol e compostos fenólicos. 69 f. Dissertação (Mestrado em Produção Vegetal) – Universidade Estadual do Norte Fluminense Darcy Ribeiro, 2017.

PEÇANHA, D. A.; FREITAS, M. M.; VIEIRA, T. C. L; GONÇALVES, Y. S. Characterization of deficiency symptoms and mineral nutrient content in Acmella oleracea cultivated under macronutrient and boron omissions. *Journal of Plant Nutrition*, v. 42, n. 8, 2019.

PRADO, R. M. *Nutrição de plantas*. São Paulo: Editora Unesp, 2021.

RODRIGUES, D. S.; CAMARGO, M. S.; NOMURA, E. S.; GARCIA, V. A.; CORREA, J. N.; VIDAL, T. C. M. Influência da adubação com nitrogênio e fósforo na produção de Jambu, Acmella oleracea (L.) R.K. Jansen. *Revista brasileira de plantas medicinais*, v. 16, p. 71-76, 2014.

SAMPAIO, I. M. G.; DE ALMEIDA GUIMARÃES, M.; NETO, H. D. S. L.; DE LIMA MAIA, C.; DOS SANTOS VIANA, C.; GUSMÃO, S. A. L. Pode o uso de mudas agrupadas e a maior densidade de plantio aumentar a produtividade de jambu? *Revista de Ciências Agrárias Amazonian Journal of Agricultural and Environmental Sciences*, v. 61, p. 1-8, 2018.

SAMPAIO, I. M. G.; SILVA JÚNIOR, M. L.; BITTENCOURT, R. F. P. M.; LEMOS NETO, H. S.; SOUZA, D. L.; NUNES, F. K. M.; SILVA, L. C.; FIGUEIREDO, S. P. R. Sintomas de deficiências nutricionais e produção de massa seca em plantas de jambu (Acmela oleraceae) submetidas as omissões de nutrientes. *Brazilian Journal of Development*, v. 5, n. 12, p. 31549-31563, 2019.

SAMPAIO, I. M. G.; SILVA JÚNIOR, M. L.; BITTENCOURT, R. F. P. M.; SANTOS, G. A. M.; LEMOS NETO, H. S. Production and postharvest quality of jambu in hydroponics under nitrogen application in nutrient solution. *Revista Ciência Agronômica*, v. 52, n. 2, p. 1-8, 2021.

SOUTO, G. C.; GRANGEIRO, L. C.; GUSMÃO, S. A. L; SOUSA, V. F. L.; CAVALCANTE, A. E. C.; FRANÇA, F. D. Agronomic perfomace of jambu (Acmela oleraceae) using organic fertilization. *Australian Journal of Crop Science*, v. 12, n. 1, p. 151-156, 2018.

VELOSO, C. A. C.; BOTELHO, S. M.; VIÉGAS, I. J. M; RODRIGUES, J. E. L. F. Amostragem e Diagnose Foliar. In: BRASIL, E. C.; CRAVO, M. S.; VIÉGAS, I. J. M. *Recomendações de calagem e adubação para o Estado do Pará*. 2 ed. Embrapa Amazônia Oriental, p. 65-72., 2020.

VIEIRA, M. E.; FREITAS, M. S. M.; PEÇANHA, D. A.; LIMA, T. C.; MARTINS, M. A.; VIEIRA, I. J. C. Arbuscular mycorrhizal fungi and phosphorus in spilanthol and phenolic compound yield in jambu plants. *Horticultura Brasileira*, v. 39, p. 192-198, 2021. DOI: 10.1590/s0102-0536-20210210.

Nutrição da laranjeira

*Eric Victor de Oliveira Ferreira, Milton Garcia Costa,
Fábio de Lima Gurgel, Luma Castro de Souza*

Os citros são uma das principais culturas frutíferas do mundo, plantadas em mais de 140 países e consumidas como frutas frescas, suco ou concentrado, e são excelentes fontes de vitaminas, minerais e fibras alimentares. Entre as espécies mais cultivadas, as laranjeiras são responsáveis por mais da metade da produção e comércio mundial, que aumentou significativamente nas últimas três décadas (FAO, [2021]). O Brasil é o maior produtor mundial de laranjas e o maior exportador do suco da fruta. Para a safra 2023/2024, o Fundo de Defesa da Citricultura (Fundecitrus, 2023) estima uma produção de 309,34 milhões de caixas de 40,8 quilos no cinturão citrícola de São Paulo e no Triângulo e sudoeste de Minas Gerais.

Na região Norte do Brasil, a citricultura ainda é pouco explorada. Os Estados do Pará e Amazonas contribuem com 70,6% e 13% da produção regional, respectivamente, e estão em sétimo e décimo terceiro no *ranking* nacional de produtores de citros. A produtividade média nesses Estados é de 14,1 t ha^{-1}; portanto, a média regional corresponde a apenas 54,6% da média nacional, de 25,8 t/ha (Passos et al., 2019).

A subutilização de fertilizantes e corretivos agrícolas é apontada como uma das principais causas da baixa produtividade da agricultura amazônica (Homma; Rebello, 2020). No Pará, as lavouras caracterizam-se pelo baixo uso de insumos e adoção de práticas culturais inadequadas (Fernandes; Reis; Noronha, 2010). Nesse Estado, o município de Capitão Poço se destaca com 78,60% da quantidade produzida de laranjas (Sedap, 2020).

O bom manejo e a nutrição adequada das espécies cultivadas são condições *sine qua non* ao sucesso de qualquer empreendimento agrícola; nesse contexto, o estudo das demandas nutricionais dos pomares é fundamental ao êxito da atividade (Griebeler et al., 2020). As plantas cítricas, apesar de suas exigências edafoclimáticas, adaptam-se a solos tanto arenosos como argilosos, adaptação esta favorecida pelo uso de diferentes porta-enxertos. A assimilação de CO_2 pela fotossíntese é a principal responsável pelo crescimento e produção dos frutos nas plantas (Mattos Júnior; Bataglia; Quaggio, 2005), ao passo que os nutrientes minerais representam cerca de 5% da biomassa, exercendo diversas funções no metabolismo vegetal, tais como de estrutura, constituintes e ativadores enzimáticos (Prado, 2020).

O diagnóstico do estado nutricional das plantas sobre diferentes porta-enxertos teve início na década de 1960 (Gallo *et al.*, 1960), paralelamente aos estudos que visam a diversificação de porta-enxertos por variedades cítricas nas diferentes condições edafoclimáticas brasileiras. No Brasil, os primeiros estudos relacionados à composição mineral das plantas cítricas foram realizados por Bataglia *et al.* (1977), Amorós Castañer (1995) e Jackson *et al.* (1995). Essas pesquisas indicam que os nutrientes predominantes na constituição da biomassa são Ca, N e K, enquanto P, Mg e S representam aproximadamente 10% da composição dos nutrientes minerais. Segundo Mattos Júnior, Bataglia e Quaggio (2005), as proporções de nutrientes em plantas cítricas podem variar de acordo com a idade das plantas, as práticas fitotécnicas e o genótipo.

O estado nutricional e a produção de citros ainda não são conhecidos para todas as combinações de copa e porta-enxertos. A importância de conhecer o estado nutricional das plantas cítricas sobre diferentes porta-enxertos se deve à capacidade diferenciada na absorção de íons pelo sistema radicular dos porta-enxertos e à compatibilidade dos tecidos vasculares entre os genótipos (Fidalski; Stenzel, 2006).

Assim, é certo que os nutrientes têm efeito destacado sobre a qualidade química e física dos frutos de citros (Mattos Júnior; Bataglia; Quaggio, 2005). O manejo satisfatório em relação à adubação de pomares influencia a qualidade na comercialização dos frutos, especialmente quando estes são destinados ao consumo *in natura* (Griebeler *et al.*, 2020). Por exemplo, a adubação fosfatada aumenta a porcentagem de suco, a razão de sólidos solúveis/acidez e o peso dos frutos da laranjeira-pera (Sobral; Coelho; Silva, 1998). De forma geral, as frutíferas têm respostas positivas à adubação (Natale; Marchall, 2002); para o cultivo da laranjeira no Pará, as recomendações de adubação nitrogenada são baseadas nos teores foliares de N (Veloso, 2020).

Em situação de suprimento nutricional insuficiente à vegetação, floração e frutificação, as plantas cítricas apresentam sintomas como deformações de ramos, folhas e frutos, amarelecimento das folhas, redução do crescimento e tamanho do fruto, além de exsudação de goma e redução da produção (Santos Filho; Magalhães; Coelho, 2005). No nordeste paraense, foram verificadas limitações nutricionais em pomares de laranjeiras-pera, sobretudo em P, K e Zn (Fernandes; Reis; Noronha, 2010), indicando a necessidade de ajustes no manejo da adubação.

A compreensão da nutrição da laranjeira é essencial para o estabelecimento da demanda adequada de nutrientes e a determinação das doses dos fertilizantes (Mattos Júnior et al., 2003). Dessa forma, objetivando contribuir para o correto manejo nutricional da cultura na região amazônica, neste capítulo são abordados aspectos relacionados à classificação botânica, à extração e exportação de nutrientes e à diagnose visual e foliar das laranjeiras.

7.1 Classificação e morfologia da cultura

Existem duas classificações do gênero *Citrus*, a de Swingle (1948), que compreende 16 espécies, e a de Tanaka (1977), que estabeleceu um sistema mais moderno, incluindo 162 espécies, pertencentes à divisão Magnoliophyta, subdivisão Magnoliophytina, classe Magnoliopsida, subclasse Rosidae, ordem Sapindales, subordem Geranineae, família Rutaceae, subfamília Aurantioideae, tribo Citreae e subtribo Citrineae (Passos et al., 2005). Por produzirem frutos semelhantes à laranja ou ao limão, os seguintes gêneros constituem o grupo dos citrinos verdadeiros, juntamente com o gênero *Citrus*: *Poncirus*, *Fortunella*, *Microcitrus*, *Eremocitrus* e *Clymenia*. Os mais primitivos são *Severinia*, *Pleiospermium*, *Burkillanthus*, *Limnocitrus* e *Hesperetusa*, enquanto *Citropsis* e *Atalantia* são considerados os mais evoluídos.

Segundo Swingle e Reece (1967), os citros verdadeiros possuem como característica diferencial, considerada de grande importância taxonômica, a presença de vesículas de suco ou polpa em seus frutos, as quais são estruturas que se desenvolvem na cavidade locular, a partir das paredes do lóculo, em sacos preenchidos com numerosas células grandes, cheias de suco. Essas vesículas de suco são mais ou menos fusiformes e ocupam todo o espaço dos segmentos dos frutos (gomos) não ocupado por sementes. O fruto é do tipo baga, especificamente denominado *hesperídeo*.

Quanto a outras características dos frutos, de acordo com Dornelles (2008), existe uma grande variabilidade, mesmo considerando apenas os gêneros nos quais se encontram os citros de importância comercial. Existem frutos que variam de aproximadamente 1 cm de diâmetro (*Fortunella* spp.) até 30 cm, observados em espécies como *Citrus medica* (cidra) e *C. maxima* (toranja). São encontrados também frutos de polpa variando de coloração, do verde-amarelado, como a lima (*C. aurantifolia*), ao laranja-avermelhado de algumas tangerinas (*C. reticulata*), ou mesmo vermelho-sanguíneo, a exemplo de algumas laranjas (*C. sinensis*) e pomelos (*C. paradisi*). Em relação ao formato, são verificados frutos achatados, redondos e até piriformes. Quanto ao sabor, existem frutos extremamente ácidos ou amargos (impróprios para consumo) e até mesmo variedades praticamente sem acidez (Iwamasa; Nito, 1988).

Quase todas as espécies cultivadas são híbridas. Hibridações podem ter ocorrido na natureza entre plantas selvagens, mas muitas delas provavelmente são resultado direto ou indireto do cultivo. Todos esses híbridos são descendentes diretos ou indiretos de algumas antigas espécies selvagens (Nicolosi et al., 2000). Entre os citros, as laranjas doces (Citrus sinensis (L.) Osbeck.) são as variedades mais cultivadas, tanto para a indústria como para o consumo in natura, seguidas das tangerinas (C. reticulata Blanco e C. deliciosa Tenore, principalmente), limões e limas ácidas e doces (C. limon Burm. e C. aurantifolia Christm.), pomelos (C. paradisi Macf.) e toranjas (C. máxima (Merr., Burm. f.)), além de outros citros, cultivados com diversos propósitos, cuja importância é apenas regional.

Segundo Coelho (2005), a exploração comercial da planta cítrica determinou algumas mudanças em seu porte e comportamento. Nos dias atuais, a forma da árvore varia de acordo com os métodos de poda e enxertias adotados. A planta moderna caracteriza-se por um tronco único que, a uma altura média de 50 cm, bifurca-se em três ou quatro ramos para compor uma copa esférica ou cilíndrica. Em decorrência das condições climáticas, especialmente luminosidade e distribuição de chuvas, as copas podem se tornar mais abertas ou fechadas, refletindo seu condicionamento ao ambiente.

As laranjeiras doces possuem folhas de tamanho médio, com ápice pontiagudo e base arredondada, pecíolo pouco alado, flores com tamanho médio, solitárias ou em racimos, com 20 a 25 estames, e ovários com 10 a 13 lóculos. As sementes são ovoides, levemente enrugadas e poliembriônicas. O sistema radicular das plantas cítricas é do tipo pivotante, com ramificações laterais (Vidal; Vidal, 2003), e se distribui sobretudo entre 0,40 m e 0,60 m de profundidade, podendo aprofundar-se até 5 m (Malavolta; Violante Netto, 1989). O desenvolvimento e crescimento das raízes podem ser limitados pela baixa disponibilidade de água e insuficiente disponibilidade de nutrientes (Nel, 1984), além da presença de camadas adensadas de origem pedogenética ou antrópica, o que reflete no desenvolvimento e produção da planta (Demattê, 1981; Oliveira, 1991). Essas informações indicam a necessidade de um adequado manejo edáfico, notadamente nutricional, objetivando uma produção sustentável de laranjeiras, principalmente na região Norte do País, onde há o predomínio natural de solos com baixa fertilidade química.

7.2 Extração e exportação de nutrientes

A extração de nutrientes nas plantas é indicativo das suas exigências nutricionais, que dependem do nível de produção, genótipo, fertilidade do solo, adubação, clima e manejo fitotécnico, além de outros fatores relacionados ao agroecossistema (Prado, 2020).

Estudo de extração de macronutrientes em mudas de laranjeira-pera verificou valores (g planta^{-1}) de 1,06 de N, 0,24 de P, 0,63 de K, 0,87 de Ca, 0,14 de Mg e 0,11 de S (Rezende et al., 2010). Em plantas jovens, em pomares de laranjeira irrigados por gotejamento, foi encontrada extração (kg ha⁻¹) de 78,7 de N, 11,6 de P e 104,4 de K (Kadyampakeni; Morgan; Schumann, 2016).

As concentrações dos nutrientes em plantas de laranjeira de cinco anos de idade variam conforme os órgãos da planta e o sistema de irrigação (Tab. 7.1), verificando-se maiores concentrações de N nas folhas, de P nos ramos e galhos, e de K em folhas novas, raízes grandes e galhos (Kadyampakeni; Morgan; Schumann, 2016), conforme a Fig. 7.1.

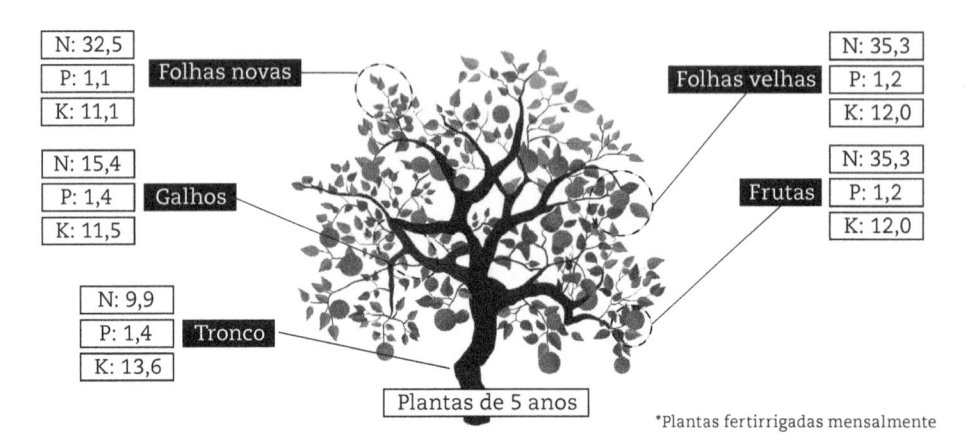

Fig. 7.1 Concentrações (g kg⁻¹) de N, P e K na parte aérea de plantas de laranjeira submetidas a fertirrigação mensalmente na Flórida, Estados Unidos
Fonte: adaptado de Kadyampakeni, Morgan e Schumann (2016).

Tab. 7.1 Concentrações de N, P e K em diferentes órgãos das plantas de laranjeira cultivadas em três métodos de irrigação na Flórida, Estados Unidos

Órgão vegetal	Método de irrigação								
	Gotejamento[1]			Microaspersão[2]			Microaspersão[3]		
	N	P	K	N	P	K	N	P	K
	g kg⁻¹								
Folhas novas	32,5	1,1	11,1	33,3	1,2	13,6	25,8	1,4	18,3
Folhas velhas	35,3	1,2	12,0	29,4	1,3	11,7	23,1	1,5	13,5
Galhos	15,4	1,4	11,5	13,0	1,7	13,6	12,2	1,3	14,5
Ramos pequenos	5,8	1,1	11,3	8,6	1,3	8,9	3,7	1,3	8,8
Ramos médios	7,1	1,1	9,2	3,2	1,3	11,2	3,4	1,4	12,9
Ramos grandes	4,5	1,6	14,1	5,4	1,2	12,2	5,3	1,7	13,0
Tronco	9,9	1,4	13,6	9,5	1,5	11,5	6,0	1,8	13,5
Frutas	18,3	1,2	15,5	19,7	1,5	12,6	12,5	1,5	14,1
Raízes pequenas (< 0,5 mm)	22,6	1,1	11,2	19,1	1,3	13,1	13,8	1,4	11,9

Tab. 7.1 (continuação)

Órgão vegetal	Método de irrigação							
	Gotejamento[1]			Microaspersão[2]			Microaspersão[3]		
	N	P	K	N	P	K	N	P	K
	g kg⁻¹							
Raízes médias (0,5-1 mm)	16,0	1,3	11,5	14,6	1,3	13,7	12,1	1,3	12,1
Raízes grandes (1-3 mm)	11,1	1,5	15,5	26,2	1,4	14,3	6,5	1,4	11,9
Raízes maiores (> 3 mm)	7,8	1,3	14,1	8,5	1,7	14,2	5,6	1,6	12,7

[1] Fertirrigado mensalmente; [2] fertirrigado semanalmente; [3] fertirrigado diariamente.
Fonte: Kadyampakeni, Morgan e Schumann (2016).

Sistema radicular da laranjeira

- Raízes médias (0,5 – 1,0 mm)
- Raízes grandes (1,0 – 3,0 mm)
- Raízes pequenas (< 0,5 mm)
- Raízes maiores (> 3,0 mm)

Gotejamento (fertirrigado mensalmente)

N (g kg⁻¹):
- 22,6 → Raízes pequenas
- 16,0 → Raízes médias
- 11,1 → Raízes grandes
- 7,8 → Raízes maiores

P (g kg⁻¹):
- 1,1 → Raízes pequenas
- 1,3 → Raízes médias
- 1,5 → Raízes grandes
- 1,3 → Raízes maiores

K (g kg⁻¹):
- 11,2 → Raízes pequenas
- 11,5 → Raízes médias
- 15,5 → Raízes grandes
- 14,1 → Raízes maiores

Microaspersão (fertirrigado semanalmente)

N (g kg⁻¹):
- 19,1 → Raízes pequenas
- 14,6 → Raízes médias
- 26,2 → Raízes grandes
- 8,5 → Raízes maiores

P (g kg⁻¹):
- 1,3 → Raízes pequenas
- 1,3 → Raízes médias
- 1,4 → Raízes grandes
- 1,7 → Raízes maiores

K (g kg⁻¹):
- 13,1 → Raízes pequenas
- 13,7 → Raízes médias
- 14,3 → Raízes grandes
- 14,2 → Raízes maiores

Microaspersão (fertirrigado diamente)

N (g kg⁻¹):
- 13,8 → Raízes pequenas
- 12,1 → Raízes médias
- 6,5 → Raízes grandes
- 5,6 → Raízes maiores

P (g kg⁻¹):
- 1,4 → Raízes pequenas
- 1,3 → Raízes médias
- 1,4 → Raízes grandes
- 1,6 → Raízes maiores

K (g kg⁻¹):
- 11,9 → Raízes pequenas
- 12,1 → Raízes médias
- 11,9 → Raízes grandes
- 12,7 → Raízes maiores

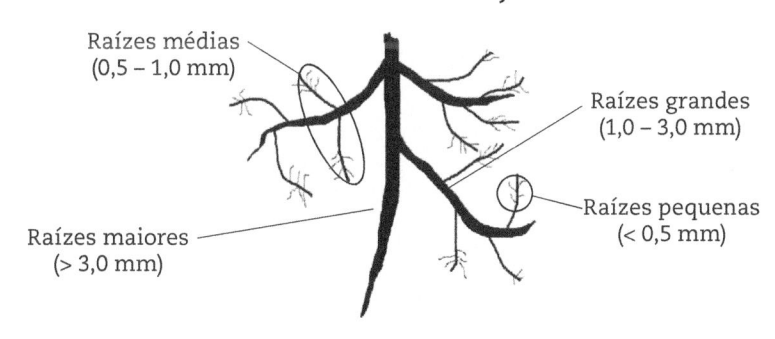

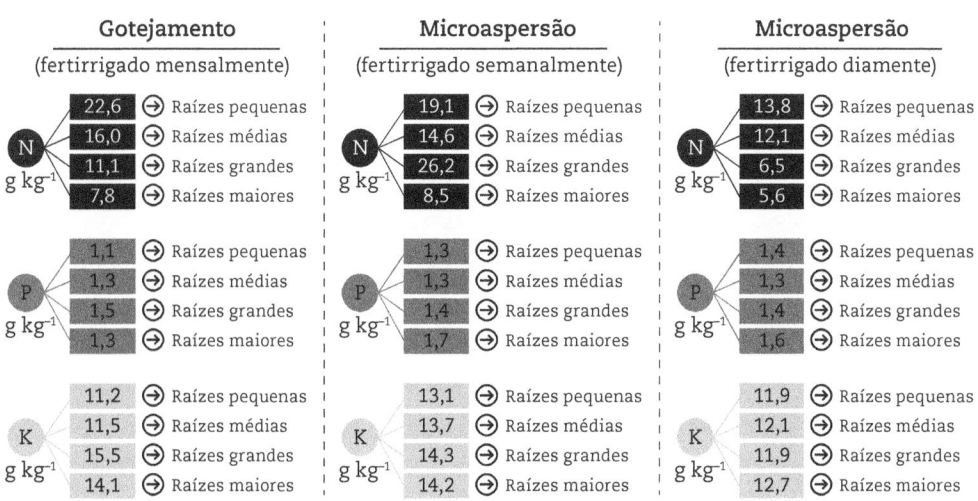

Fig. 7.2 Concentrações de N, P e K no sistema radicular de plantas de laranjeira submetidas a diferentes sistemas de irrigação
Fonte: adaptado de Kadyampakeni, Morgan e Schumann (2016).

Em frutos de laranjeira, estudo apontou maiores concentrações de N, P, Mg, S, Mn e Zn na sua fase juvenil, enquanto na fase de expansão foram verificadas maiores concentrações de K e Fe e, na fase de maturação, concentrações elevadas de Ca (Xing-Zheng et al., 2019). Como já mencionado, o excesso ou a deficiência de nutrientes podem alterar a qualidade dos frutos; estudos realizados por Morgan et al. (2005), Alva et al. (2006) e Zheng et al. (2015) indicaram que o excesso de N e K, ou a deficiência de P, resulta em menor qualidade dos frutos, enquanto a deficiência de N ou excesso de P resulta em maior qualidade. Nesse sentido, um manejo inadequado pode levar à perda de qualidade e da produtividade dos pomares de citros, tornando-se as concentrações de nutrientes nos frutos um indicativo para a melhoria do manejo das safras dos anos seguintes.

A adubação realizada em período adequado nos pomares de laranjeira resulta em maior rendimento de frutos e, consequentemente, em maior exportação de nutrientes e maior retorno financeiro ao produtor. A recomendação de adubação da cultura na Amazônia oriental é baseada na exportação dos nutrientes pelos frutos, com intuito de realizar a reposição deles; recomenda-se anualmente 250 kg ha^{-1} de N, 140 kg ha^{-1} de P_2O_5 e 140 kg ha^{-1} de K_2O, em condições de baixa disponibilidade no solo para P (< 10 mg dm^{-3}) e K (< 40 mg dm^{-3}) e concentrações foliares menores que 23 g kg^{-1} para N (Veloso, 2020).

Os macronutrientes são exportados pelos frutos das laranjeiras na ordem K > N > Ca > Mg > P > S, enquanto os micronutrientes seguem a ordem B > Fe > Zn > Mn > Cu (Haag et al., 1993). Nas condições brasileiras, a quantidade exportada de macronutrientes (kg ha^{-1}) em frutos de laranjeira é de 2 de N, 0,2 de P, 1,5 de K, 0,5 de Ca, 0,12 de Mg e 0,13 de S, e de micronutrientes (g t^{-1}) é de 2 de B, 25 de Cl, 0,003 de Co, 1 de Cu, 7 de Fe, 3 de Mn, 0,008 de Mo e 0,9 de Zn (Malavolta; Vitti; Oliveira, 1997).

7.3 Diagnose visual

A diagnose visual é uma técnica de avaliação nutricional em que se faz a comparação do aspecto visual da planta de interesse com plantas sadias e produtivas da mesma espécie (padrões). Parte-se do princípio de que, com a deficiência do nutriente, a planta apresentará um sintoma visual característico, uma vez que os nutrientes exercem as mesmas funções independentemente da variedade (Malavolta; Vitti; Oliveira, 1997). Ressalta-se que, quando surgem os sintomas visuais de deficiência do nutriente nas folhas, o desenvolvimento e a produtividade já foram afetados (Mattos Júnior et al., 2009), uma vez que a manifestação do sintoma é o último estádio do processo de alterações metabólicas. Em algumas situações, a diagnose visual não é facilitada; em casos de deficiências múltiplas, pode ocorrer mascaramento dos sintomas, além de que injúrias ocasionadas por pragas e doenças podem proporcionar os mesmos sintomas típicos de deficiências nutricionais (Mattos Júnior et al., 2009). Assim, a diagnose visual exige certa experiência do profissional com a cultura. Como vantagens, a utilização dessa técnica não gera custo adicional e é relativamente simples, sendo útil principalmente para culturas perenes, como a laranjeira.

Normalmente, os sintomas de deficiências nutricionais aparecem em grandes áreas e não em reboleiras, e são simétricos, ou seja, surgem nas duas folhas do mesmo par. Há um gradiente de intensidade na manifestação da deficiência; para a deficiência de nutrientes considerados móveis, primeiro os sintomas se apresentam nas folhas mais velhas, diminuindo em direção às mais novas. Por outro lado, há maior intensidade dos sintomas em folhas mais novas para os nutrientes menos móveis. Dessa forma, o conhecimento da mobilidade dos nutrientes no floema auxilia na identificação dos sintomas visuais das deficiências nutricionais: N, P, K e Mg são móveis, B e Ca são imóveis e os demais nutrientes (S, Cu, Fe, Mn, Zn e Mo) são considerados pouco móveis (Malavolta; Vitti; Oliveira, 1997).

Nas Figs. 7.3 e 7.4 são ilustrados os sintomas visuais típicos das deficiências nutricionais mais comuns em pomares de laranjeira no Brasil, e a sua descrição é feita com base na literatura especializada (Mattos Júnior; Bataglia; Quaggio, 2005; Mattos Júnior *et al.*, 2009).

Fig. 7.3 Sintomas visuais da deficiência de (A) nitrogênio, (B) fósforo, (C) potássio e (D) magnésio mais frequentes em laranjeiras
Fonte: (A) Pattylla Mariane Revoredo, (B) Mattos Júnior *et al.* (2009), (C) Maria Leidiane Reis Barreto e (D) Eduardo Cezar Medeiros Saldanha.

Em condição de deficiência de N, em função da diminuição da concentração de clorofila, as folhas, sobretudo as mais velhas, aparentam coloração verde-pálida e amarelada, e as laranjeiras apresentam porte reduzido com amarelecimento geral da folhagem (Fig. 7.3A) e diminuição do número e tamanho dos frutos.

Os sintomas de deficiência de P incluem folhas mais velhas com aspecto amarelado ou bronzeado e tamanho aumentado, e pode haver queda de folhas. Nos frutos, a columela tende a se tornar aberta (Fig. 7.3B). Na deficiência de K, os sintomas surgem mais intensamente nos frutos, os quais ficam pequenos e podem cair em grande quantidade. As folhas mais velhas manifestam clorose nas bordas e encurvamento das extremidades da lâmina foliar (Fig. 7.3C). Para o Ca, não são comuns sintomas visuais de deficiência nas folhas, porém a densidade delas na copa diminui. Clorose internerval em folhas velhas, com aspecto de "V" invertido (Fig. 7.3D), é um sintoma típico da deficiência de Mg em pomares brasileiros.

A deficiência de B provoca folhas novas deformadas, morte da gema e perda da dominância apical, com a produção de brotações em forma de tufo na ponta do ramo (Fig. 7.4A). Para a deficiência de Cu, os sintomas mais comuns ocorrem em ramos novos, cujo caule apresenta bolsas que se rompem (cavidade) e causam extravasamento da seiva (Fig. 7.4B). Em situação de deficiência de Fe, as

Fig. 7.4 Sintomas visuais da deficiência de (A) boro, (B) cobre, (C) ferro, (D) manganês e (E) zinco mais comuns em laranjeiras
Fonte: (A,B,D) Mattos Júnior, Bataglia e Quaggio (2005) e Mattos Júnior et al. (2009), (C) Maria Leidiane Reis Barreto e (E) Eric Victor de Oliveira Ferreira.

folhas novas apresentam tamanho reduzido e coloração amarelo-clara, porém com nervuras verdes mais escuras (reticulado fino), ocorrência mais comum em viveiros (Fig. 7.4C), podendo ser induzida por dose excessiva de calcário.

Em plantas com deficiência de Mn, as folhas jovens manifestam clorose internerval (reticulado grosso), mas mantêm seu tamanho normal (Fig. 7.4D). Na ocorrência de deficiência de Zn, as folhas novas apresentam clorose internerval, limbo foliar estreito e aspecto lanceolado (Fig. 7.4E), ocorrem internódios curtos e a planta fica com um aspecto enfezado.

7.4 Diagnose foliar

A diagnose foliar é uma técnica de avaliação da composição nutricional no tecido das plantas baseada na premissa da existência de uma relação entre as concentrações foliares e o estado nutricional da cultura (Prado, 2020). A análise química das folhas, comparativamente à análise de solo, determina os teores totais dos nutrientes e está menos sujeita à interferência (Quaggio; Mattos Júnior; Cantarella, 2005). Tal ferramenta se torna relevante uma vez que o aumento nas concentrações dos nutrientes está relacionado, dentro de certos limites, a maior crescimento ou produtividade das plantas (Mattos Júnior et al., 2009).

Na região amazônica, a diagnose foliar da laranjeira tem sido avaliada (Costa et al., 2019; Cunha; Silva, 2016; Fernandes; Reis; Noronha, 2010; Guimarães; Silva, 2022; Silva et al., 2019; Veloso; Graça; Gama, 2000; Veloso; Pereira; Carvalho, 2002) e utilizada na recomendação de adubação nitrogenada para a cultura na fase de produção (Veloso, 2020). Amostragem e preparo do tecido vegetal, envio da amostra e análises dos teores dos nutrientes em laboratório, além da interpretação dos resultados por diferentes métodos, são etapas envolvidas na diagnose foliar e descritas a seguir.

7.4.1 Amostragem e preparo das amostras

A primeira etapa da diagnose foliar, de grande importância na aquisição de resultados confiáveis de laboratório, é a obtenção de uma amostra representativa da área a ser avaliada por meio da amostragem do tecido vegetal.

A avaliação do estado nutricional das plantas cultivadas normalmente é realizada pela análise de tecidos foliares, visto que a folha é o principal órgão responsável pelos processos metabólicos (Rengel; Cakmak; White, 2022). As folhas são, em geral, o órgão que melhor representa o estado nutricional da planta (Mattos Júnior et al., 2009). Os teores foliares dos nutrientes dependem da taxa de crescimento da planta, idade da folha, combinações copa e porta-enxertos e interação com outros nutrientes, além de suas disponibilidades no solo (Quaggio; Mattos Júnior; Cantarella, 2005). Assim, para o sucesso da diagnose nutricional, deve haver uma padronização na amostragem quanto a época do ano, fase da cultura, genótipo e região, uma vez que tais fatores influenciam nos teores dos nutrientes nas plantas.

A idade das folhas e a presença de frutos no ramo alteram o teor de nutrientes das laranjeiras, além das práticas culturais e enfermidades como a clorose variegada dos citros (Malavolta; Vitti; Oliveira, 1997). Para laranjeiras, a recomendação é amostrar a terceira ou quarta folha a partir do fruto com 2 cm a 4 cm de diâmetro (Cantarutti *et al.*, 2007; Quaggio; Mattos Júnior; Cantarella, 2005; Veloso *et al.*, 2020), coletando-se quatro folhas não danificadas em cada árvore (uma folha por quadrante) na altura mediana da planta (Mattos Júnior *et al.*, 2009), conforme ilustrado na Fig. 7.5.

Com relação à época indicada para a amostragem foliar dos citros, há recomendação para realizá-la entre fevereiro e março para a região Sudeste do Brasil, coletando-se folhas com seis meses de idade (Cantarutti *et al.*, 2007; Mattos Júnior *et al.*, 2009), isto é, no verão em folhas do ciclo da primavera (Malavolta; Vitti; Oliveira, 1997). Para a região amazônica, realizar a amostragem no meio do período chuvoso, em folhas do ciclo do inverno (Veloso *et al.*, 2020). Para a densidade amostral dos citros, recomenda-se coletar 20 folhas ha^{-1} (Malavolta; Vitti; Oliveira, 1997), 100 folhas por talhão homogêneo, sendo quatro por planta (Cantarutti *et al.*, 2007), ou, nos quatro quadrantes, 25 plantas ha^{-1} (Veloso *et al.*, 2020). Mattos Júnior *et al.* (2009) recomendam amostrar pelo menos 25 árvores de citros em áreas de no máximo 10 ha, e no mínimo 30 dias após a última pulverização. Salienta-se a necessidade de coletas de diferentes amostras em áreas com talhões de variedades distintas. O porta-enxerto pode influenciar no teor

Fig. 7.5 (A) Posição do ramo na copa e (B) terceira ou quarta folha a ser amostrada para a diagnose nutricional da laranjeira

Fonte: Pattylla Mariane Revoredo.

de nutrientes da copa da laranjeira, como já foi observado entre os genótipos Baianinha e Pera (Malavolta; Vitti; Oliveira, 1997).

7.4.2 Envio das amostras e análise em laboratório

Uma vez finalizada a amostragem correta, a amostra vegetal deve ser identificada e encaminhada ao laboratório para a realização das análises dos teores dos nutrientes e posterior interpretação. Para uma identificação adequada da amostra, colocar o nome da propriedade/proprietário, talhão, genótipo, folha amostrada e data de coleta, além dos nutrientes a analisar. As amostras vegetais devem ser acondicionadas em sacos de papel, e seu envio ao laboratório deve ocorrer o mais breve possível. Na impossibilidade de fazê-lo de imediato, recomenda-se realizar a lavagem das folhas com água corrente, o enxágue com água filtrada e colocá-las para secar ao sol (Cantarutti et al., 2007) ou, como alternativa, armazená-las em geladeira (5 °C) no prazo máximo de dois dias (Mattos Júnior et al., 2009). Posteriormente, as amostras precisam ser secas em estufa de circulação forçada de ar (70 °C) até peso constante, trituradas em moinho inoxidável e armazenadas em frascos de vidro fechados com tampa até o momento de realização das análises de laboratório.

7.5 Métodos de interpretação dos resultados

Para o monitoramento dos nutrientes nas glebas e um manejo eficaz das adubações, são regularmente aplicados os métodos de nível crítico (NC) ou faixas de suficiência (FS) (Dias et al., 2013a). As interpretações dos resultados da avaliação do estado nutricional das plantas são realizadas por meio de comparações com padrões preestabelecidos capazes de indicar deficiência, faixa ideal ou excesso de concentração dos nutrientes. Os métodos NC e FS comparam os teores de nutrientes nas folhas de uma área produtiva a padrões de referência que são adquiridos de plantas sadias e com alta produtividade, geralmente disponíveis na literatura (Kurihara; Maeda; Alvarez, 2005). Como exemplo, tem-se os padrões nutricionais de referência para citros em São Paulo (Malavolta et al., 1994; Quaggio; Mattos Júnior; Cantarella, 2005).

O nível crítico é um método de interpretação da análise foliar que se baseia no estabelecimento de uma concentração padrão associada a 90% do crescimento ou produtividade máxima atingida (Cantarutti et al., 2007). Concentrações de nutrientes muito baixas (deficiências) ou muito excessivas (toxidez) no tecido vegetal indicam desordens nutricionais (Mattos Júnior et al., 2009). Para o NC dos nutrientes em laranjeira, ainda são encontrados poucos estudos, a maioria para o Estado de São Paulo (Dias et al., 2013a); por isso, acabam acontecendo extrapolações na interpretação do NC para outras regiões, o que indica a necessidade de realização de novas pesquisas considerando as condições regionais de diferentes ambientes agrícolas, sobretudo para a Amazônia oriental, que é a maior área de cultivo de laranjeiras da região. Dias et al. (2013a) determinaram o NC dos nutrientes para a laranjeira-pera na Amazônia central, apresentado na Tab. 7.2. Observar a discrepância em relação aos valores encontrados para o Estado de São Paulo, fato que ressalta a importância da utilização de padrões regionais na correta diagnose foliar da cultura.

Tab. 7.2 Nível crítico dos nutrientes recomendado para laranjeira-pera cultivada na região amazônica em comparação às recomendações para o Estado de São Paulo, Brasil

N	P	K	Ca	Mg	S	B	Cu	Fe	Mn	Zn	Referência
g kg^{-1}						mg kg^{-1}					
28,0	1,6	7,0	26,0	3,6	1,7	47,0	8,0	84,0	12,0	14,0	Dias et al. (2013a): nível crítico determinado para a Amazônia central em pomares comerciais de laranjeiras-pera
22,0	1,1	8,0	31,0	6,0	–	34,0	6,0	73,0	45,0	22,0	Hernandes et al. (2014): concentrações ótimas para plantas de laranjeira-pera derivadas do DRIS pelo método de Beaufils em São Paulo
23,0	0,8	8,0	32,0	6,0	–	33,0	6,0	68,0	45,0	23,0	Hernandes et al. (2014): concentrações ótimas para plantas de laranjeira-pera derivadas do DRIS pelo método de Jones em São Paulo
22,7	0,7	7,5	30,9	5,6	–	27,4	5,8	55,6	36,8	20,5	Camacho et al. (2012): nível crítico determinado para o Estado de São Paulo em pomares de laranjeira-pera

Enquanto o nível crítico aponta o limite mínimo no qual a planta começa a manifestar sinais de deficiência de um nutriente específico, a faixa de suficiência estabelece um intervalo mais abrangente de concentrações desse nutriente, ideal para promover um crescimento saudável e produtivo. Assim, a faixa de suficiência é mais amplamente utilizada por sua capacidade de abarcar variações nas condições do solo, requisitos específicos de diferentes espécies vegetais e interações complexas entre nutrientes. Além disso, a faixa de suficiência evita excessos nutricionais, otimiza o crescimento e produção, adapta-se às flutuações ambientais e proporciona uma margem de segurança para assegurar o desenvolvimento equilibrado das plantas ao longo do tempo. Sua abordagem holística e adaptável a torna uma ferramenta essencial na promoção de práticas agrícolas eficientes e na maximização do potencial das plantas.

O cálculo da faixa de suficiência é feito pela equação $FS = y \pm sy \cdot k$, em que y é a média da concentração do nutriente, sy é o desvio-padrão e k é um fator de correção baseado no coeficiente de variação (Cantarutti et al., 2007). As faixas de suficiência dos nutrientes para a laranjeira foram determinadas por Dias et al. (2013a) para a Amazônia central e estão dispostas nas Tabs. 7.3 e 7.4, junto com as observadas para o Estado de São Paulo e Pará. Até o momento, não foram encontradas outras faixas para a região amazônica.

Tab. 7.3 Faixas de suficiência (FS) dos macronutrientes recomendadas para laranjeira-pera na Amazônia central, em São Paulo e no Pará

N	P	K	Ca	Mg	S	Referência
		g kg^{-1}				
28,0-30,0	1,6-1,7	7,0-9,0	26,0-29,0	3,6-4,0	1,7-2,0	Dias et al. (2013a): faixa de suficiência determinada para a Amazônia central em pomares comerciais de laranjeira-pera
21,0-24,0	0,7-1,0	7,0-9,0	30,0-33,0	5,0-6,0	-	Hernandes et al. (2014): faixa ótima para laranjeira-pera derivada do DRIS pelo método de Beaufils em São Paulo
22,0-25,0	1,2-1,6	7,0-9,0	35,0-45,0	5,0-6,0	-	Hernandes et al. (2014): faixa ótima para laranjeira-pera derivada do DRIS pelo método de Jones em São Paulo
23,6-24,7	0,9-1,0	6,4-7,9	29,8-37,5	4,6-6,2	-	Camacho et al. (2012): faixa determinada pelo método de chance matemática (ChM) para o Estado de São Paulo em pomares de laranjeira-pera
22,1-24,0	0,8-1,0	7,0-8,7	30,0-33,1	5,3-6,0	-	Camacho et al. (2012): faixa determinada pelo método DRIS para o Estado de São Paulo em pomares de laranjeira-pera
22,1-23,9	0,8-1,0	6,8-8,6	30,0-33,1	5,4-6,1	-	Camacho et al. (2012): faixa determinada pelo método de diagnose da composição nutricional (CND) para o Estado de São Paulo em pomares de laranjeira-pera
23,0-27,0	1,2-1,6	10,0-15,0	35,0-45,0	2,5-4,0	2,0-3,0	Veloso et al. (2020): faixa de teores foliares adequados recomendados para o cultivo de laranjeiras no Estado do Pará

Tab. 7.4 Faixas de suficiência (FS) dos micronutrientes recomendadas para laranjeira-pera na Amazônia central, em São Paulo e no Pará

B	Cu	Fe	Mn	Mo	Zn	Referência
		mg kg^{-1}				
47,0-56,0	8,0-10,0	84,0-93,0	12,0-13,0	-	14,0-16,0	Dias et al. (2013a): faixa de suficiência determinada para a Amazônia central em pomares comerciais de laranjeiras-pera
29,0-39,0	4,0-8,0	50,0-96,0	38,0-52,0	-	18,0-25,0	Hernandes et al.(2014): faixa ótima para laranjeira-pera derivada do DRIS pelo método de Beaufils em São Paulo
29,0-38,0	4,0-8,0	45,0-91,0	38,0-52,0	-	20,0-26,0	Hernandes et al.(2014): faixa ótima para laranjeira-pera derivada do DRIS pelo método de Jones em São Paulo

Tab. 7.4 (continuação)

B	Cu	Fe	Mn	Mo	Zn	Referência
mg kg^{-1}						
23,9--27,7	8,7-10,1	52,0--84,6	38,3--62,7	–	21,0--27,0	Camacho et al. (2012): faixa determinada pelo método de chance matemática (ChM) para o Estado de São Paulo em pomares de laranjeira-pera
25,4--34,6	6,1-9,6	43,4--85,0	38,6--50,6	–	20,0--24,7	Camacho et al. (2012): faixa determinada pelo método do DRIS para o Estado de São Paulo em pomares de laranjeira-pera
24,6--33,8	5,9-9,4	50,5--92,1	37,9--50,0	–	21,2--25,9	Camacho et al. (2012): faixa determinada pelo método de diagnose da composição nutricional (CND) para o Estado de São Paulo em pomares de laranjeira-pera
36,0--100	4,0-10,0	50,0--120,0	35,0--300	0,1-1,0	25,0--100	Veloso et al. (2020): faixa de teores foliares adequados recomendados para o cultivo de laranjeiras no Estado do Pará

As FS dos nutrientes de laranjeira, que no caso das Tabs. 7.3 e 7.4 foram tiradas da literatura existente para a região amazônica e o Estado de São Paulo, são ferramentas essenciais de monitoramento das respostas à adubação para, quando necessário, corrigi-la (Veloso et al., 2020). Nesse sentido, a utilização correta da diagnose foliar é capaz de proporcionar maior economia dos fertilizantes e resultar em ganhos de rendimento de frutos nas plantas de laranjeiras.

7.6 Sistema integrado de diagnose e recomendação (DRIS)

A faixa de suficiência, apesar de útil como método de diagnose foliar, depende de calibração local, e a eficácia de seu diagnóstico é reduzida quando ocorre a extrapolação para outras regiões (Fageria et al., 2009). Assim, os padrões que não são considerados regionais podem causar erros na interpretação dos teores adequados dos nutrientes (Lana et al., 2010).

Para evitar o ajuste na calibração local e também aprimorar a qualidade das análises, foi desenvolvido o sistema integrado de diagnose e recomendação (DRIS) (Beaufils, 1973). O DRIS é um método dinâmico que aproveita as relações existentes entre os próprios nutrientes (Bataglia, 1989), apresentando vantagens em relação ao NC. De acordo com Cunha e Silva (2016), na determinação dos nutrientes, o DRIS aplica o conceito de balanço nutricional, ordenando os nutrientes mais limitantes às plantas, o que permite avaliar melhor o equilíbrio nutricional do pomar. Mattos Júnior, Bataglia e Quaggio (2005) comentaram que os mesmos procedimentos de amostragem foliar e análises de laboratório tradicionais têm sido utilizados para o diagnóstico nutricional dos citros por meio do DRIS.

Para a aplicação do DRIS, devem ser desenvolvidas referências nutricionais, as quais se chamam normas DRIS (Dias et al., 2013b). Beaufils (1973) aponta que essas normas precisam ser específicas para as diversas condições edafoclimáticas das áreas cultivadas. Segundo esse autor, para a determinação do DRIS, deve-se formar um banco de dados que determinará as relações entre os nutrientes. Quanto mais elevada a quantidade de dados relacionados à obtenção das normas de referência, maior a confiabilidade da norma DRIS nas plantas a serem analisadas (Dias et al., 2013b). As normas regionais aumentam a exatidão na avaliação das deficiências nutricionais das plantas locais, quando comparadas àquelas de outras regiões aplicadas fora de sua área (Cunha; Silva, 2016).

Para as condições de São Paulo, foram realizados trabalhos para determinar as normas DRIS para a citricultura, como os de Creste e Grassi Filho (1998) e Mourão Filho e Azevedo (2003). Em Mogi Guaçu (SP), pesquisa de Mourão Filho, Azevedo e Nick (2002) com DRIS em laranjeira-valência indicou que as populações específicas, as quais apresentam um número reduzido de observações, são utilizadas como bancos de dados adequados para adquirir as normas. Para esses autores, o método de cálculo do DRIS baseado no somatório das funções indicado por Jones demonstrou uma correlação mais adequada com a variável produtividade, quando comparado ao método baseado em Beaufils. Em pesquisa em pomar de laranjeira-monte-parnaso, Suszek (2011) observou correlação espacial significativa e positiva da produtividade com os índices DRIS para K e Fe. Em Goiás, Santana et al. (2008) verificaram que as normas DRIS para laranjeira-pera são divergentes daquelas registradas para outros locais. Ainda em Goiás, Rezende et al. (2017) constataram que a comparação entre a FS determinada pelo DRIS e a FS determinada pelo método tradicional (Bataglia et al., 2012) constitui um instrumento importante para analisar a nutrição de porta-enxertos de limoeiro-cravo e citrumelo Swingle.

Em se tratando da região Norte do País, as normas DRIS para avaliação da laranjeira-pera foram estudadas por Dias et al. (2013b). Pelas normas genéricas do DRIS, esses autores observaram que K, Ca, Mg, B, Mn e Zn são, nessa ordem, os nutrientes em maior desequilíbrio nutricional, tanto pela falta como pelo excesso, em mais de 50% das áreas avaliadas. Dias et al. (2013a), estudando os NC e FS por meio do DRIS em laranjeira-pera cultivada na Amazônia central, concluíram que os teores médios estimados para a maioria dos nutrientes não coincidem com os valores médios encontrados na literatura. De acordo com esses autores, em quase 50% das áreas, P, K, Ca, S, B, Cu e Fe estavam abaixo dos níveis considerados críticos (1,6 g kg^{-1} de P; 7 g kg^{-1} de K; 26 g kg^{-1} de Ca; 1,7 g kg^{-1} de S; 47 mg kg^{-1} de B; 8 mg kg^{-1} de Cu e 84 mg kg^{-1} de Fe). Em Capitão Poço (PA), estudo com DRIS em laranjeira-pera concluiu que B, Fe e Mn apresentaram alta variabilidade na relação entre os nutrientes, com os teores foliares de Mn e Zn se encontrando abaixo de seus NC.

Diante desse cenário, salienta-se que os produtores de laranja da Amazônia precisam levar em consideração essas informações nutricionais para realizar ajustes em futuras fertilizações. O uso do método DRIS torna-se uma alternativa viável em cultivo de laranjeiras quando se pretende avaliar o NC e a FS nutricional. Ressalta-se ainda a necessidade de realização de mais estudos sobre o desenvolvimento de normas DRIS para a laranjeira na região, dada a sua grande extensão territorial e ampla variação edafoclimática. Tais normas regionais serão instrumento importante no monitoramento nutricional da cultura, e também poderão contribuir para um manejo mais racional na aplicação de fertilizantes.

7.7 Reflexões

As laranjeiras têm grande relevância socioeconômica no País e na região amazônica, sobretudo no nordeste paraense; entretanto, nota-se que a produtividade média do Pará ainda é baixa quando comparada a de outros Estados e à média nacional. É clara a relação entre a nutrição adequada e a produção das laranjeiras, portanto, ressalta-se a necessidade de realização de mais pesquisas nessa temática em função de condições edafoclimáticas e de manejo específicas para a região, além de diferentes genótipos, visto que muitas indicações técnicas ainda são baseadas em resultados de experimentação de outras regiões. A adoção de práticas de correção da acidez do solo e de adubação pode contribuir para a melhor nutrição e o incremento de produtividade da cultura e, consequentemente, trazer maior lucratividade ao setor.

As técnicas de interpretação dos teores de nutrientes na diagnose foliar, como nível crítico, faixa de suficiência e DRIS, são ferramentas eficientes e essenciais ao adequado monitoramento nutricional das laranjeiras. Projetos de pesquisas estão sendo desenvolvidos com a cultura no nordeste paraense, a exemplo da avaliação nutricional de laranjeiras em função de novos genótipos de porta-enxertos e também da gessagem. Tais estudos são de suma importância à obtenção de dados regionais, objetivando aumento da produtividade e também geração de informações nutricionais das plantas cultivadas nas condições edafoclimáticas específicas da região.

Referências bibliográficas

AMORÓS CASTAÑER, M. *Produccion de agrios*. Madri: Grupo Mundi-Prensa, 286 p., 1995.

BATAGLIA, O. C. DRIS – Citros: uma alternativa para avaliar a nutrição das plantas. *Laranja*, Cordeirópolis, v. 10, n. 2, p. 565-576, 1989.

BATAGLIA, O. C.; FERRAREZI, R. S.; FURLANI, P. R.; MEDINA, C. L. Diagnose foliar em mudas cítricas. In: PRADO, R. M. (ed.). *Nutrição de plantas*: diagnose foliar em frutíferas. Jaboticabal: FCAV/Capes/Fapesp/CNPq, p. 149-174, 2012.

BATAGLIA, O. C.; RODRIGUEZ, O.; HIROCE, R.; GALLO, J. R.; FURLANI, P. R.; FURLANI, A. M. C. Composição mineral de frutos cítricos na colheita. *Bragantia*, v. 36, p. 215-221, 1977.

BEAUFILS, E. R. *Diagnosis and recommendation integrated system (DRIS)*: A general scheme for experimentation and calibration based on principles develop from research in plant nutrition. Pietermaritzburg: University of Natal, 132 p., 1973. (Soil Science Bulletin, 1).

CAMACHO, M. A.; SILVEIRA, M. V.; CAMARGO, R. A.; NATALE, W. Faixas normais de nutrientes pelos métodos ChM, DRIS e CND e nível crítico pelo método de distribuição normal reduzida para laranjeira-pera. *Revista Brasileira de Ciência do Solo*, v. 36, n. 1, p. 193-200, 2012.

CANTARUTTI, R. B.; BARROS, N. F.; MARTINEZ, H. E.; NOVAIS, R. F. Avaliação da fertilidade do solo e recomendação de fertilizantes. In: NOVAES, R. F.; ALVAREZ, V. H.; BARROS, N. F.; FONTES, R. L. F.; CANTURUTTI, R. B.; NEVES, J. C. L. (ed.). *Fertilidade do solo*. Viçosa: SBCS, p. 769-850, 2007.

COELHO, Y. da S. Botânica econômica. In: SANTOS FILHO, H. P.; MAGALHÃES, A. F. de J.; COELHO, Y. da S. (ed.). *Citros: o produtor pergunta, a Embrapa responde*. Brasília, DF: Embrapa Informação Tecnológica, p. 19-22, 2005.

COSTA, E. L.; DA SILVA, A. G. X.; SARMENTO, C. S.; LAVRES, J.; FERREIRA, E. V. O. Teores foliares de N, P e K de laranjeiras cultivadas com aplicação de gesso agrícola na Amazônia brasileira. In: XXVI CONGRESSO BRASILEIRO DE FRUTICULTURA, FRUTICULTURA DE PRECISÃO: DESAFIOS E OPORTUNIDADES, 2019, Juazeiro-BA/Petrolina-PE.

CRESTE, J. E.; GRASSI FILHO, H. Estabelecimento de curvas de produtividade para três variedades e dois porta-enxertos cítricos na região sudoeste do Estado de São Paulo, com ênfase ao DRIS. In: CONGRESSO BRASILEIRO DE FRUTICULTURA, 15., 1998, Poços de Caldas.

CUNHA, M. G. M. A.; SILVA, P. H. *Avaliação nutricional e desenvolvimento de normas DRIS para a cultura da laranja (Citrus sinensis) variedade Pera Rio no município de Capitão Poço-PA*. 72 p. Trabalho de Conclusão de Curso (Agronomia) – UFRA-CCP, 2016.

DEMATTÊ, J. L. I. Characteristics of Brazilian soils related to root growth. In: RUSSEL, R. S.; IGUE, K.; MEHTA, Y. R. (ed.). *The soil/root system in relation to Brazilian agriculture*. Londrina: Fundação Instituto Agronômico do Paraná, p. 21-41, 1981.

DIAS, J. R. M.; TUCCI, C. A. F.; WADT, P. G. S.; SILVA, A. M.; SANTOS, J. Z. L. Níveis críticos e faixas de suficiência nutricional em laranjeira-Pêra na Amazônia Central obtidas pelo método DRIS. *Acta Amazônica*, v. 43, n. 3, p. 239-246, 2013a.

DIAS, J. R. M.; WADT, P. G. S.; TUCCI, C. A. F.; SANTOS, J. Z. L.; SILVA, S. V. DA. Normas DRIS multivariadas para avaliação do estado nutricional de laranjeira 'Pera' no estado do Amazonas. *Revista Ciência Agronômica*, v. 44, n. 2, p. 251-259, 2013b.

DORNELLES, A. L. C. Citros. In: BARBIERI, R. L.; STUMPF, E. R. T. (ed.). *Origem e evolução de plantas cultivadas*. Brasília-DF: Embrapa Informação Tecnológica, p. 315-335, 2008.

FAGERIA, N. K.; BARBOSA FILHO, M. P.; MOREIRA, A.; GUIMARÃES, C. M. Foliar Fertilization of Crop Plants. *Journal of Plant Nutrition*, v. 32, n. 6, p. 1044-1064, 2009.

FAO – FOOD AND AGRICULTURE ORGANIZATION OF THE UNITED NATIONS. Citrus. FAO, [2021]. Disponível em: https://www.fao.org/markets-and-trade/commodities/citrus/en/. Acesso em: 22 out. 2021.

FERNANDES, A. R.; REIS, I. N. R. S.; NORONHA, N. C. Estado nutricional de pomares de laranjeira submetidos a diferentes manejos do solo. *Rev. Ci. Agra.*, v. 53, n. 1, p. 52-58, 2010.

FIDALSKI, J.; STENZEL, N. M. C. Nutrição e produção de laranjeira "Folha Murcha" em porta-enxertos e plantas de cobertura permanente na entrelinha. *Ciência Rural*, Santa Maria, v. 36, n. 3, p. 807-813, maio-jun., 2006.

FUNDECITRUS. Ciência e sustentabilidade para a citricultura. *Inventário de árvores e estimativa da safra de laranja do cinturão citrícola de São Paulo e Triângulo/Sudoeste* mineiro. Fundecitrus, 2023. Disponível em: https://www.fundecitrus.com.br/pdf/pes_relatorios/2023_06_05_Invent%C3%A1rio_e_Estimativa_do_Cinturao_Citricola_2023-2024.pdf. Acesso em: 28 ago. 2023.

GALLO, J. R. et al. Influência da variedade e do porta-enxerto na composição mineral das folhas de citros. *Bragantia*, v. 19, n. 20, p. 307-318, 1960.

GRIEBELER, S. R.; GONZATTO, M. P.; SCIVITTARO, W. B.; OLIVEIRA, R. P. de; SCHWARZ, S. F. Diagnóstico nutricional de pomares de laranjeiras da Fronteira Oeste do Rio Grande do Sul. *Pesquisa Agropecuária Gaúcha*, v. 26, n. 1, p. 114-130, 2020.

GUIMARÃES, A. E. M.; SILVA, J. S. *Aplicação de gesso agrícola*: produção e qualidade de frutos de laranjeiras cultivadas no nordeste paraense. 2022. 67 f. Trabalho de Conclusão de Curso (Graduação) – Curso de Agronomia, campus de Capitão Poço, Universidade Federal Rural da Amazônia, 2022.

HAAG, H. P.; GUTIERREZ, L. E.; DECHEN, A. R.; MOURÃO FILHO, F. A. A.; MOREIRA, C. S. Variação de matéria seca e de nutrientes nas folhas e nos frutos, produção de ácido ascórbico e suco, em seis cultivares de citros, durante um ciclo. *Scientia Agricola*, v. 50, n. 2, p. 193-203, 1993.

HERNANDES, A.; SOUZA, H. A.; AMORIM, D. A.; NATALE, W.; LAVRES JÚNIOR, J.; BOARETTO, A. E.; CAMACHO, M. A. DRIS Norms for Pêra Orange. *Communications in Soil Science and Plant Analysis*, v. 45, n. 22, p. 2853-2867, 2014.

HOMMA, A. K. O.; REBELLO, F. K. Aspectos econômicos da adubação e da calagem na Amazônia. In: BRASIL, E. C.; CRAVO, M. da S.; VIEGAS, I. de J. M. (ed.). *Recomendações de calagem e adubação para o estado do Pará*. 2. ed. ver. e atual. Brasília, DF: Embrapa, 419 p., 2020.

IWAMASA, M.; NITO, N. Citogenetics and evolution of modern cultivated Citrus. In: GOREN, R.; MENDEL, K. (ed.). *Proceedings of the Sixth International Citrus Congress*. Tel Aviv: Balahan, p. 265-275, 1988.

JACKSON, L. K.; ALVA, A. K.; TUCKER, D. P. H.; CALVERT, D. V. Factors to consider in developing a nutrition program. In: TUCKER, D. P. H.; ALVA, A. K.; JACKSON, L. K.; WHEATON, T. A. (ed.) *Nutrition of Florida citrus trees*. Gainesville: University of Florida, p. 3-11, 1995.

KADYAMPAKENI, D. M.; MORGAN, K. T.; SCHUMANN, A. W. Biomass, Nutrient Accumulation and Tree Size Relationships for Drip- And Micosprinkler-Irrigated Orange Trees. *Journal of Plant Nutrition*, v. 39, n. 5, 589-599, 2016.

KURIHARA, C. H.; MAEDA, S.; ALVAREZ V. V. H. *Interpretação de resultados de análise foliar*. Dourados: Embrapa Agropecuária Oeste; Colombo: Embrapa Floresta, 42 p., 2005. (Documentos, 74).

LANA, R. M. Q.; OLIVEIRA, S. A.; LANA, A. M. Q.; FARIA, M. V. Levantamento do estado nutricional de plantas de Coffea arabica L. pelo DRIS, na região do Alto Paranaíba – Minas Gerais. *Revista Brasileira de Ciência do Solo*, v. 34, p. 1147-1156, 2010.

MALAVOLTA, E.; PRATES, H. S.; CASALE, H.; LEÃO, H. C. de. *Seja o doutor dos seus citros*. Piracicaba: Potafós, 22 p., 1994. (Informações Agronômicas, 65).

MALAVOLTA, E.; VIOLANTE NETTO, A. *Nutrição mineral, calagem, gessagem e adubação dos citros*. Piracicaba: Potafós, 153 p., 1989.

MALAVOLTA, E.; VITTI, G. C.; OLIVEIRA, S. A. *Avaliação do estado nutricional das plantas*: princípios e aplicações. 2 ed. São Paulo: Potafós, 319 p., 1997.

MATTOS JÚNIOR., D.; BATAGLIA, O. C.; QUAGGIO, J. A. Nutrição dos citros. In: MATTOS JÚNIOR., D.; DE NEGRI, J. D.; PIO, R. M.; POMPEU JR, J. (ed.). *Citros*. Campinas: Instituto Agronômico/Fundag, p. 197-219, 2005.

MATTOS JÚNIOR, D.; QUAGGIO, J. A.; CANTARELLA, H.; ALVA, A. K. Nutrient content of biomass components of Hamlin sweet orange trees. *Scientia Agrícola*, v. 60, n. 1, p. 155-160, 2003.

MATTOS JÚNIOR, D.; QUAGGIO, J. A.; CANTARELLA, H.; BOARETTO, R. M. Citros: manejo da fertilidade do solo para alta produtividade. *Informações Agronômicas*, n. 128, dez. 12 p., 2009.

MOURÃO FILHO, F. de A. A.; AZEVEDO, J. C. DRIS norms for 'Valencia' sweet orange on three rootstocks. *Pesquisa Agropecuária Brasileira*, v. 38, n. 1, p. 85-93, 2003.

MOURÃO FILHO, F. de A. A.; AZEVEDO, J. C.; NICK, J. A. Funções e ordem da razão dos nutrientes no estabelecimento de normas DRIS em laranjeira Valência. *Pesquisa Agropecuária Brasileira*, v. 37, n. 2, p. 185-192, 2002.

NATALE, W.; MARCHALL, J. Absorção e distribuição de nitrogênio (15N) em *Citrus mitis*. *Revista Brasileira de Fruticultura*, v. 24, n. 1, p. 183-188, 2002.

NEL, D. J. *Soil requirements for citrus growing*. Nelspruit: Citrus and Subtropical Fruit Research Institute, 3 p., 1984. (Citrus B.4).

NICOLOSI, E.; DENG, Z. N.; GENTILE, A.; LA MALFA, S.; CONTINELLA, G.; TRIBULATO, E. Citrus philogeny and genetic origin of importante species as investigated by molecular markers. *Theoretical an Applied Genetics*, v. 8, n. 100, p. 1155-1166, 2000.

OLIVEIRA, J. B. Solos para citros. *In*: RODRIGUES, O.; VIEGAS, F.; POMPEU JR., J.; AMARO, A. A. (ed.). *Citricultura brasileira*. Campinas: Fundação Cargill, v. 1, p. 196-227, 1991.

PASSOS, O. S.; SOARES FILHO, W. dos S.; CUNHA SOMBRINHO, A. P. da. Classificação botânica. *In*: SANTOS FILHO, H. P.; MAGALHÃES, A. F. de J.; COELHO, Y. da S. (ed.). *Citros: o produtor pergunta, a Embrapa responde*. Brasília, DF: Embrapa Informação Tecnológica, p. 15-18, 2005.

PASSOS, O. S.; SOUZA, J. da S.; BASTOS, D. C.; GIRARDI, E. A.; GURGEL, F. de L.; GARCIA, M. V. B.; OLIVEIRA, R. P. de; SOARES FILHO, W. dos S. Citrus Industry in Brazil with Emphasis on Tropical Areas. *In*: MUHAMMAD, S. (org.). *Citrus: Health Benefits and Production Technology*. 1 ed. London: IntechOpen, p. 59-78, 2019.

PRADO, R. M. *Nutrição de plantas*. 2 ed. Jaboticabal: Editora Unesp, 416 p., 2020.

QUAGGIO, J. A.; MATTOS JÚNIOR, D.; CANTARELLA, H. Manejo da fertilidade do solo na citricultura. *In*: MATTOS JÚNIOR, D.; DE NEGRI, J. D.; PIO, R. M.; POMPEU JR, J. (ed.). *Citros*. Campinas: Instituto Agronômico/Fundag, p. 483-507, 2005.

RENGEL, Z.; CAKMAK, I.; WHITE, P. J. (ed.). *Marschner's Mineral Nutrition of Plants*. Academic Press, 2022.

REZENDE, C. F. A.; BARBOSA, J. M.; BRASIL, E. P. F.; LEANDRO, W. M.; FRAZÃO, J. J. Normas DRIS para Porta-Enxertos Limão Cravo e Citrumelo Swingle. *Journal of Social, Technological and Environmental Science*, v. 6, n. 1, p. 219-231, 2017.

REZENDE, C. F. A.; FERNANDES, E. P.; SILVA, M. F.; LEANDRO, W. M. Crescimento e acúmulo em mudas cítricas cultivadas em ambiente protegido. *Bioscience Journal*, v. 26, n. 3, p. 367-375, 2010.

SANTANA, J. das G.; LEANDRO, W. M.; NAVES, R. V.; CUNHA, P. P. Normas DRIS para interpretação de análises de folha e solo, em laranjeira-pera, na região central de Goiás. *Pesquisa Agropecuária Tropical*, v. 38, p. 109-117, 2008.

SANTOS FILHO, H. P.; MAGALHÃES, A. F. de J.; COELHO, Y. da S. (ed.). *Citros: o produtor pergunta, a Embrapa responde*. Brasília, DF: Embrapa Informação Tecnológica, 219 p., 2005.

SEDAP - SECRETARIA DE ESTADO DE DESENVOLVIMENTO AGROPECUÁRIA E DA PESCA. *Laranja*. Sedap, 2020. Disponível em: https://www.sedap.pa.gov.br/boletim-cvis. Acesso em: 20 abr. 2021.

SILVA, A. G. X.; COSTA, M. G.; RODRIGUES, J. L. S.; LAVRES, J.; FERREIRA, E. V. O. Teores de Ca, Mg e S em folhas de laranjeiras cultivadas com aplicação de gesso agrícola. *In*: XXVI CONGRESSO BRASILEIRO DE FRUTICULTURA, FRUTICULTURA DE PRECISÃO: DESAFIOS E OPORTUNIDADES, 2019, Juazeiro-BA/Petrolina-PE.

SOBRAL, L. F.; COELHO, Y. S.; SILVA, L. M. S. Disponibilidade e relações entre nutrientes em pomares de laranja no Estado de Sergipe. *Revista Brasileira de Fruticultura*, v. 20, n. 3, p. 397-402, 1998.

SUSZEK, G. Variabilidade espacial e temporal das propriedades químicas do solo e das folhas, qualidade do fruto e produtividade em pomar de laranja monte parnaso. 122 f. Tese (Doutorado) – Universidade Estadual do Oeste do Paraná, Cascavel, Paraná, 2011.

SWINGLE, W. T. Botany of Citrus and its wild relatives of the orange subfamily. *In*: WEBBER, H. J.; BATCHELOR, L. D. (ed.). *The Citrus industry*. Berkeley: University of California Press, p. 129-174, 1948.

SWINGLE, W. T.; REECE, P. C. The botany of Citrus and wild relatives. *In*: REUTHER, W.; WEBBER, H. J.; BATCHELOR, L. D. (ed.). *The Citrus industry*. Berkeley: University of California Press, p. 190-430, 1967.

TANAKA, T. Fundamental discussion of *Citrus* classification. *Studia Citrologica*, Osaka, v. 14, p. 1-16, 1977.

VELOSO, C. A. C.; BOTELHO, S. M.; VIÉGAS, I. J. M.; RODRIGUES, J. E. L. F. Amostragem e diagnose foliar. *In*: BRASIL, E. C.; CRAVO, M. S.; VIÉGAS, I. J. M. (ed.). *Recomendações de calagem e adubação para o estado do Pará*. Brasília: Embrapa, p. 65-72, 2020.

VELOSO, C. A. C. Citros (laranjeira, limoeiro e tangerineira). *In*: BRASIL, E. C.; CRAVO, M. S.; VIÉGAS, I. J. M. (ed.). *Recomendações de calagem e adubação para o estado do Pará*. 2 ed. Brasília: Embrapa, p. 343-345, 2020.

VELOSO, C. A. C.; GRAÇA, J. J. C.; GAMA, J. R. N. F. Estabelecimento do método DRIS para a cultura de citros na mesorregião do nordeste do estado do Pará. *Revista Brasileira de Fruticultura*, v. 22, n. 3, p. 372-376, 2000.

VELOSO, C. A. C.; PEREIRA, W. L. M.; CARVALHO, E. J. M. Diagnose nutricional pela análise foliar de pomares de laranjeira no nordeste paraense. *Revista de Ciências Agrárias*, v. 38, p. 47-55, 2002.

VIDAL, W. N.; VIDAL, M. R. R. *Botânica – Organografia*: quadros sinóticos ilustrados de fanerógamas. 4 ed. ver. ampl. Viçosa: UFV, 124 p., 2003.

XING-ZHENG, F.; XIE, F.; LI, C.; LI-LI, L.; CHANG-PIN, C.; LIANG-ZHI, P. Changes in mineral nutrition during fruit growth and development of 'Seike' and 'Newhall' navel orange as a guide for fertilization. *Revista Brasileira de Fruticultura*, v. 41, n. 5, e-111, 2019.

8

Nutrição do muricizeiro

Alasse Oliveira da Silva, Willian Yuki Watanabe de Lima Mera,
Ismael de Jesus Matos Viégas, Camila Nunes Sagais

O muricizeiro (*Byrsonima crassifolia* (L.)) é uma planta perene muito popular, encontrada na Amazônia e na região Nordeste, hoje amplamente disseminada no Brasil. Essa frutífera pertence à mesma família da acerola, Malpighiaceae. Apesar de sua importância botânica e seu potencial econômico, essa espécie tem sido pouco estudada em relação a seu comportamento fisiológico e fenológico diante das variações no ambiente físico em que se desenvolve (Araújo, 2009).

O muruci, ou murici, como é também conhecido, diferencia-se a partir de suas cores e locais de ocorrência, apresentando enorme variabilidade inter e intraespecífica. De acordo com suas variedades, os nomes adotados podem ser mirici, muruci-branco, murici-vermelho, murici-de-flor-branca, murici-de-flor-vermelha e murici-da-mata (Ferreira, 2005). É consumido principalmente *in natura* ou em doces, sorvetes, vinhos e licores, e apesar de estar disperso em quase todo o País, ainda não é cultivado em escala comercial. No entanto, estudos de mercado consideram-no uma fruta promissora com grande potencial à alimentação humana.

Na ótica da nutrição de plantas, segundo Carvalho (2006), a rusticidade do muricizeiro foi a característica que mais chamou atenção do primeiro cronista civil do Brasil, Gabriel Soares de Souza, o qual descreveu as características da frutífera em seu Tratado Descritivo do Brasil de 1587. Essa arbustiva tem preferência por solos pobres e, devido a essa rusticidade, pode se manter em locais onde outras plantas não teriam o mesmo desenvolvimento, além de florescer e frutificar o ano inteiro.

Silva (2021) observou que, mesmo na omissão de cálcio e magnésio, houve bom desenvolvimento em plantas jovens de muricizeiro até 180 dias pós-transplantio, o que evidencia a sua boa adaptabilidade. Por outro lado, o fósforo foi o nutriente mais limitante para a cultura; em decorrência da elevada acidez, os solos amazônicos se tornaram bem conhecidos por sua baixa disponibilidade de P para as plantas (Brasil; Cravo; Viégas, 2020).

Por ser o muricizeiro uma espécie nativa e sua produção ser quase toda extrativista, alguns estudos apontam para uma produtividade média de 15 kg por planta, em um campo experimental no Pará. Entretanto, há insuficiência de pesquisas a respeito dos aspectos nutricionais dessa planta alimentícia não convencional (PANC), assim como das técnicas agronômicas para seu cultivo. Com isso, urge a necessidade de realizar mais estudos sobre a espécie para que se possa compreender suas exigências nutricionais, com a finalidade de avaliar seu desenvolvimento e, consequentemente, a boa produção de frutos.

8.1 Classificação e morfologia da cultura

A espécie *Byrsonima crassifolia* (L.) Kunth é uma Malpighiaceae encontrada em estado silvestre ou cultivado desde o México até o Paraguai, sendo diferenciada pelos locais de ocorrência, com várias nomenclaturas: murici-branco, murici-amarelo, murici-do-brejo, murici-da-praia, entre outros (Gomes, 2005; Santos, 2016).

O murici é amplamente encontrado no Norte, Nordeste e região central do Brasil, além de algumas regiões serranas no Sudeste (Vinson et al., 1997). É uma espécie arbórea, perenifólia, de copa estreita com galhos retorcidos e porte médio, e pode atingir 5 m de altura. Apresenta folhas simples de lâmina coriácea, glabra na página superior e ferrugíneo-tomentosa no limbo inferior, com formato largo-elíptico. As flores são andróginas de coloração vermelha e amarela, e a floração e a frutificação ocorrem durante o ano todo, sendo regidas pela incidência de chuvas (Kinupp; Lorenzi, 2014).

O fruto é uma drupa globosa-depressa, e quando maduro apresenta coloração amarela, com diâmetro de 1,5 cm a 2 cm. Além disso, emite um aroma forte e é rico em vitaminas e minerais, sendo muito apreciado nas regiões Norte e Nordeste do Brasil (Rezende; Fraga, 2003).

8.2 Extração de nutrientes

8.2.1 Extração de nutrientes

O N é o nutriente mais extraído pelas folhas e a omissão de P mais calagem é a mais limitante para N, P e K. Em pesquisa de Silva (2021), a extração de macronutrientes nas folhas do muricizeiro, aos 180 dias após o transplantio, comportou-se da seguinte forma: N > Ca > K > Mg > P > S (Fig. 8.1); já o acúmulo de macronutrientes foi de N > K > P > Ca > Mg > S extraído pelas folhas.

A extração de N em geral varia entre 0,16 e 0,21 g planta^{-1} (34,96%) nas folhas, e a de K entre 0,01 e 0,17 g planta^{-1} (29,72%). O P é o macronutriente primário menos acumulado nas folhas de muricizeiro (0,002 a 0,02 g planta^{-1}), representando 3,49%, e tem se mostrado o mais limitante em cultivos amazônicos (Silva et al., 2018, 2020; Viégas et al., 2020).

Quanto à extração dos macronutrientes secundários nas folhas de muricizeiro, observou-se maior extração de Ca com 26,25% (0,11 a 0,15 g planta^{-1}), seguido de Mg com 5,24% (0,02 a 0,05 g planta^{-1}) e S com a menor extração, de 0,34% (0,001 a 0,01 g planta^{-1}).

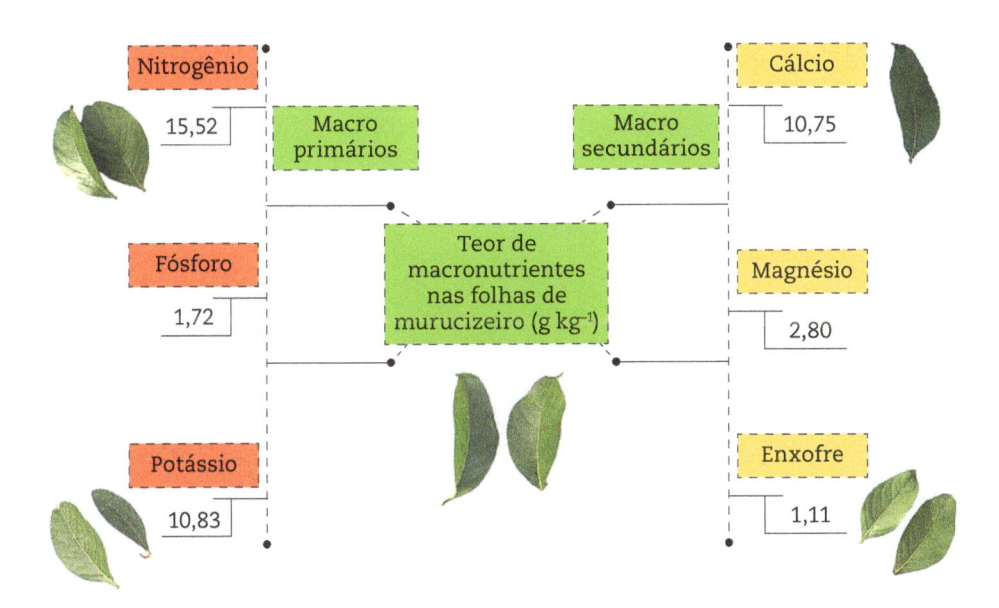

Fig. 8.1 Teores de macronutrientes (g kg^{-1}) nas folhas do muricizeiro (*Byrsonima crassifolia* (L.) Rich)
Fonte: adaptado de Silva (2011).

8.3 Diagnose visual

Avaliando a fertilidade do Latossolo Amarelo de textura média para o cultivo do muricizeiro, Silva (2021) constatou que não houve manifestação de todos os sintomas visuais de deficiência de nutrientes, como a maioria das outras espécies cultivadas na Amazônia expressam. Essa característica provavelmente ocorre em decorrência da rusticidade do muricizeiro, estando presente em ambientes insalubres com baixa fertilidade química natural.

O muricizeiro é uma espécie que consegue se adaptar a diversas condições, entre elas a baixa disponibilidade de nutrientes; dessa forma, consegue sobreviver em solos ácidos e com baixa fertilidade natural (Martendal, 2012). Em condições de Savanas neotropicais, essa sobrevivência baseia-se na obtenção de macronutrientes advindos da pluviosidade (Kellman, 1979, 1984).

Em pesquisa de Silva (2021), o N foi o primeiro nutriente a expressar deficiência, com base na diagnose visual: as folhas basais mudaram de coloração, de verde-escura para verde-clara. Também foi observada uma clorose padronizada no limbo da folha especificamente com a omissão do nutriente e na presença de calagem (ON + Ca, Fig. 8.2A), cujo teor foi de 10,0 g kg^{-1}.

O K proporcionou clorose nas folhas do muricizeiro, com aparecimento de certas zonas cloróticas no limbo foliar com teor de 12,2 g kg^{-1}. Além disso, as nervuras ficaram em destaque na folha. O P foi o macronutriente mais limitante à planta, com sintomas visuais de sua deficiência desde os 90 dias após o transplantio. Com teor do nutriente de 0,6 g kg^{-1}, foram observados baixo crescimento das plantas jovens, folhas reduzidas com formato do limbo do tipo lanceolado; além disso, na omissão de P mais calagem (OP + Ca, Fig. 8.2J) não ocorreu emissão de ramificações laterais.

Fig. 8.2 Diagnose foliar da deficiência visual de nutrientes em muricizeiro cultivado em Latossolo Amarelo de textura média. (A) ON + Ca: omissão de nitrogênio + calagem, (B) OK + Ca: omissão de potássio + calagem, (C) OMg + Ca: omissão de magnésio + calagem, (D) OS + Ca: omissão de enxofre + calagem, (E) COM + Ca: completo + calagem, (F) OMI + Ca: omissão de micronutrientes + calagem, (G) SOM calagem: somente a calagem sem nutrientes, (H) COM – Ca: completo sem cálcio, (I) Oca: omissão de cálcio, (J) OP + Ca: omissão de fósforo com calagem
Fonte: Silva (2021).

Em condições adequadas de solo, a cultura é favorecida pelo desenvolvimento do sistema radicular, que influencia diretamente a absorção de água e nutrientes para o melhor desempenho da arquitetura vegetativa e reprodutiva. Como há limitação de P em Latossolo Amarelo, o desenvolvimento radicular e, por consequência, o vegetativo ficam comprometidos.

Nas omissões dos macronutrientes Ca, Mg e S, completo com e sem calagem, as plantas não manifestaram sintomas visuais de deficiência.

8.4 Diagnose foliar

O diagnóstico de amostras do tecido foliar é um método de análise que permite, a partir dos teores obtidos, identificar o estado nutricional da cultura, a deficiência nutricional e as interações que ocorrem entre os nutrientes, e determinar o balanço destes na planta (Martinez; Lacerda; Bonilla, 2021).

De acordo com Carmo *et al.* (2000), considerar a representatividade da população é o primeiro ponto a ser lembrado antes de realizar a coleta, pois, caso a amostra não represente a população, toda a análise e inferências posteriores serão afetadas. Jones (1981) e Nascimento *et al.* (2012) ainda chamam a atenção para a verificação da confiabilidade dos dados, visto que é justamente na amostragem onde há maior ocorrência de falhas.

Jones Jr. (2012) elenca espécie vegetal, idade, parte da planta e época da amostragem como variáveis que podem afetar a interpretação do resultado de uma análise foliar. Além disso, é válido lembrar que a maioria dos nutrientes não está igualmente distribuída na planta (Malavolta, 2006). Por conta desses fatores, são desenvolvidos ensaios e análises com as várias partes da planta a fim de determinar instruções de amostragem específicas quanto à parte da planta e estádio de crescimento. Contudo, na inexistência de tais diretrizes, a regra geral, apontada por Malavolta (2006) e Jones Jr. (2012), é que a amostra seja formada por folhas recém-maduras, pois seu crescimento já terminou e elas ainda não estão em senescência, havendo uma relação mais ou menos constante na concentração dos nutrientes.

De acordo com os autores já citados, com Raij *et al.* (1997) e Aguiar *et al.* (2014), há outros procedimentos que, em conjunto com as demais diretrizes, garantem amostras de melhor qualidade, por exemplo, evitar a coleta de folhas que estejam cobertas de solo ou de poeira; folhas danificadas; com sintomas de doença ou presença de patógeno; com déficit hídrico; de plantas de idades distintas; de genética diferente ou que tenham sido adubadas há menos de um mês.

Depois de coletado, o tecido vegetal fresco pode permanecer armazenado por até dois dias em refrigerador sem sofrer expressivas alterações, ou seja, é imperativo que a amostra seja enviada em até 48 horas ao laboratório. Antes de despachá-la para a análise, deve-se higienizar a amostra em água destilada e sabão neutro para remoção de resíduos e impurezas, alocá-la em saco de papel *Kraft* de boa qualidade e identificá-la corretamente com as seguintes informações (Fig. 8.3):

- nome do proprietário;
- local da amostragem (propriedade, lote, área);
- data de coleta;
- cultura amostrada;
- variedade (cultivar);

```
┌─────────────────────────────────────┐
│          Identificação              │
│                                     │
│ Nome do proprietário: ............. │
│ Propriedade: ...................... │
│ Endereço: ......................... │
│                                     │
│       Descrição da amostra          │
│                                     │
│ Data de coleta: __/__/____          │
│ Cultura: .......................... │
│ Variedade: ........................ │
│                                     │
│     Nutrientes a serem analizados   │
│ ................................... │
│ ................................... │
│                                     │
│    Outras informações importantes   │
│ ................................... │
│ ................................... │
│ ................................... │
│ ................................... │
└─────────────────────────────────────┘
```

Fig. 8.3 Exemplo de formulário de identificação de amostra de tecido vegetal para diagnose foliar
Fonte: Silva *et al.* (2009).

✤ tipo de análise pretendida (nutrientes a serem amostrados);
✤ outras informações relevantes.

Caso não seja possível o envio da amostra em até 48 horas, o procedimento padrão, segundo Silva *et al.* (2009), é que a amostra seja seca à sombra ou em estufa (65 °C a 70 °C) até atingir massa seca constante, para então ser armazenada e despachada ao laboratório.

Chegando ao laboratório, as amostras são trituradas, em moinho de facas tipo Willey, até a obtenção de um pó fino, passado por peneira (20 a 40 mesh); tal procedimento visa a facilidade na manipulação e homogeneização. Após a moagem, o material é separado e armazenado em frascos de vidro ou sacos de papel-manteiga, e subamostras são retiradas para análises (Cavalcante, 2011; Sobrinho *et al.*, 2020).

No caso da cultura do murucizeiro, podem ser considerados os procedimentos de amostragem e os teores foliares adequados de nutrientes (Fig. 8.4) descritos para a família Malpighiaceae por Paula *et al.* (2005), Silva *et al.* (2009) e Silva (2021):

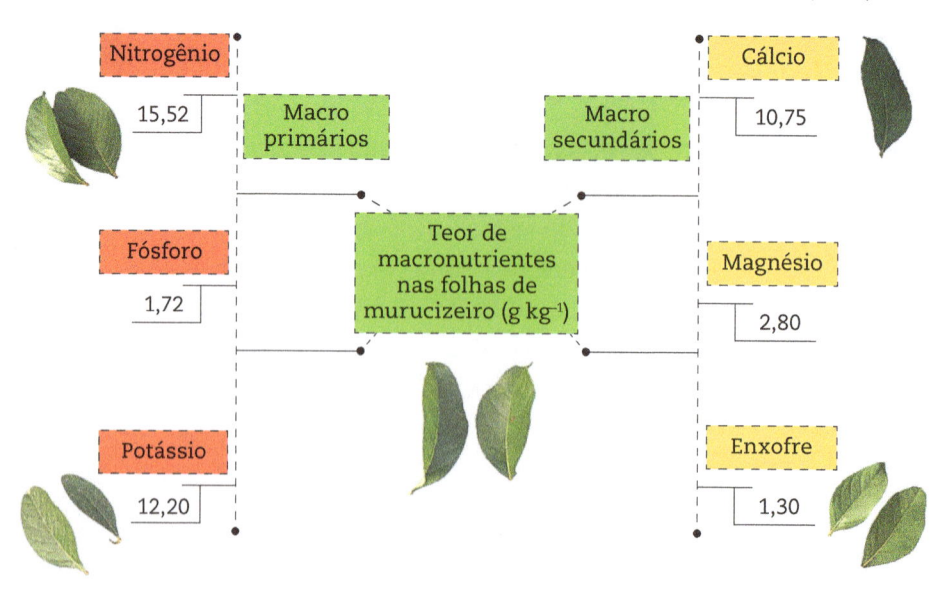

Teor de macronutrientes nas folhas de murucizeiro (g kg^{-1})

Macro primários:
- Nitrogênio: 15,52
- Fósforo: 1,72
- Potássio: 12,20

Macro secundários:
- Cálcio: 10,75
- Magnésio: 2,80
- Enxofre: 1,30

Fig. 8.4 Teores foliares de macronutrientes (g kg^{-1}) adequados em plantas de murucizeiro (*Byrsonima crassifolia* (L.) Rich)
Fonte: adaptado de Paula *et al.* (2005), Silva *et al.* (2009) e Silva (2021).

✿ *Cultura:* muricizeiro.

✿ *Número de folhas a coletar:* 50 folhas por área amostrada.

✿ *Tipo de folha:* coletar, nos quatro lados da planta, folhas jovens (da extremidade do ramo até a quinta folha), totalmente expandidas, de ramos frutíferos.

8.5 Reflexões

As pesquisas com o muricizeiro na Amazônia brasileira são incipientes, principalmente na área de nutrição de plantas. Pesquisas básicas como descrição dos sintomas visuais de deficiências de nutrientes, marcha de absorção e exportação de nutrientes são fundamentais para obter conhecimento das exigências nutricionais dessa frutífera, as quais fundamentam uma recomendação de adubação mais eficiente. Portanto, estudos mais específicos devem ser realizados no âmbito da nutrição do muricizeiro, na medida em que ainda não foi possível encontrar na literatura trabalhos com essa temática para a espécie. Outras pesquisas para identificação de técnicas de manejo mais adequadas a seu cultivo também podem ser realizadas, com a finalidade de instigar o desenvolvimento dessa frutífera, de suma importância para a região da Amazônia.

Referências bibliográficas

AGUIAR, T. et al. *Boletim 200:* instruções agrícolas para as principais culturas econômicas. Campinas: IAC, 2014.

ARAÚJO, R. R. *Fenologia e morfologia de plantas e biometria de frutos e sementes de muricizeiro (Byrsonima verbascifolia (L.) Rich.) do tabuleiro costeiro de Alagoas.* 89 f. Dissertação (Mestrado em Agronomia: Fitotecnia) – Universidade Federal Rural do Semiárido (UFERSA), Mossoró, RN, 2009.

BRASIL, E. C.; CRAVO, M. S.; VIÉGAS, I. J. M. B. *Recomendações de adubação e calagem para o Estado do Pará.* 2 ed. Belém: Embrapa Amazônia Oriental, 2020.

CARMO, C. A. F. S. et al. *Métodos de análise de tecidos vegetais utilizados na Embrapa Solos.* Rio de Janeiro: Embrapa Solos, 2000. Circular Técnica.

CARVALHO, J. E. U. *Propagação do muricizeiro.* Belém, PA: Embrapa Amazônia Oriental, 2006.

CAVALCANTE, M. A. *Estudo do potencial antimicrobiano e antioxidante de espécies vegetais amazônicas.* 96 f. Dissertação (Mestrado) – Universidade Federal do Pará, Pará, 2011.

FERREIRA, M. G. R. *Muruci.* Porto Velho, RO: Embrapa, 2005.

GOMES, P. *Fruticultura brasileira.* São Paulo: Livraria Nobel, 2005.

JONES, C. A. Proposed modifications of the diagnosis and recommendation integrated system (DRIS) for interpreting plant analysis. *Communication in Soil science and plant analysis,* v. 9. n. 12, p. 785-794, 1981.

JONES JR, J. B. *Plant nutrition and soil fertility manual.* CRC Press, 2012.

KELLMAN, M. Soil Enrichment by Neotropical Savanna Trees. *Journal of Ecology,* v. 67, n. 2, p. 565-577, 1979. Disponível em: www.jstor.org/stable/2259112. Acesso em: 05 maio 2020.

KELLMAN, M. Synergistic relationships between fire and low soil fertility in neotropical savanas: a hypothesis. *Biotropica,* v. 16, p. 158-160, 1984.

KINUPP, V. F; LORENZI, H. *Plantas alimentícias não convencionais (PANC) no Brasil: guia de identificação, aspectos nutricionais e receitas ilustradas.* Instituto Plantarum de Estudos da Flora, p. 767, 2014.

MALAVOLTA, E. *Manual de nutrição mineral de plantas.* São Paulo: Agronômica Ceres, 2006.

MARTENDAL, C. O. *Cultivo in vitro de murici (Byrsonima cydoniifolia a. juss.) a partir de embriões zigóticos.* Dissertação (Mestrado em Ciências Agrárias) – Instituto Federal de Educação, Ciência e Tecnologia Goiano Campus Rio Verde, Rio Verde, Goiás, 2012.

MARTINEZ, H. E. P.; LACENA J. J.; BONILLA, I. *Relações solo-planta: bases para a nutrição e produção vegetal.* Viçosa, MG: Editora UFV, 2021.

NASCIMENTO, F. M.; BICUDO, S. J.; FERNANDES, D. M.; RODRIGUES, J. G. L.; FERNANDES, J. C. Diagnose foliar em plantas de milho em sistema de semeadura direta em função de doses e épocas de aplicação de nitrogênio. *Applied Research & Agrotechnology,* v. 5, n. 1, p. 67-86, 2012.

PAULA, M. T. et al. Influência do flúor sobre parâmetros químicos e bioquímicos de folhas de muruci (Byrsonima crassifolia [L.] Rich). *Amazonian Journal of Agricultural and Environmental Sciences,* n. 43, p. 137-148, 2005.

RAIJ, B. V. et al. *Recomendações de adubação e calagem para o Estado de São Paulo.* Campinas: IAC, 1997.

REZENDE, C. M.; FRAGA, S. R. G. Chemical and Aroma Determination of the Pulp and Seeds of Murici (Byrsonima crassifolia L.). *Journal of the Brazilian Chemical Society,* v. 14, n. 3, p. 425-428, 2003.

SANTOS, L. S. *Aspectos fisiológicos de Biribazeiro (Rollinia mucosa (Jacq.) Baill), Cupuaçuzeiro (Theobroma grandiflorum (Willd. ex Spreng.) K. Schum) e Muriciziero (Byrsonima crassifolia (L.) Kunt), sob diferentes doses de fosfato natural.* 81 f. Dissertação (Mestrado em Recursos Naturais da Amazônia) – Programa de Pós-graduação em Recursos Naturais da Amazônia, Universidade Federal do Oeste do Pará, Santarém, 2016.

SILVA, A. O. da. *Crescimento e estado nutricional em plantas jovens de muruciziero (Byrsonima crassifolia (L.) H.B.K) em latossolo amarelo textura média.* 64 f. Trabalho de Conclusão de Curso (Bacharelado em Agronomia) – Universidade Federal Rural da Amazônia, campus Capanema, 2021.

SILVA, F. C. S. et al. (ed.). *Manual de análises químicas de solos, plantas e fertilizantes.* Brasília: Embrapa Informação Tecnológica; Rio de Janeiro: Embrapa Solos, 2009.

SILVA, S. P. D. et al. Growth and micronutrients contents of smell pepper (*Capsicum chinense* Jac.) submitted to organic fertilizer. *Journal of Agricultural Science,* v. 10, p. 425-435, 2018.

SILVA, A. O.; NUNES, L. R. T.; PINHEIRO JÚNIOR, F. O.; SILVA, D. A. S.; SILVA, A. O.; VIÉGAS, I. J. M.; TAVARES, G. S.; MERA, W. Y. W. L.; GALVÃO, J. R. Produção de massa seca em plantas jovens de açaizeiro (*Euterpe oleracea* Mart.) na nova cultivar BRS Pai d'Égua e níveis de concentração de Ca, Mg, S e B em Latossolo Amarelo textura média, em função da calagem. *International Journal of Development Research,* v. 10, n. 3, p. 33128-33132, 2020.

SOBRINHO, A. C. G. et al. Determinação de compostos bioativos e capacidade sequestradora de radicais livres em extratos de folhas de Byrsonima crassifolia e Inga edulis. *Brazilian Journal of Development,* v. 6, n. 6, p. 34954-34969, 2020.

VIÉGAS, I. J. M.; GALVÃO, J.; SILVA, A. O.; CONCEIÇÃO, H.; PACHECO, M.; VIANA, T.; FERREIRA, E.; OKUMURA, R.; SILVA, D. Chlorine Nutrition of Oil Palm Tree (*Elaeis Guinq* Jacq) in Eastern Amazon. *Journal of Agricultural Studies,* v. 8, n. 3, p. 704-720, 2020. Disponível em: http://dx.doi.org/10.5296/jas.v8i3.16243.

VINSON, S. B.; WILLIAMS, H. J.; FRANKIE, G. W.; SHRUM, G. Floral Lipid Chemistry of Byrsonima crassifolia (Malpigheaceae) and a Use of Floral Lipids by Centris Bees (Hymenoptera: Apidae). *Biotropica,* v. 29, n. 1, p. 76-83, 1997.

9

Nutrição da pimenteira-de-cheiro

Alasse Oliveira da Silva, Ismael de Jesus Matos Viégas,
Willian Yuki Watanabe de Lima Mera, Deila da Silva Magalhães

Com o cultivo amplamente difundido no Brasil e no mundo, as pimentas do gênero *Capsicum* são muito utilizadas como matéria-prima para as indústrias alimentícia, farmacêutica, cosmética e afins (Yamamoto; Nawata, 2005). As pimentas também são especiais para a produção de condimentos, por suas características como cor dos frutos e princípios ativos, que lhes conferem aroma e sabor agradável e peculiar na gastronomia (Poltronieri *et al.*, 2006).

Nos últimos anos, o cultivo e a comercialização de pimentas e pimentões (*Capsicum* spp.) têm se revelado um nicho promissor, sendo uma tendência mundial de mercado; observa-se que houve um aumento na produção em 24%, atingindo 35 milhões de toneladas de frutos frescos em 2020 (FAO; WHO, 2020). A pimenta foi uma das dez hortaliças mais consumidas nos Estados Unidos no ano de 2014, e movimenta anualmente mais de 200 milhões de dólares no mercado brasileiro (FAO; WHO, 2020).

Apesar de ter sido uma das primeiras espécies encontradas durante as expedições ao novo mundo, a *C. chinense* (pimenteira-de-cheiro ou cumari-do--pará) é mundialmente menos difundida que a *C. annuum* (pimentão). Embora a *C. chinense* também possa ser encontrada ao longo das Américas Central e do Sul, a região amazônica é o principal centro de diversidade genética da espécie (Carvalho *et al.*, 2006).

No Brasil, a produção comercial de pimentas é de grande importância, não apenas pela boa rentabilidade da hortaliça no mercado, mas também no âmbito social, uma vez que o cultivo é geralmente realizado por agricultores familiares. Graças à crescente divulgação dos benefícios nutricionais e farmacêuticos da pimenta, há o vislumbre de novas pesquisas a fim de atender às demandas dessa cadeia produtiva (Moreira *et al.*, 2006; Oka; Chaves; Kano, 2016; Pereira; Crisóstomo, 2011).

As condições químicas naturais da maioria dos solos amazônicos comprometem a produtividade de grande parte das espécies vegetais, e a pimenteira-de-cheiro não escapa desse cenário. O estado nutricional de uma planta altera sua taxa de desenvolvimento, a intensidade de crescimento e as características morfológicas específicas (Epstein; Bloom, 2006), portanto, é essencial que um bom manejo de nutrientes seja realizado para suprir as deficiências desses solos.

Embora existam diversas publicações sobre a pimenteira-de-cheiro, ainda há lacunas no que se refere às exigências nutricionais e/ou recomendações de adubação existentes para a planta e suas influências na produção e qualidade dos frutos. Dessa maneira, o presente capítulo objetiva contribuir com o adequado manejo nutricional da cultura, detalhando a sua classificação botânica, extração de nutrientes, diagnose visual e foliar.

9.1 Classificação e morfologia da cultura

As pimentas do gênero *Capsicum* são a principal especiaria originária do continente americano, atualmente cultivadas em regiões tropicais e temperadas de todo o mundo, como especiaria ou hortaliça. O gênero *Capsicum* possui de 20 a 25 espécies silvestres e cinco espécies domesticadas, e a Amazônia foi apontada por Pichersgill (1971) como provável centro de diversidade da espécie *C. chinense*.

Luz (2007) descreve a espécie como de caule esverdeado, cilíndrico com antocianina nodal, pubescência esparsa, medindo cerca de 85 cm de altura e de crescimento ereto, com densidades de ramificação e folhagem esparsa. A floração inicia-se entre 60 e 90 dias após a semeadura, com duas a três flores por axila, em posições intermediárias, eretas e pendentes. A corola é amarelo-clara com comprimento até 2 cm e estigma situado no mesmo nível ou acima das anteras. A frutificação se inicia aos 60 dias, seguindo até 150 dias após o transplantio.

Os frutos podem apresentar algumas manchas ou estrias antes da maturação, sendo sempre pendentes, de formato achatado/arredondado com comprimento variando de 1 cm a 2 cm, largura até 2,5 cm e massa de 2 g a 4 g, com paredes espessas (3 mm a 4 mm), sem pescoço, com ápice afundado. Os frutos exibem uma ondulação leve na seção transversal e dois ou três lóculos, e são intermediários a persistentes em relação ao pedúnculo. Constituem um grupo muito peculiar por seu aroma característico e sabor "doce" ou picante. As sementes apresentam superfície lisa e rugosa, com tamanho intermediário, variando de 3 mm a 4 mm (Teixeira, 1996).

9.2 Extração e exportação de nutrientes

9.2.1 Extração de nutrientes

Há poucos estudos relacionados aos aspectos agronômicos para cultivo da pimenteira-de-cheiro na Amazônia oriental, especificamente na área da nutrição mineral. Com isso, são aqui apresentadas informações importantes para o manejo adequado dessa hortaliça na região do nordeste paraense, encontradas a partir de pesquisa específica.

Quanto à extração de nutrientes nas folhas da pimenteira-de-cheiro, o N é o macronutriente primário mais extraído, enquanto S é o menos extraído (Magalhães et al., 2023). Com os valores (g/planta) de 1.230 de N, 1.450 de K, 146 de P, 456 de Ca, 345 de Mg e 140 de S, a ordem de extração de macronutrientes nas folhas é K > N > Ca > Mg > P > S (Fig. 9.1).

Fig. 9.1 Extração de macronutrientes nas folhas da pimenteira-de-cheiro (*Capsicum chinense* Jacquin)
Fonte: adaptado de Magalhães *et al.* (2023).

Com base nisso, observou-se que a extração de micronutrientes nas folhas da pimenteira-de-cheiro obedece à ordem Fe > B > Mn > Zn > Cu aos 100 dias após o transplantio (Magalhães *et al.*, 2023). Os valores (mg planta^{-1}) verificados nas folhas foram de 1.472,5 de Fe, 821,1 de B, 289,4 de Mn, 131,9 de Zn e 22,65 de Cu (Fig. 9.2).

A pimenteira-de-cheiro necessita do manejo correto dos atributos do solo para uma produção satisfatória; entre os requisitos, a adubação orgânica é de grande influência por proporcionar maior interação com os micronutrientes do solo. O fornecimento inadequado de micronutrientes e uma adubação orgânica deficiente podem resultar em menor produtividade, com abortamento floral e frutos com diâmetro reduzido, condições essas já observadas em campo.

9.2.2 Exportação de nutrientes

Em relação à exportação de macronutrientes nos frutos da pimenteira-de-cheiro, a ordem verificada é K > N > S > Mg > Ca > P (Magalhães *et al.*, 2023).

Fig. 9.2 Extração de micronutrientes nas folhas da pimenteira-de-cheiro (*Capsicum chinense* Jacquin)

Fonte: adaptado de Magalhães *et al.* (2023).

Conforme a Fig. 9.3, os valores de exportação de K e de N pelos frutos são de 6.909,09 g t^{-1} e 3.024,54 g t^{-1}, respectivamente, enquanto o P é o macronutriente primário menos exportado, com 157,27 g t^{-1}. Quanto aos macronutrientes secundários, verifica-se a exportação de 798,18 g de S, de 544,54 g de Mg e de 518,18 g de Ca (Fig. 9.3).

Fig. 9.3 Exportação de macronutrientes nos frutos da pimenteira-de-cheiro (Capsicum chinense Jacquin)

Fonte: adaptado de Magalhães et al. (2023).

Silva *et al.* (2018) verificaram maiores exigências de N > K > Ca > P = Mg = S e Fe > B > Mn > Zn > Cu para a cultura da pimenta-malagueta, chamando a atenção para o valor relativamente alto de boro. Também concluíram que os nutrientes que mais limitaram o crescimento da pimenteira-malagueta cultivada em solução nutritiva foram nitrogênio, cálcio e potássio, com o cálcio se destacando como elemento mais exigido pela planta.

Já a exportação de micronutrientes nos frutos da pimenteira-de-cheiro, aos 100 dias após o transplantio, obedece a ordem Fe > B > Mn > Zn > Cu (Fig. 9.4), com os seguintes valores (g t⁻¹): 8,5 de Fe, 5,5 de B, 3,1 de Mn, 1,2 de Zn e 0,7 de Cu (Magalhães *et al.*, 2023). Esses micronutrientes, em níveis adequados, proporcionam ausência de sintomas de deficiência, desenvolvimento adequado de folhas, caules e raízes, eficiência na polinização e aumento da produtividade.

Fig. 9.4 Exportação de micronutrientes nos frutos da pimenteira-de-cheiro (*Capsicum chinense* Jacquin)
Fonte: adaptado de Magalhães *et al.* (2023).

9.3 Diagnose visual

9.3.1 Nitrogênio

Os sintomas visuais de deficiência de N surgem primeiro nas folhas mais velhas, que se mostram verde-pálidas, evoluindo até se tornarem cloróticas e, finalmente, necróticas (Fig. 9.5B). Isso ocorre em função da falta de clorofila, que deixa de ser sintetizada ou é degradada em detrimento das folhas mais novas ou para a formação dos frutos (Prado, 2008). A omissão de N ainda reduz o número e o peso de frutos (Fig. 9.6B), o porte da planta (Fig. 9.7B) e o sistema radicular (Fig. 9.8B). O teor foliar desse nutriente encontrado em plantas deficientes foi de 21,4 g kg⁻¹.

9.3.2 Fósforo

Os sintomas visuais de deficiência de P ocorrem nas folhas mais velhas, com coloração verde-pálida e estreitamento das folhas (Fig. 9.5C). Além disso, há redução do tamanho dos frutos (Fig. 9.6C), na altura das plantas (Fig. 9.7C) e do sistema radicular (Fig. 9.8C). A deficiência desse nutriente afeta a produção de biomassa e o processo de respiração da planta, proporcionando um lento crescimento do vegetal. O teor foliar encontrado em plantas com sintomas visuais de deficiência desse nutriente foi de 3,9 g kg^{-1} de P.

9.3.3 Potássio

Os sintomas visuais de deficiência de K em pimenteira-de-cheiro se iniciam com amarelecimento nos bordos das folhas no ápice, próximo às nervuras, e evoluem para necrose. No estádio mais avançado do sintoma, é possível observar a necrose no ápice da folha (Fig. 9.5D).

Em geral, K é o cátion mais abundante nas plantas, de modo que é absorvido em grandes quantidades pelas raízes e tem função importante no estado energético da planta, na translocação e armazenamento de assimilados e na manutenção de água nos tecidos do vegetal (Fernandes; Haag, 1972). Assim, a deficiência de K nessa planta também causa redução no número de frutos (Fig. 9.6D) e do sistema radicular (Fig. 9.8D). Em plantas com sintomas visuais de deficiência de K, seu teor foliar foi de 25 g kg^{-1} (Magalhães et al., 2023).

Fig. 9.5 Folhas de pimenteira-de-cheiro (*Capsicum chinense* Jacquin) (A) sem sintomas de deficiência, e com sintomas de deficiência de (B) nitrogênio, (C) fósforo, (D) potássio, (E) cálcio, (F) magnésio, (G) enxofre e (H) micronutrientes
Fonte: Deila Magalhães (2022).

9.3.4 Cálcio

A deficiência de Ca é mais destacada visualmente pela redução da altura da planta (Fig. 9.7E). Nas folhas, observa-se redução no tamanho e leve clorose em toda a extensão, com as folhas se apresentando enroladas no sentido abaxial. Ademais, as nervuras das folhas permanecem com uma tonalidade mais escura (Fig. 9.5E), os frutos diminuem de tamanho e número (Fig. 9.6E) e há menor quantidade de raízes (Fig. 9.8E). Os teores foliares de Ca verificados em plantas deficientes foram de 1,2 g kg^{-1}.

A deficiência de Ca afeta particularmente os pontos de crescimento da raiz; em função da sua participação no metabolismo da planta, a falta do nutriente causa o aparecimento de núcleos poliploides, núcleos contritos e divisões amnióticas, portanto o crescimento das raízes é paralisado e ocorre o seu escurecimento, o que propicia a morte do sistema radicular (Vitti; Lima; Cicarone, 2006).

Epstein e Bloom (2006) relatam que os órgãos jovens das plantas, sobretudo as folhas, desenvolvem sintomas de deficiência de Ca por esse macronutriente não ser remobilizado na planta; ainda afirmam que tal deficiência pode causar aspecto gelatinoso nas pontas e bordos das folhas, assim como nos pontos de crescimento, devido à necessidade de pectato de Ca para a formação da parede celular.

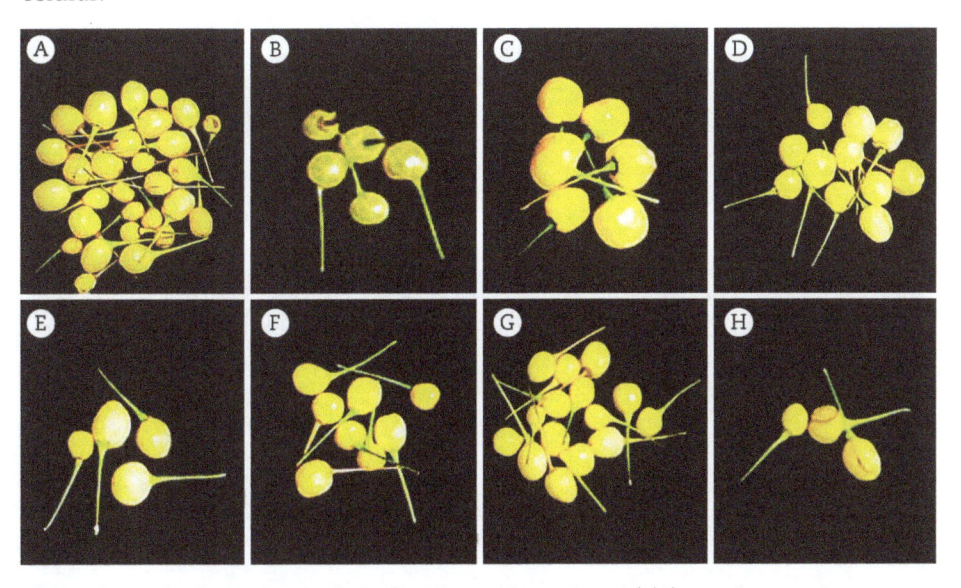

Fig. 9.6 Frutos de pimenteira-de-cheiro (*Capsicum chinense* Jacquin) (A) sem sintomas de deficiência, e com sintomas de deficiência de (B) nitrogênio, (C) fósforo, (D) potássio, (E) cálcio, (F) magnésio, (G) enxofre e (H) micronutrientes
Fonte: Deila Magalhães (2022).

9.3.5 Magnésio

O Mg desempenha funções vitais no metabolismo das plantas: estrutural, como constituinte da molécula de clorofila, e de conversão de energia nos cloroplastos.

Esse nutriente é ativador enzimático, mais do que qualquer outro nutriente, e funciona como cofator de quase todas as enzimas fosforilativas (ATP ou ADP), sendo fundamental no processo de fotossíntese, respiração, reações de síntese de compostos orgânicos, absorção iônica e trabalho mecânico executado pela planta. Em função da redistribuição desse nutriente na planta, os sintomas de sua deficiência surgem primeiro nas folhas mais velhas, com amarelecimento entre as nervuras (Fig. 9.5F); em casos extremos de deficiência, as nervuras permanecem verdes (Mengel; Kirkby, 2012), e as plantas evoluem até se tornarem cloróticas. Além disso, há redução no número de frutos (Fig. 9.6F) e acentuada diminuição do sistema radicular (Fig. 9.8F).

Em plantas deficientes em Mg, a concentração de açúcares não redutores e amido aumenta, gerando perdas no metabolismo de carboidratos e prejudicando o transporte no floema (Tewari; Kumar; Sharma, 2006).

Fig. 9.7 Desenvolvimento da pimenteira-de-cheiro (*Capsicum chinense* Jacquin) (A) sem sintomas de deficiência, e com sintomas de deficiência de (B) nitrogênio, (C) fósforo, (D) potássio, (E) cálcio, (F) magnésio, (G) enxofre e (H) micronutrientes
Fonte: Deila Magalhães (2022).

Os teores foliares de Mg em plantas com sintomas visuais de sua deficiência foram de 2,8 g kg⁻¹ de Mg.

9.3.6 Enxofre

O S possui função estrutural e metabólica na planta, compondo a estrutura de proteínas, peptídeos e aminoácidos, componentes diretamente relacionados aos processos fisiológicos e vitais das plantas. Assim, a deficiência desse nutriente causa distúrbios metabólicos no vegetal, diminuição da fotossíntese e atividade respiratória, redução no teor de gorduras e acúmulo de carboidratos solúveis (Prado, 2008).

Os sintomas visuais de deficiência de S são bem semelhantes aos de deficiência de N, diferindo deste por apresentar amarelecimento inicial nas folhas mais novas, as quais depois se tornam verde-pálidas e sofrem clorose generalizada (Fig. 9.5G). Também ocorre redução do número de frutos (Fig. 9.6G) e das raízes (Fig. 9.8G). O teor foliar de S em plantas com sintomas visuais de sua deficiência foi de 4 g kg⁻¹.

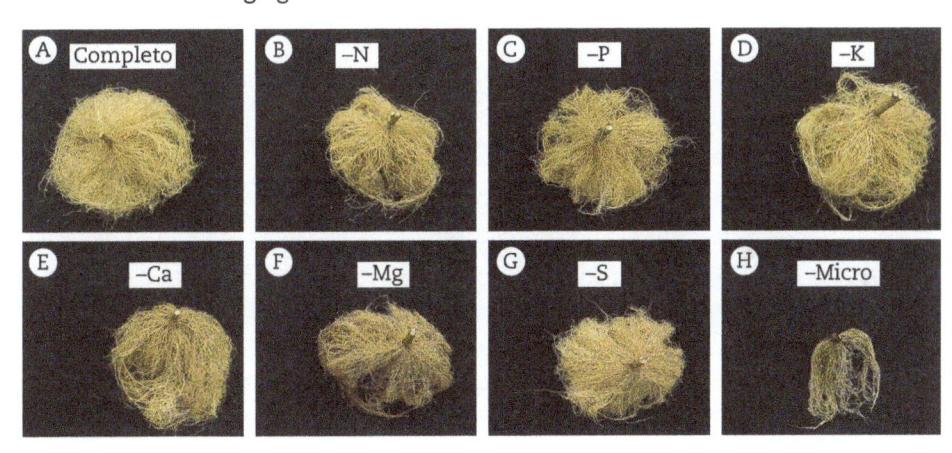

Fig. 9.8 Raízes de pimenteira-de-cheiro (*Capsicum chinense* Jacquin) (A) sem sintomas de deficiência, e com sintomas de deficiência de (B) nitrogênio, (C) fósforo, (D) potássio, (E) cálcio, (F) magnésio, (G) enxofre e (H) micronutrientes
Fonte: Deila Magalhães (2022).

Segundo Malavolta (2006), a distribuição do S ocorre no sentido acróptero, da base da planta para cima; dessa forma, a capacidade da planta de fazer o processo inverso, ou seja, de cima para baixo, é muito pequena, e é por esse motivo que seus sintomas de deficiência surgem primeiro nos órgãos mais novos, como as folhas.

9.3.7 Micronutrientes

Os sintomas visuais de deficiência de micronutrientes são evidentes principalmente na altura das plantas (Fig. 9.7H). Ocorre ainda a diminuição no tamanho e quantidade dos frutos (Fig. 9.6H) e a drástica redução do sistema radicular

(Fig. 9.8H). As folhas apresentam-se pequenas, com leve clorose, e algumas mais novas tornam-se encarquilhadas, enrugadas, indicando provável deficiência de B (Fig. 9.5H). O B participa no metabolismo da planta como ativador de enzimas, constituinte da parede celular, e suas principais funções estão relacionadas à estrutura celular e substâncias pécticas a elas associadas, como a lamela média (Epstein; Bloom, 2006).

9.4 Diagnose foliar

A análise química do tecido foliar, junto a outros métodos analíticos, é uma ferramenta utilizada para diagnosticar e confirmar os sintomas de deficiência nutricional, identificar as interações entre os nutrientes e determinar o balanço de nutrientes na planta, determinando assim o estado nutricional da cultura (Silva et al., 2009).

O primeiro ponto importante a ser observado sobre a amostragem de plantas para análise química é a representatividade da amostra: da mesma forma que acontece nas análises de solo, se a amostra coletada não for representativa da população analisada, todo o programa estará comprometido. É justamente na fase de amostragem que ocorrem falhas com maior frequência (Carmo et al., 2000).

Fatores como tipo de folha, época de coleta, número de plantas amostradas, número de amostras representativas, intensidade da amostragem, entre outros, têm sido estabelecidos por meio da experimentação, determinando para diversas culturas um método específico de amostragem. Malavolta (2006) descreve como regra geral de amostragem o seguinte princípio:

> A amostra é constituída de folhas recém-maduras cujo crescimento terminou e que ainda não entraram em senescência, nelas havendo uma relação mais ou menos constante entre acúmulo de matéria seca num intervalo de tempo e concentração dos elementos.

A fim de obter amostras de qualidade e evitar erros, alguns procedimentos básicos devem ser adotados. Um deles é não coletar folhas que (i) estejam cobertas de solo ou de poeira; (ii) se mostrem danificadas mecanicamente ou por insetos; (iii) apresentem sintomas de doença ou presença de algum patógeno; (iv) estejam senescentes ou mortas; (v) sofram de déficit de água. Malavolta (2006) e Aguiar et al. (2014) são alguns entre os vários autores que dão as diretrizes para a amostragem de tecido vegetal e indicam condições para a interpretação dos resultados obtidos.

Após a coleta, o material vegetal fresco não sofrerá significativas alterações se for armazenado por até dois dias em refrigerador, caso não haja perda de água. Assim, o material coletado deve ser limpo com água destilada e sabão neutro para retirar resíduos e impurezas, colocado em saco de papel *Kraft* de boa qualidade devidamente identificado, e despachado ao laboratório em até 48 horas. Caso não seja possível o envio nesse prazo, a amostra deve ser submetida à secagem à sombra ou em estufa (65 °C a 70 °C) até obter massa seca constante, para que enfim possa ser despachada ao laboratório (Silva et al., 2009).

Chegando ao laboratório, as amostras passam por um processo de moagem em moinho de facas tipo Willey até a obtenção de um pó fino (peneira de 20 a 40 mesh), o que facilita a manipulação e homogeneização da amostra. Procede-se então à armazenagem em sacos de papel-manteiga ou em frascos de vidro, dos quais se retiram as subamostras para análises posteriores (Cavalcante, 2011).

Os procedimentos de amostragem padronizados para análise dos teores foliares de macro e micronutrientes em pimenteira-de-cheiro (*Capsicum chinense*) são:

- *Número de plantas a coletar*: 25 plantas por talhão homogêneo.
- *Época de coleta*: do florescimento à metade do fim do ciclo.
- *Tipo de folha*: recém-desenvolvida.
- *Identificação das amostras*: nome e endereço do proprietário, propriedade e talhão.
- *Descrição da amostra*: data da coleta, cultura, idade, variedade, folha amostrada.
- *Nutrientes a serem analisados e outras informações*.

A área de plantio deve ser dividida em talhões cujas plantas sejam uniformes em variedade, idade, espaçamento e manejo. De preferência, a amostragem deve ser feita pela manhã, caso não tenha chovido no dia anterior; caminhar em zigue-zague, coletando as folhas conforme a recomendação (Veloso et al., 2004).

9.5 Métodos de interpretação dos resultados

A interpretação dos resultados dos atributos químicos em análise foliar de pimenteiras é fundamental para auxiliar técnicos de campo na tomada de decisão quanto aos macro e micronutrientes que limitam a produção de frutos da cultura. Esses resultados precisam ser interpretados em conjunto com a análise de solo para uma recomendação mais assertiva.

As faixas de teores foliares de macro e micronutrientes obtidas por Silva et al. (2018), em condições de campo em área experimental, para a pimenteira-de-cheiro cultivada em Latossolo Amarelo no Pará sem apresentar sintomas visuais de deficiências estão contidas na Tab. 9.1. Para os macronutrientes, as faixas de teor foliar foram de 45 a 50 g kg^{-1} de N; 5 a 10 g kg^{-1} de P; 50 a 60 g kg^{-1} de K; 13 a 16 g kg^{-1} de Ca; 5 a 8 g kg^{-1} de Mg; e 4 a 6 g kg^{-1} de S.

Quanto aos teores foliares de micronutrientes em pimenteira sem sintomas visuais de deficiência, verificaram-se 2.040,7 a 2.115,1 mg kg^{-1} de Fe; 730

a 821,7 mg kg^{-1} de B; 321 a 413,2 mg kg^{-1} de Mn; 20 a 32,3 mg kg^{-1} de Cu; e 150 a 188,3 mg kg^{-1} de Zn. Esses valores foram obtidos por Magalhães *et al.* (2023), em pesquisa desenvolvida em condições de casa de vegetação, em pimenteira-de-cheiro com e sem sintomas visuais de deficiências (Tab. 9.1).

Tab. 9.1 Teores foliares de macro e micronutrientes em pimenteira-de-cheiro (*Capsicum chinense* Jacquin) sem sintomas visuais de deficiência (SSVD) e com sintomas visuais de deficiência (CSVD) cultivada na Amazônia oriental

Macronutriente	SSVD[1]	CSVD[2]
	g kg^{-1}	
N	45-50	21,4
P	5-10	3,9
K	50-60	25
Ca	13-16	1,2
Mg	5-8	2,8
S	4-6	4
	mg kg^{-1}	
Fe	2.040,7-2.115,1	60
B	730-821,7	17,8
Mn	321-413,2	5
Zn	150-188,3	25,5
Cu	20-32,3	3,5

Fonte: [1] Silva *et al.* (2018) e Magalhães *et al.* (2023); [2] Magalhães *et al.* (2023).

9.6 Reflexões

A maior diversidade da pimenteira-de-cheiro se encontra na bacia amazônica, e os indígenas são indicados como responsáveis por sua domesticação. Nessa área, o cultivo da planta conta com a participação marcante da agricultura familiar, impulsionando o comércio local. Apesar de a *Capsicum chinense* ser bastante importante para a economia da região, sendo consumida como condimento em diversos produtos alimentícios, especialmente em peixes, há poucas informações sobre essa pimenta, em particular quanto a suas exigências nutricionais. O conhecimento sobre crescimento, concentração, extração e exportação de nutrientes nos órgãos de uma planta, desde os estádios iniciais até sua produção, é uma exigência básica e indispensável para programar uma adubação eficiente e obter a nutrição adequada, visando alta produtividade.

Neste capítulo, resultados sobre a nutrição da pimenteira-de-cheiro, com a caracterização de sintomas visuais de deficiências de nutrientes, teores, extração e exportação, foram apresentados, e sem dúvida servirão de base inicial para ajustes na adubação da planta. Mesmo assim, deve-se enfatizar a necessidade de desenvolver mais estudos, não somente sobre as exigências nutricionais da pimenteira-de-cheiro, como também sobre outras técnicas de cultivo dessa cultura.

Referências bibliográficas

AGUIAR, T. et al. *Boletim 200*: instruções agrícolas para as principais culturas econômicas. Campinas: IAC, 2014.

CARMO, C. A. F. S. et al. *Métodos de análise de tecidos vegetais utilizados na Embrapa Solos*. Rio de Janeiro: Embrapa Solos, 2000. Circular Técnica.

CARVALHO, S. I. C.; BIANCHETTI, L. B.; RIBEIRO, C. S. C.; LOPES, C. A. *Pimentas do gênero Capsicum no Brasil*. Brasília: Embrapa Hortaliças, 2006.

CAVALCANTE, M. A. *Estudo do potencial antimicrobiano e antioxidante de espécies vegetais amazônicas*. 96 f. Dissertação (Mestrado) – Universidade Federal do Pará, Pará, 2011.

EPSTEIN, E.; BLOOM, A. *Nutrição mineral de plantas*: princípios e perspectivas. Londrina: Editora Planta, 401 p., 2006.

FAO – FOOD AND AGRICULTURE ORGANIZATION; WHO – WORLD HEALTH ORGANIZATION. *Organização das Nações Unidas para a Alimentação e a Agricultura (FAO)*. FAO, 2020. Disponível em: https://www.who.int/westernpacific/about/partnerships/partners/food-and-agriculture-organization-of-the-united-nations-(fao). Acesso em: 22 nov. 2022.

FERNANDES, P. D.; HAAG, H. P. Efeito da omissão dos macronutrientes no crescimento e na composição química de pimentão (Capsicum annuum, L. var. avelar). In: HAAG, H. P.; MINAMI, K. *Nutrição mineral em hortaliças*. Campinas: Fundação Cargill, p. 513-536, 1972. Disponível em: https://www.scielo.br/j/aesalq/a/Rp9MMxjNgT5sjWC4bC9yxSS/?format=pdf&lang=pt.

LUZ, J. *Caracterizações morfológica e molecular de acessos de pimenta* (Capsicum chinense). Tese (Doutorado em Agronomia) – Faculdade de Ciências Agrárias e Veterinárias, Universidade Estadual Paulista (Unesp), 2007.

MAGALHÃES, D. S.; VIÉGAS, I. J. M.; BARATA, H. S.; COSTA, M. G.; SILVA, B. C.; MERA, W. Y. Deficiencies of nitrogen, calcium, and micronutrients are the most limiting factors for growth and yield of smell pepper plants. *Revista Ceres*, v. 70, n. 3, p. 125-135, 2023.

MALAVOLTA, E. *Manual de nutrição mineral de plantas*. São Paulo: Agronômica Ceres, 2006.

MENGEL, K.; KIRKBY, E. A. *Principles of plant nutrition*. Springer Science & Business Media, 2012.

MOREIRA, G. R.; CALIMAN, F. R. B.; SILVA, D. J. H.; RIBEIRO, C. S. C. Espécies e variedades de pimenta. *Informe Agropecuário*, Belo Horizonte, v. 27, p. 16-29, 2006.

OKA, J. M.; CHAVES, F. C. M.; KANO, C. Marcha de absorção de nutrientes em pimenta de cheiro (Capsicum chinense Jacquin). In: SEMINÁRIO DE BOLSISTAS DE PÓS-GRADUAÇÃO DA EMBRAPA AMAZÔNIA OCIDENTAL, 2015, Manaus. Anais... Brasília, DF: Embrapa, p. 147-151, 2016.

PEREIRA, R. C. A.; CRISÓSTOMO, J. R. Agronegócio Pimenta no Ceará. In: CONGRESSO BRASILEIRO DE OLERICULTURA, 51. *Horticultura Brasileira*, Viçosa, v. 29, 2011.

PICKERSGILL, B. Relationships betweeen weedy and cultivated forms in some species of chilli peppers (genus Capsicum). *Evolution*, v. 25, p. 683-691, 1971.

POLTRONIERI, M. C.; BOTELHO, S. M.; LEMOS, O. F. de; ALBUQUERQUE, A. S.; SILVA JÚNIOR, A. C. da; PALHARES, T. C. *Tratos culturais em pimenta-de-cheiro* (Capsicum chinense Jacquin). Belém: Embrapa Amazônia Oriental, 4 p., 2006. (Comunicado Técnico, 167).

PRADO, R. M. *Nutrição de plantas*. São Paulo: Editora Unesp, 2008.

SILVA, F. C. et al. (ed.). *Manual de análises químicas de solos, plantas e fertilizantes*. Brasília: Embrapa Informação Tecnológica; Rio de Janeiro: Embrapa Solos, 2009.

SILVA, S. P.; VIÉGAS, I. J. M.; OKUMURA, R. S.; SILVA, D. A. S.; GALVÃO, J. R.; DA SILVA JÚNIOR, M. L.; DE ARAÚJO, F. R. R.; MERA, W. Y. W. L.; DA SILVA, A. O. Growth and Micronutrients contents of Smell Pepper (*Capsicum chinense* Jac.) submitted to organic fertilizer. *Journal of Agricultural Science*, v. 10, n. 11, p. 425-435, 2018.

TEIXEIRA, R. *Diversidade em* Capsicum: análise molecular, morfoagronômica e química. 1996. 84 p. Dissertação (Mestrado) – Universidade Federal de Viçosa, 1996.

TEWARI, R. K.; KUMAR, P.; SHARMA, P. N. Magnesium deficiency induced oxidative stress and antioxidant responses in mulberry plants. *Scientia horticulturae*, v. 108, n. 1, p. 7-14, 2006.

VELOSO, C. A. C. et al. *Amostragem de plantas para análise química*. Embrapa Amazônia Oriental, 2004. Comunicado Técnico.

VITTI, G. C.; LIMA, E.; CICARONE, F. Cálcio, magnésio e enxofre. *In*: FERNANDES, M. S. (org.). *Nutrição mineral de plantas*. Viçosa, MG: Sociedade Brasileira de Ciência do solo, p. 300-322, 2006.

YAMAMOTO, S.; NAWATA, E. *Capsicum frutescens* L. in southeast and east Asia, and its dispersal routes into Japan. *Economic Botany*, v. 59, p. 18-28, 2005.